机械综合课程设计

第 2 版

主　编　朱　玉
副主编　潘金坤　李　钢　张　敏
参　编　陆　媛　冯　勇　马兆允
主　审　钱瑞明

U0259262

机械工业出版社

本书以工程教育为理念，以培养卓越工程技术人才为目标，在充分吸收机械设计类课程设计教学改革成果的基础上编写而成。将"机械原理课程设计"和"机械设计课程设计"的内容有机整合为一个新的综合课程设计体系，注重培养学生的创新设计能力和应用先进分析技术与设计手段解决工程实际问题的能力。全书内容分为两篇。第1篇为机械综合课程设计指导，设计方法上引入虚拟样机技术；第2篇为设计题目与参考图例。书末附录为机械设计常用资料。对于书中的样例文件，教师可通过机械工业出版社教育服务网（www.cmpedu.com）以教师身份注册后，免费获取。

本书符合党的二十大报告中关于"深入实施科教兴国战略、人才强国战略、创新驱动发展战略"的要求，在详细讲授基础理论知识的同时融入探索性实践内容，以增强学生的自信心和创造力，即用学科理论知识促进学生活跃思维、敢于创新，尽可能地将新思路在实践中进行创造性的转化，推动科学技术实现创新性发展。

本书既可作为整合的机械综合课程设计的教材，也可作为机械原理课程设计和机械设计课程设计的教材，还可作为机械设计基础课程设计的教材。

本书适合于高等工科院校机电类、机械类、近机械类等专业教学使用，也可供工程技术人员参考。

图书在版编目（CIP）数据

机械综合课程设计/朱玉主编. —2版. —北京：机械工业出版社，2021.9（2023.7重印）

高等工科学校教材

ISBN 978-7-111-68637-8

Ⅰ.①机…　Ⅱ.①朱…　Ⅲ.①机械设计-课程设计-高等学校-教材　Ⅳ.①TH122-41

中国版本图书馆 CIP 数据核字（2021）第 133253 号

机械工业出版社（北京市百万庄大街 22 号　邮政编码 100037）
策划编辑：余　皞　责任编辑：余　皞　安桂芳
责任校对：陈　越　封面设计：张　静
责任印制：刘　媛
涿州市般润文化传播有限公司印刷
2023 年 7 月第 2 版第 3 次印刷
184mm×260mm·17.5 印张·429 千字
标准书号：ISBN 978-7-111-68637-8
定价：54.00 元

第2版前言

本书第1版自2012年出版以来，经过9年多的教学实践，受到了广大教师和学生的热情关注。根据教育部高等学校机械基础课程教学指导分委员会最新制定的《普通高等学校机械设计课程教学基本要求》，我们对本书第1版进行了修订。与第1版相比，本次修订做了以下几方面的工作：

1）更新设计软件方面的内容。由于计算机辅助设计技术的不断更新，PTC公司的Pro/E被Creo取代，MSC公司推出了Adams中文版，本次修订用最新的Creo5.0+Adams2018中文版内容，取代了第1版第4章、第5章、第8章中的Pro/E2.0（Pro/E3.0）+Adams2005（Adams2007）内容，全部样例文件采用新版软件组合仿真。

2）更新引用标准。自本书第1版出版以来，有大量的国家标准和行业标准进行了更新，如电动机、工程材料、连接、滚动轴承、联轴器及润滑油等，本书附录机械设计常用资料所提供的标准全部为最新的国家标准及行业标准。

对于本书的样例文件，教师可通过机械工业出版社教育服务网（www.cmpedu.com）以教师身份注册后，免费获取。

本书的修订工作由朱玉、张敏完成。全书由朱玉统稿。

由于编者水平有限，书中疏漏和错误在所难免，真诚希望广大读者批评指正。

编　者

第1版前言

本书是依据 CDIO 工程教育理念，落实教育部"卓越工程师教育培养计划"，进一步深化高等工程教育改革，为实现提高工程教育人才培养质量的教改总目标而编写的。机械设计系列课程体系改革的目标是培养学生的综合创新设计能力，"机械综合课程设计"对原有的"机械原理课程设计"和"机械设计课程设计"的体系和内容进行整合、完善和充实，使其体系更有利于培养学生的创新设计能力和应用先进分析技术和设计手段解决工程实际问题的能力。

本书在编写和内容安排上具有以下特色。

1) 课程设计体系突出综合性。将"机械原理课程设计"和"机械设计课程设计"的内容体系有机整合为一个新的综合课程设计体系，使机械运动方案设计、机械运动尺寸设计、机械传动强度设计、零部件结构设计及现代设计方法应用等内容有机结合，培养学生的机械系统设计意识、现代设计意识和创新意识。

2) 设计方法突出先进性。机械系统仿真软件 Adams 是目前实现机构的运动学和动力学仿真最先进的技术软件。为强化学生的现代设计意识，在课程设计选题示例中引入了虚拟样机技术，利用 Pro/E 和 Adams 联合仿真技术对机构进行运动学和动力学分析，为培养学生的创新思维、实践创新设计提供了新的手段。

3) 设计内容突出实用性。本书内容的编排和方法手段的取舍，充分考虑到了教学过程中的可操作性，适合于 1~4 周的课程设计使用。例如，传统的图解法六杆插床机构、二维设计减速器均给予了保留，在此基础上，采用了 Adams 软件进行六杆插床机构的分析和应用 Pro/E 软件设计减速器；综合设计样例中较详细地介绍了采用 Adams 和 Pro/E 联合仿真技术对压力机和蜂窝煤成形机进行的设计分析。

4) 适应不同层次的需求。本书内容深浅兼顾，适用于机械类、近机械类专业，能够满足不同类型高等学校培养目标的要求。既可作为机械原理与机械设计综合课程设计使用，也可供机械原理或机械设计单独进行的课程设计使用，同时也可供机械设计基础课程设计使用。

5) 采用最新国家标准。本书所有标准均为国家正式发布的现行标准。

全书内容包括：第 1 篇为机械综合课程设计指导，包括绪论、机械系统方案设计、机械传动装置设计、常用机构建模与仿真方法、减速器的三维设计与装配、编写设计计算说明书和准备答辩、图解法六杆插床机构分析课程设计示例和基于虚拟样机的课程设计示例等内容；第 2 篇为设计题目与参考图例；附录为机械设计常用资料。

为方便读者学习，本书提供了配套光盘。书中第 1 篇的实例均配有虚拟样机文件和视频文件；附录中的机械设计常用资料均有电子版以方便检索。随书光盘中 prt 文件、asm 文件可在 Pro/E2.0 及以上环境中运行；bin 文件可在 Adams2005 及以上环境中运行。建议读者在进行虚拟样机的设计时选用 Pro/E2.0(Pro/E3.0)+MECH/Pro2005+Adams2005（Adams2007）组合。

参加本书编写的人员有：南京工程学院朱玉（第 1、4、5、7、8 章）、冯勇（第 2 章）、潘金坤（第 3、10 章）、陆媛（第 6 章、附录 C、附录 F）、马兆允（附录 A、附录 B、附录 D）、李钢（第 9 章、附录 E、附录 G、附录 H、附录 I）。光盘中 CH04、CH05、CH08 由朱玉负责制作，机械设计常用资料电子版由李钢负责制作。

全书由朱玉任主编，负责全书的统稿。

本书承东南大学钱瑞明教授审阅，提出了许多宝贵的意见和建议，在此表示衷心的感谢。

由于受编者水平限制，书中疏漏和错误在所难免，真诚希望广大读者批评指正。

编　者

目　　录

第1篇　机械综合课程设计指导

第1章　绪　　论

1.1　综合课程设计的目的、任务和过程

1.1.1　综合课程设计的目的

机械原理与机械设计是高等工科院校机械类和机电类专业学生的主干课程，与其配套的课程设计是学生首次进行的综合性实践教学环节，对培养学生进行机械传动系统运动学、动力学分析和机械结构设计有着十分重要的意义。

目前，大多数高校是开设一周时间的机械原理课程设计和两周时间的机械设计课程设计。教学组织时两门课程设计的选题与内容及时间安排不相衔接，各自单独进行，不利于学生体会完整的机械系统设计过程。本书编者通过教学实践与探索，基于产品实现过程，以机械设计的基本要求和一般过程为主线，把原"机械原理"和"机械设计"的课程设计整合为"机械综合课程设计"。其目的在于进一步加深学生的理论知识，并运用所学理论和方法进行一次综合性设计训练，从而培养学生独立分析问题和解决问题的能力。综合课程设计使学生初步具有设计机械运动方案以及设计机械传动装置结构与强度的能力，增强对机械设计中有关运动学、动力学和主要零部件的工作能力的分析与完整设计的概念。本课程还旨在培养学生计算、图形实现及运用国家标准和规范的能力，并使其掌握现代设计方法在课程设计中的应用。

1.1.2　综合课程设计的任务

综合课程设计的任务是进行机械系统运动方案的设计和传动零部件工作能力的设计。这两部分内容是原来的"机械原理课程设计"和"机械设计课程设计"分别完成的任务，对其进行有机融合，可使其更符合机械设计的基本内容和一般程序要求。其主要内容，就是根据给定机械的工作要求，确定机械的工作原理，拟订工艺动作和执行构件的运动形式，绘制工作循环图；选择原动机的类型和主要参数，并进行执行机构的选型与组合，设计该机械系统的几种运动方案，对各种运动方案进行分析、比较和选择；对选定运动方案中的各执行机构进行运动分析与综合，确定其运动参数，并绘制机构运动简图；进行机械动力性能分析与综合，确定调速飞轮。在完成运动方案设计任务的基础上，针对已设计的运动方案和确定的原动机输出参数，选择机械传动装置的类型，分配传动装置中各级传动的传动比，并计算各级传动的运动和动力参数；进行主要传动零部件工作能力的设计计算，传动装置中各轴系零

部件的结构设计及强度校核计算，箱体及附件等的设计与选用；绘制出主要零件工作图和部件装配图，进行虚拟样机设计，编制设计计算说明书，进行课程设计答辩。

1.1.3　综合课程设计的过程

综合课程设计的过程与机械产品设计的过程基本是一致的，其过程大致可分为以下八个阶段：

1. 了解设计任务

机械设计任务通常以设计任务书的形式提出来。学生应详细阅读设计任务书，对设计题目进行分析，了解设计任务和设计要求。

2. 运动方案设计

根据设计任务书的要求进行资料收集和调研，了解同类机器或相近机械的性能参数、使用中存在的问题等技术资料和数据进行汇总，再进行机械运动方案的设计。完成同一生产任务的机器，可以有多种工作原理和运动方案，而同一种运动方案，又可以有不同的参数组合。设计时，既应有对成功经验的继承又要发挥自己的创造能力，设计出高效率、工作可靠、成本低的运动方案。

机械运动方案设计的主要内容包括：拟订机械的工作原理、确定执行构件的数目和运动形式、选择原动机类型、进行执行机构的选型与组合、绘制机构运动简图等。

3. 机械运动设计

机械运动设计就是根据设计任务书的要求，对拟订的运动方案进行尺寸综合设计，以满足根据该机械的用途、功能和工艺等要求而提出的执行构件的运动规律、运动位置或运动轨迹等要求。机械运动设计的内容包括：确定机构的主要特性尺寸、绘制机构运动简图、分析机构的运动、绘制机构运动循环图等。

4. 机械动力设计

机械动力设计就是在机械运动设计的基础上，确定作用在机械系统各构件上的载荷并进行机械的功率计算和能量计算。机械动力设计的内容包括：动态静力分析、功能关系、真实运动规律求解、速度波动调节和机械的平衡计算等。

进行机械动力设计时，根据机械各执行构件上承受的载荷性质和大小，考虑机械系统的效率，分别算出机械各执行构件的输出功率，然后确定原动机应具有的功率、转速，从而选择适宜的原动机型号。当执行构件上承受的载荷不太明确时，常根据实践经验或类比方法选定原动机的功率和转速。

5. 机械传动系统设计

机械传动系统的功能是将原动机的转速和转矩进行传递和变化，以满足各执行构件对速度的合理要求，通常由带传动、链传动以及各式齿轮传动等组成。其具体内容就是依据执行构件对输入运动和动力的要求，以及机械的用途、工作环境、成本、效率等条件，选择合适的传动类型及组合顺序，对总传动比进行分配，并依据原动机的额定功率和转速，计算出机械各传动轴的转矩、转速。

6. 主要零部件工作能力设计

对于传动系统中的各种传动零部件，尽量选购标准产品。对于非标准零部件或选购不到合适型号的标准零部件，则需要对其进行工作能力和结构设计。设计时应根据机械中主要传动零件的工况条件和失效形式，选定零件的材料和热处理方式；依据设计准则，确定合理的几何尺寸和结构尺寸，绘制机械装配图和零件图。必要时还需对零部件工作能力和结构设计进行强度计算、刚度计算、稳定性计算和热平衡计算等。

7. 虚拟样机设计

随着科技的发展，计算机辅助设计技术越来越广泛地应用于各个设计领域。目前，计算机辅助设计技术已经突破了二维图样电子化的框架，转向以三维实体建模、动力学模拟仿真和有限元分析为主线的虚拟样机制作技术。使用虚拟样机技术可以在设计阶段预测产品的性能，优化产品的设计，缩短产品的研制周期，节约开发费用等。

8. 编写设计计算说明书，进行课程设计答辩

编写设计计算说明书是整个设计工作的整理和总结，是课程设计的最终成果之一，是教师了解设计、审查设计是否合理的重要技术文件，也是评定课程设计成绩的重要依据。答辩是课程设计的最后一个环节，是教师了解学生对问题理解的深度、对知识掌握的程度以及独立解决问题的能力等的重要手段。只有在设计过程中详细记录每一个设计环节，才能在最后总结阶段拿出好的设计说明书。

1.2　综合课程设计常用方法

机械产品设计的常用方法可划分为传统设计方法、现代设计方法和创新设计方法三大类。这三类方法的特点如下。

1. 传统设计方法

传统设计方法是依据力学和数学建立的理论公式和经验公式，运用图表和手册等技术资料，以实践经验为基础，进行设计计算、绘图和编写设计说明书。一个完整的常规机械设计主要包括以下几个阶段：市场需求分析，明确机械产品的功能目标，方案设计，技术设计和生产等。

2. 现代设计方法

现代设计方法主要是以计算机为工具、以工程软件为基础、运用现代设计理念进行机械产品设计，如 Creo、UG、Adams、MATLAB、SolidWorks、ANSYS 等都是工程中常用的软件。现代设计方法内容广泛、学科繁多，主要有计算机辅助设计、优化设计、可靠性设计、反求设计、创新设计、并行设计、虚拟设计等方法。大量的工程软件可使复杂的设计过程变得既容易又简单，因此鼓励学生多应用工程软件。将现代设计方法与传统设计有机结合，更能发挥自己的设计才能，设计出理想的产品。

3. 创新设计方法

创新设计方法是指设计人员在设计中采用新的技术手段和技术原理，发挥创造性，提出新方案，探索新的设计思路，提供具有社会价值、新颖而且成果独特的设计。其特点是运用创造性思维，强调产品的创新性和新颖性。它包含两个部分：从无到有和从有到新的设计。相对传统设计而言，它特别强调人在设计过程中，特别是在总体方案、结构设计中的主导性及创造性作用。

第2章　机械系统方案设计

机械系统主要是由原动机、传动系统、执行系统和控制系统所组成。机械系统方案设计的主要内容：根据要求的机械功能，确定机械的工作原理，拟订工艺动作和执行机构的运动形式，绘制工作循环图；选择原动机的类型及其他主要参数，进行执行机构的选型与组合，随之形成机械系统的几种方案，对已有的各个方案进行分析、比较、评价和选择；对于确定的系统方案，将其中各个执行机构的运动进行综合，确定其主要运动参数，并绘制机构运动简图，从而可以对机械系统的运动性能和动力性能进行更加深入的分析，以便对机械系统方案进行优化和创新。

2.1　机械系统方案设计的步骤

机械系统方案设计一般经过如下几个步骤：

（1）拟订机械工作原理　根据机器所要完成的生产任务，确定机械的总功能，拟订实现总功能的工作原理和技术手段，确定出机械所要实现的工艺动作。对于复杂的工艺动作可以分解为几种简单运动的合成。

（2）执行构件类型的选择　根据执行机构的运动形式和运动参数，选定实现对应动作的执行机构，并将各执行机构有机地组合在一起，以实现机械的整体工艺动作。选择执行机构类型的首要条件是满足执行机构的运动形式。

（3）绘制机构运动循环图　为了实现机械功能，各执行构件的工艺动作之间往往有一定的协调要求，为了清晰地表述各执行构件间的运动协调关系，需要绘制出机构运动循环图。

（4）机构的选型、变异和组合　根据要实现的功能选择机构的类型，必要时可对机构进行综合、变异、组合及其调整等，以满足执行机构的运动特性和参数。由于能够满足执行动作的构件一般不止一种，故需要进行综合评价，择优选用。

（5）原动机的选择　根据各执行构件的运动参数（如行程、速度、加速度）及负载情况，选择原动机，确定其类型、运动参数和功率等。原动机的类型有电动机（如交流异步、直流、交流变频、伺服、步进、直线等）、液压马达、气动马达、液压缸等。

（6）执行机构的尺寸综合　根据各个执行机构和主动件的运动参数，以及各执行构件运动间的协调配合要求，同时考虑各执行机构的动力性能要求，确定各执行构件的运动尺寸和几何形状等。

（7）绘制机械运动简图　针对各机构尺寸综合所得的结果，结合机构的运动分析和动态静力分析，绘制传动系统的机构运动简图。所求得的运动参数、动力参数，可以作为机械零部件结构设计的依据。

2.2 机械工作原理与工艺动作的拟订

2.2.1 确定机械的工作原理

根据机械预期实现的功能要求，构思出多种可能的工作原理，加以分析比较并根据使用要求或者工艺要求，从中选择出既能很好地满足功能要求，工艺动作又简单的工作原理。机械工作原理设计是机械执行系统方案设计的第一步。实现同一功能要求可以选择许多不同的工作原理，相应的执行系统的方案就必然不同。以自动运送料板装置的工作原理构思为例，实现其自动送料的原理可以有摩擦传动原理、机械推拉原理、气吸原理、磁吸原理等多种。因此，在进行机械的工作原理设计时，一定要根据具体的使用要求，对各种可能的工作原理进行分析比较。

2.2.2 确定工艺动作

根据机械预期实现的功能要求确定了工作原理后，接下来就是进行工艺动作设计，即根据工作原理对提出的工艺动作进行运动分解，构思出恰当的运动规律。运动规律设计的根本目的，就是根据工作原理所提出的工艺要求，构思出能够实现该工艺要求的各种运动规律，然后从中选择最为简单适用的运动规律作为机械的运动方案。

实现一个复杂的工艺过程往往需要多种动作，而任何复杂工艺动作都是由一些最基本的运动所合成的。所谓运动规律设计就是对工艺方法和工艺动作进行分析，将其分解成若干个基本动作。

以图 2-1 所示问题为例，设计一台加工内孔的机床。首先对加工内孔的运动进行分解，

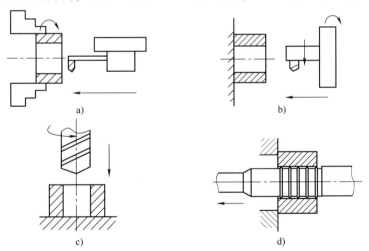

图 2-1 实现加工内孔的四种方法

a）车床：工件做等速转动，刀具做纵向等速运动，进给运动是刀具的径向进给

b）镗床：工件固定不动，刀具绕孔的中心线转动，进给运动是刀具的径向、纵向运动

c）钻床：工件固定，不同尺寸的专用刀具（如钻头）做等速转动和纵向送进运动

d）拉床：工件和刀具均不转动，只让刀具做直线运动

依据刀具和工件相对运动的原理，至少有图 2-1 所示的四种分解方法。

从上面的例子可以看出：同一个工艺动作可以分解成各种简单运动。工艺动作分解的方法不同，所得到的运动规律和运动方案也大不相同，它们很大程度上决定了机械的特点、性能和复杂程度。此外，在运动规律的设计中，还要注意其变化规律的特点，即运动过程中速度和加速度变化的要求。总之，在进行运动规律设计和运动方案选择时，应综合考虑各方面的因素，根据实际情况对各种运动规律和运动方案加以认真分析和比较，从中选出最佳方案。

综上所述，工作原理与工艺动作之间的关系如下：

1）实现同一使用要求或工艺要求，可能采用不同的工作原理。

2）采用不同的工作原理，必然导致采用不同的工艺动作。

3）采用相同的工作原理，也可能采用不同的工艺动作。

4）对于比较复杂的使用要求和工艺要求，往往需要将多个工作原理组合成一个总的工作原理来满足。

2.2.3　绘制机构运动循环图

用来描述各执行构件间相互协调配合的图称为机构运动循环图。按工艺动作的类型，机构运动循环可分为两种：可变运动循环和固定运动循环。其中，可变运动循环是指各执行构件的运动是彼此独立的，或其运动规律是非周期性的，如车床主轴转动与刀架的进给运动。因此设计可变运动循环时，不必考虑动作协调配合问题。固定运动循环是指各执行构件的运动都是周期性的，各动作之间应该满足确定的协调配合关系。保证相互间的协调配合关系，可以使各机构间不至于发生动作干涉而使机器无法工作。

机构运动循环图是将各执行构件的运动循环按同一时间（或转角）比例尺在同一幅图上绘出的，并以某一个主要执行机构的工作起始点为基准来表示各执行机构相对于此主要执行机构动作的先后顺序。机构运动循环图通常有三种表示形式，即直线式、圆周式和直角坐标式。三种机构运动循环图绘制方法比较见表 2-1。

表 2-1　三种机构运动循环图绘制方法比较

形式	绘 制 方 法	特 点
直线式	将机械在一个运动循环中各执行构件各行程区段的起止时间和先后顺序按比例绘制在直线坐标轴上	绘制方法简单，能清楚表示一个运动循环中各执行构件运动的顺序和时间关系；直观性差，不能显示各执行构件的运动规律
圆周式	以极坐标系原点为圆心作若干同心圆，每个圆环代表一个执行构件，由各相应圆环引径向直线表示各执行构件不同运动状态的起始和终止位置	能比较直观地看出各执行机构主动件在主轴或分配轴上的相位；当执行机构较多时，同心圆太多而不能一目了然，无法显示各构件的运动规律
直角坐标式	用横坐标表示机械主轴或分配轴的转角，纵坐标表示各执行构件的角位移或线位移，各区段之间用直线相连	不仅能清楚地表示各执行构件动作的先后顺序，而且能表示各执行构件在各区段的运动规律

为了提高机械的工作效率，在保证各执行构件运动不干涉的情况下，可将各执行构件的运动时间进行重叠。

下面以图 2-2 所示的自动压痕机执行机构为例。其通过凸轮 1 来驱动压痕冲头 2，冲压置于下压模上的压印件 3 实现自动压痕。压痕冲头 2 的运动循环由三部分组成：冲压行程所需时间 t_K，压痕冲头保压停留时间 t_O 和回程所需时间 t_D。因此，压痕冲头一个工作循环所需时间 T_P 可表示为

$$T_P = t_K + t_O + t_D$$

为准确描述该机器中各执行构件间有序、相互制约及相互协调配合的运动关系，绘制出该机器的机构运动循环图，如图 2-3 所示。

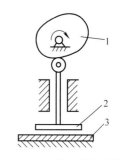

图 2-2 自动压痕机执行机构简图
1—凸轮 2—压痕冲头 3—压印件

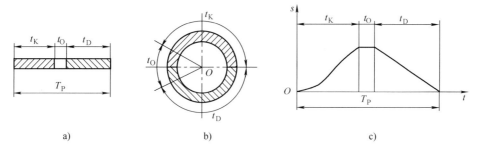

图 2-3 自动压痕机执行机构运动循环图
a）直线式 b）圆周式 c）直角坐标式

2.3 执行机构的选型、组合与变异

2.3.1 机构选型

在初步拟订出机械传动系统的方案后，为了使传动系统方案逐步具体化，必然要涉及机构类型的选择问题。为了选择合理的机构类型，设计者需要具有一定的生产实践经验，并在熟悉各种不同类型常用机构特性的基础上，根据已知的设计要求，先在基本机构中进行类比选择。当基本机构不能满足运动或者动力要求时，就得考虑对基本机构进行组合、变异等形成新的机构，或者选用组合机构。

执行机构有三种基本运动形式：转动、移动和摆动。各动作实现可选择的基本执行机构见表 2-2。

表 2-2 各动作实现可选择的基本执行机构

连续转动	定传动比匀速	平行四杆机构、双万向联轴器机构、齿轮机构、轮系、谐波传动机构、摆线针轮机构、摩擦轮传动机构、挠性传动机构等
	变传动比匀速	轴向滑移圆柱齿轮机构、混合轮系变速机构、摩擦传动机构、行星无级变速机构、挠性无级变速机构等
	非匀速	双曲柄机构、转动导杆机构、单万向联轴器机构、非圆齿轮机构、某些组合机构等
往复运动	往复移动	曲柄滑块机构、移动导杆机构、正弦机构、移动从动件凸轮机构、齿轮齿条机构、楔块机构、螺旋机构、气动机构、液压机构等
	往复摆动	曲柄摇杆机构、双摇杆机构、摆动导杆机构、曲柄摇块机构、空间连杆机构、摆动从动件凸轮机构、某些组合机构等

（续）

间歇运动	间歇转动	棘轮机构、槽轮机构、不完全齿轮机构、凸轮式间歇运动机构、某些组合机构等
	间歇摆动	特殊形式的连杆机构、摆动从动件凸轮机构、齿轮－连杆组合机构、利用连杆曲线圆弧段或直线段组成的多杆机构等
	间歇移动	棘齿条机构、摩擦传动机构、从动件做间歇往复运动的凸轮机构、反凸轮机构、气动机构、液压机构、移动杆有停歇的斜面机构等
预定轨迹	直线轨迹	连杆近似直线机构、八杆精确直线机构、某些组合机构等
	曲线轨迹	利用连杆曲线实现预定轨迹的多杆机构、凸轮－连杆组合机构、行星轮系与连杆组合机构等
特殊运动要求	换向	双向式棘轮机构、定轴轮系(三星轮换向机构)等
	超越	齿式棘轮机构、摩擦式棘轮机构等
	过载保护	带传动机构、摩擦传动机构等

1. 机构选型原则

在进行机构选型时应该注意以下原则：

1）满足执行构件的工艺动作和运动要求（最重要）。

2）尽量减小机构的尺寸。

3）使机械具有调节某些运动参数的能力。

4）尽量简化和缩短运动链。

5）考虑动力源的形式。

6）选择合适的运动副形式。

7）使执行系统具有良好的传力条件和动力特性。

8）保证机械的安全运转。

2. 执行机构运动协调设计要求

一个复杂的动作需要两个甚至两个以上的基本机构来实现，这就需要考虑各机构之间的动作与运动之间的协调配合。执行机构运动协调设计应满足如下要求：

1）保证各执行机构动作的顺序性。

2）各执行构件的动作在时间上同步。

3）保证空间的同步性。

4）保证系统各执行构件对操作对象的操作具有单一性或协同性。

5）两执行构件的动作之间应保持时间上的间隔，以避免动作衔接处发生干涉。

2.3.2　机构组合

机构的组合方式有多种。在机构组合系统中，单个的基本机构称为组合系统的子机构。常见的机构组合方式主要有以下几种：

（1）串联式组合　在机构组合系统中，若前一级子机构的输出构件即为后一级子机构的输入构件，则这种组合方式称为串联式组合。图2-4a所示机构就是这种组合方式的一个例子，可用图2-4b所示的机构框图来表示。

（2）并联式组合　在机构组合系统中，若几个子机构共用同一个输入构件，而它们的输出运动又同时输入给一个多自由度的子机构，从而形成一个自由度为1的机构系统，则这种组合方式称为并联式组合（图2-5）。

图2-5a所示的双色胶版印刷机中的接纸机构就是这种组合方式的一个实例。图2-5a中，

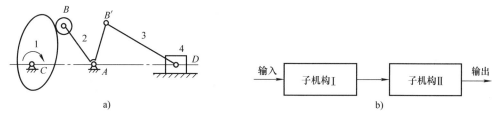

图 2-4　串联式组合机构

凸轮 1、1′为一个构件，当其转动时，带动四杆机构 *ABCD*（子机构Ⅰ）和四杆机构 *GHKM*
（子机构Ⅱ）同时运动，而这两个四杆机构的输出运动又同时传给五杆机构 *DEFNM*（子机
构Ⅲ），从而使其连杆 9 上的点 *P* 描绘出一条工作所要求的运动轨迹。图 2-5b 所示为这种组
合方式的机构框图。

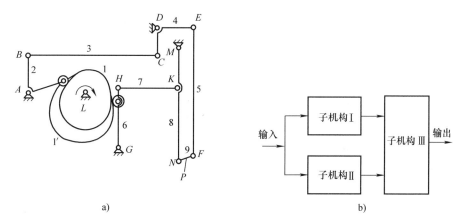

图 2-5　并联式组合机构

（3）反馈式组合　在机构组合系统中，若其多自由度子机构的一个输入运动是通过单
自由度子机构从该多自由度子机构的输出构件回授的，则这种组合方式称为反馈式组合。

图 2-6a 所示的精密滚齿机中的分度校正机构就是这种组合方式的一个实例。图 2-6a 中，
蜗杆 1 除了可绕本身的轴线转动外，还可以沿轴线移动，它和蜗轮 2 组成一个自由度为 2 的
蜗杆蜗轮机构（子机构Ⅰ）；凸轮 2′和推杆 3 组成自由度为 1 的移动滚子从动件盘形凸轮机
构（子机构Ⅱ）。其中，蜗杆 1 为主动件，凸轮 2′和蜗轮 2 为一个构件。蜗杆 1 的一个输入
运动（沿轴线方向的移动）就是通过凸轮机构的蜗轮 2 回馈的。该机构框图如图 2-6b 所示。

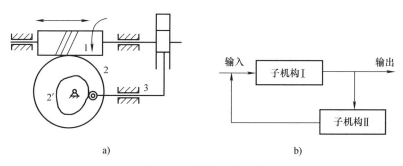

图 2-6　反馈式组合机构

（4）复合式组合　在机构组合系统中，若用一个或几个串联的基本机构去封闭一个具有两个或多个自由度的基本机构，则这种组合方式称为复合式组合。

图2-7a所示的凸轮-连杆组合机构就是这种组合方式的一个实例。在这种组合方式中，各基本机构有机连接、互相依存，它与串联式组合和并联式组合既有共同之处，又有不同之处。图2-7中，构件1、4、5组成自由度为1的凸轮机构（子机构Ⅰ），构件1、2、3、4、5组成自由度为2的五杆机构（子机构Ⅱ）。当构件1为主动件时，C点的运动是构件1和构件4运动的合成。与串联式组合相比，其相同之处在于子机构Ⅰ和子机构Ⅱ的组成关系也是串联关系，不同的是，子机构Ⅱ的输入运动并不完全是子机构Ⅰ的输出运动；与并联式组合相比，其相同之处在于C点的输出运动也是两个输入运动的合成；不同的是，这两个输入运动一个来自子机构Ⅰ，而另一个来自主动件。该机构框图如图2-7b所示。

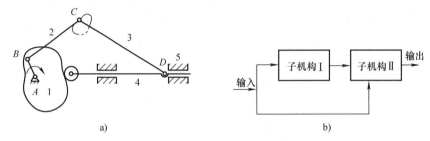

图2-7　复合式组合机构

机构的组合可以解决实际中遇到的问题，但是也要注意多次组合将使机构的运动链加长，运动副增多，设计难度提高，累积误差增加，机械效率降低。

2.3.3　机构变异

机构类型变异设计的方法基于机构组合原理，对各类连杆组合及其异构体进行变换分析，以满足新的设计要求。这种方法的基本思想是，将原始机构用机构运动简图表示，通过释放原动件、机架，将机构运动简图转化为一般运动链，然后按该机构的功能所赋予的设计约束，演化出众多的再生运动链与相应的新机构。

1. 运动链进行一般化时应遵循的原则和方法

运动链进行一般化时遵循的一些必要的原则和方法如下：

1）将非刚性构件转化为刚性构件。

2）将非连杆形状的构件转化为连杆。

3）将高副转化为低副。

4）将非转动副转化为转动副。

5）解除固定杆的约束，机构成为运动链。

6）运动链的自由度应保持不变。

例如，对于构件数为4的单自由度机构，其机构变异的形式如图2-8所示。

图2-9a所示为铰链夹紧机构。在该机构中，构件1为机架，构件2和3分别为液压缸和活塞杆，构件5为连杆，构件4和6为连架杆。其中，构件6为执行构件，用于夹紧工件7。机架1与构件5同为三副杆。根据运动链一般化原则，将该机构中非转动副转化为转动副，将高副转化为低副，保持机构的自由度不变，各构件与运动副的连接不变，并将固定杆

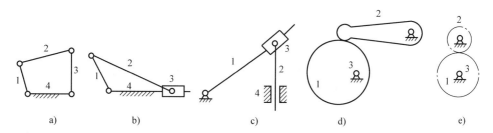

图 2-8　四杆机构变异形式图

a）铰链四杆机构　b）曲柄滑块机构　c）正弦机构　d）凸轮机构　e）齿轮机构

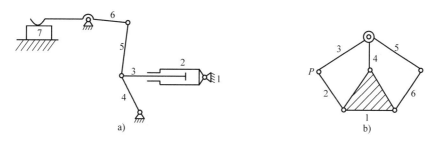

图 2-9　六杆机构变异形式图

的约束解除，转化为六杆七副机构，如图 2-9b 所示。

2. 机构变异的其他方法

以上是机构简化的一般过程，也是机构变异的重要依据。除此之外，还可以通过以下方法进行机构变异：

（1）改变运动副的尺寸　主要是指增大转动副和移动副的尺寸，如增大组成转动副的销轴孔直径，但各构件之间的相对运动关系并不发生改变。

（2）增加辅助结构　如运动轨迹可变、运动规律可调等问题，这时可在原机构的基础上，通过增加辅助结构来解决。

（3）机构的机架变换　主要是指机构内的运动构件与机架的互相转换，或称为机构的倒置。如平面四杆机构中的曲柄摇杆机构，通过变换不同构件作为机架，可以得到双曲柄机构或者双摇杆机构。

2.4　原动机类型与参数的选择

2.4.1　原动机的类型与选择原则

现代机械中应用的原动机类型规格繁多，热机（蒸汽机、内燃机）主要应用于经常变换工作场所的机械设备和运输车辆中，用于一般机械上的原动机有电动机、液动机和气动机。在选择原动机的类型时，应从以下五个方面进行考虑。

1）考虑工作机械的负载特性、工作制度、起动和制动的频繁程度。

2）考虑原动机本身的机械特性能否与工作机械的负载特性（包括功率、转矩、转速等）相匹配，能否与工作机械的调速范围、工作的平稳性等相适应。

3）考虑机械系统整体结构布置的需要。

4）考虑经济性，包括原动机的原始购置费用、运行费用和维修费用等。

5）考虑工作环境对原动机的要求，如能源供应、防止噪声和环境保护等要求。

由于电力供应的普遍性，且电动机具有结构简单、价格便宜、效率高、控制使用方便等优点，故目前大部分固定机械均优先选择电动机作为原动机。下面介绍电动机的类型与参数的选择。

2.4.2　电动机的类型

电动机是一种标准系列产品，使用时只需要合理选择其类型和参数即可。根据不同的条件，电动机可以分为不同类型。根据工作电源的不同，电动机可分为直流电动机和交流电动机，其中交流电动机还分为单相电动机和三相电动机。根据结构及工作原理的不同，电动机可分为异步电动机和同步电动机。根据起动与运行方式不同，电动机可分为电容起动式单相异步电动机、电容运转式单相异步电动机、电容起动运转式单相异步电动机和分相式单相异步电动机。

电动机的安装方式有卧式和立式两种。卧式电动机安装时转轴处于水平位置，立式电动机安装时转轴则为垂直地面的位置。两种安装方式的电动机使用的轴承不同，一般情况下采用卧式安装。

电动机的工作环境是由生产机械的工作环境决定的。在很多情况下，电动机工作场所的空气中含有不同含量的灰尘和水分，有的还含有腐蚀性气体甚至易燃易爆气体；有的电动机则要在水中或其他液体中工作。灰尘会使电动机绕组黏结上污垢而妨碍散热；水分、瓦斯、腐蚀性气体等会使电动机的绝缘材料性能退化，甚至会完全丧失绝缘能力；易燃、易爆气体与电动机内产生的电火花接触时将有发生燃烧、爆炸的危险。因此，为了保证电动机能够在其工作环境中长期安全运行，必须根据实际环境条件合理地选择电动机的防护方式。电动机的外壳防护方式有开启式（防护标注为 IP11）、防护式（防护标注为 IP22、IP23）、封闭式（防护标注为 IP44、IP55）和防爆式几种。

2.4.3　电动机额定功率的选择

电动机的标准功率由额定功率表示。所选电动机的额定功率应等于或稍大于工作要求的功率。若额定功率小于工作要求，则不能保证工作机正常工作，或使电动机长期过载，发热大而过早损坏；若额定功率过大，则增加成本，并且由于功率和功率因数低而造成浪费。

电动机的功率主要由运行时的发热条件限定。在不变或变化很小的载荷下长期连续运行的机械，只要其电动机的负载不超过额定值，电动机便不会过热，通常不必校验发热和起动力矩。所需电动机功率为

$$P_\mathrm{d} = \frac{P_\mathrm{w}}{\eta}$$

式中，P_d 为工作机实际需要的电动机输出功率，单位为 kW；P_w 为工作机需要的输入功率，单位为 kW；η 为电动机与工作机之间传动装置的总效率。

工作机所需输入功率 P_w 应由机器工作阻力和运动参数计算求得，即

$$P_{\mathrm{w}} = \frac{Fv}{1000\eta_{\mathrm{w}}}$$

或

$$P_{\mathrm{w}} = \frac{Tn_{\mathrm{w}}}{9550\eta_{\mathrm{w}}}$$

式中，F 为工作机的阻力，单位为 N；v 为工作机的线速度，单位为 m/s；T 为工作机的阻力矩，单位为 N·m；n_{w} 为工作机的转速，单位为 r/min；η_{w} 为工作机的效率。

总效率 η 为

$$\eta = \eta_1\eta_2\eta_3\cdots\eta_n$$

式中，η_1、η_2、η_3、$\cdots$、η_n 为传动装置中各传动副（如齿轮、蜗杆、带或链）、各对轴承、各个联轴器的效率，其概率值见附表 A-5。选用此表中的数值时，一般取中间值，如工作条件差，润滑维护不良时应取低值，反之取高值。

根据计算出的功率 P_{d} 可选定电动机的额定功率 P_{ed}，应使 P_{ed} 等于或稍大于 P_{d}。

2.4.4　电动机转速的确定

同一功率的电动机通常有几种转速可供选用。电动机转速越高，磁极越少，尺寸及重量越小，价格也越低；但传动装置的总传动比要增大，传动级数增多，尺寸及重量增大，从而使成本增加。低转速电动机则相反。因此，应全面分析比较其利弊来选定电动机转速。

按照工作机的转速要求和传动机构的合理传动比范围，可以推算电动机转速的可选范围，如

$$n_{\mathrm{d'}} = in_{\mathrm{w}} = (i_1 i_2 i_3 \cdots i_n) n_{\mathrm{w}}$$

式中，$n_{\mathrm{d'}}$ 为电动机转速的可选范围；i_1、i_2、i_3、$\cdots$、i_n 为各级传动的合理传动比范围，见附表 A-4。

对 YE3 系列电动机，通常多选用同步转速为 1500r/min 和 1000r/min 的电动机。

根据选定的电动机类型、结构、功率和转速，由附表 A-1 和附表 A-2 查出电动机型号，并记录其型号、额定功率、同步转速、外形尺寸、安装尺寸等参数备用。

设计传动装置时，一般按工作机实际需要的电动机输出功率 P_{d} 计算，转速则取同步转速。

2.5　机械系统方案的比较与优选

2.5.1　机械系统方案评价比较的意义

机械系统方案设计的最终目标是寻求一种既能实现预期功能要求，又性能优良、价格低廉的设计方案。不同的工作原理、工艺动作分解方法及机构型式，可形成多种设计方案。方案评价的目的在于通过科学的评价和决策来优选出最佳的方案。这是机械系统方案设计阶段的一个重要任务。

采用评价指标系统及其量化评估的方法是进行机械系统方案选择的一大进步。只要不断完善评价指标体系，同时注意收集机械设计专家的评价资料，吸收专家的经验，并加以整理，就能有效地提高设计水平。

2.5.2　机械系统方案评价比较体系

1. 评价内容

在机械系统方案设计中，由于实现同一执行构件工艺的机构有多种，故需进行评价择优。评价主要有功能达标程度，经济、节能与环境的适应性，对人的适应性三个方面的内容。

2. 评价指标

（1）系统功能　功能实现与否是整个机械产品成功与否的最重要的指标，主要体现在运动规律或运动轨迹、实现工艺动作的准确性等方面。

（2）机构的合理性　机械的运动性能和动力性能直接影响机构的可靠性，即运转速度、行程可调性、运动精度、承载能力、增力特性、传力特性、振动噪声等；机械机构的尺寸、重量、结构复杂性等也将影响生产效率和经济性，因此应该尽量将机构结构设计得更加紧凑，以实现空间利用的最大化。

（3）工作性能　理论上可行的机构设计与能够将其付诸实际应用之间还是有一段距离的。效率、寿命、可操作性、安全性、可靠性、适用范围等都是在使用过程中必须要面对的问题。除了这些机械机构自身的问题之外，还有操作强度，操作人员的体力、脑力消耗，使用、维修、保养的方便程度等这些主观因素，甚至还要考虑到环境污染或公害等因素。

（4）经济性　机械的加工成本和使用维修费用都是经济性的指标，即加工难易、能耗大小、制造成本高低等。如果一个方案中的机构设计虽然比较烦琐，但是制造容易，则还是应该优先选用，因为这更有利于提高机构的经济性。

除了上述评价指标，在进行机械系统方案比较和优选时，还应考虑非机械传动方式的应用情况，如机器中高新技术含量与自动化、智能化程度，设计成果的新颖性，他人知识产权、专利技术的移植与运用情况等。

3. 评价方法

（1）层次分析法（AHP）　层次分析法是将与决策总是有关的元素分解成目标、准则、方案等层次，在此基础之上进行定性和定量分析的决策方法。该方法是美国运筹学家匹茨堡大学教授萨蒂于 20 世纪 70 年代初，在为美国国防部研究"根据各个工业部门对国家福利的贡献大小而进行电力分配"课题时，应用网络系统理论和多目标综合评价方法，提出的一种层次权重决策分析方法。这种方法的特点是在对复杂的决策问题的本质、影响因素及其内在关系等进行深入分析的基础上，利用较少的定量信息使决策的思维过程数学化，从而为多目标、多准则或无结构特性的复杂决策问题提供简便的决策方法。尤其适合于对决策结果难于直接准确计量的场合。层次分析法的步骤如下：

1）通过对系统的深刻认识，确定该系统的总目标，弄清规划决策所涉及的范围、所要采取的措施方案和政策，实现目标的准则、策略和各种约束条件等，广泛地收集信息。

2）建立一个多层次的递阶结构，按目标的不同、实现功能的差异，将系统分为几个等级层次。

3）确定以上递阶结构中相邻层次元素间相关程度。通过构造两比较判断矩阵及矩阵运算的数学方法，确定对于上一层次的某个元素而言，本层次中与其相关元素的重要性排序，即相对权值。

4）计算各层元素对系统目标的合成权重，进行总排序，以确定递阶结构图中最底层各个元素在总目标中的重要程度。

5）根据分析计算结果，考虑相应的决策。

层次分析法的整个过程体现了人的决策思维的基本特征，即分解、判断与综合，易学易用，而且定性与定量相结合，便于决策者之间彼此沟通，是一种十分有效的系统分析方法，广泛地应用于工程系统设计、经济管理规划、能源开发利用与资源分析、城市产业规划、交通运输、水资源分析利用等方面。

（2）模糊综合评价法　模糊综合评价法是模糊数学中最基本的数学方法之一，该方法是以隶属度来描述模糊界限的。由于评价因素的复杂性、评价对象的层次性、评价标准中存在的模糊性、评价影响因素的模糊性或不确定性以及定性指标难以定量化等一系列问题，人们难以用绝对的"非此即彼"来准确地描述客观现实，经常存在着"亦此亦彼"的模糊现象，且其描述也多用自然语言来表达，而自然语言最大的特点是它的模糊性。而这种模糊性很难用经典数学模型加以统一量度。因此，建立在模糊集合基础上的模糊综合评价方法，从多个指标对被评价事物隶属等级状况进行综合性评价，它把被评价事物的变化区间做出划分，一方面可以顾及对象的层次性，使得评价标准、影响因素的模糊性得以体现；另一方面在评价中又可以充分发挥人的经验，使评价结果更客观，符合实际情况。模糊综合评价法可以做到定性和定量因素相结合，扩大信息量，使评价速度得以提高，评价结论可信。

模糊综合评价法的最显著特点如下所述。

1）相互比较。以最优的评价因素值为基准，其评价值为 1；其余欠优的评价因素依据欠优的程度得到相应的评价值。

2）可以依据各类评价因素的特征，确定评价值与评价因素值之间的函数关系（即隶属度函数）。确定这种函数关系（隶属度函数）有很多种方法，如 F 统计方法、各种类型的 F 分布等。当然，也可以请有经验的评标专家进行评价，直接给出评价值。

第 3 章　机械传动装置设计

3.1　传动装置总体设计

机器通常由原动机、传动装置、工作机和控制装置等部分组成，而其中传动装置是在原动机与工作机之间传递运动和动力的中间装置，它可以改变速度的大小与运动形式，并传递动力和转矩。传动装置一般包括传动件（如齿轮传动、蜗杆传动、带传动等）和支承件（如轴、轴承和箱体等）。

3.1.1　传动方案的拟订

传动方案一般用机构运动简图表示，它能简单明了地反映出各部件的组成和连接关系，以及运动和动力传递路线。如由设计任务书给定传动方案时，学生应对传动方案进行分析，对方案是否合理提出自己的见解；若只给定工作机的性能要求（如带式运输机的有效拉力 F 和输送带的线速度 v 等），学生应根据各种传动的特点确定出最佳的传动方案。

1. 传动方案应满足的要求

合理的方案首先应满足工作机的性能要求，还要与工作条件（如工作环境、工作场地、工作时间等）相一致，同时要求工作可靠、结构简单、尺寸紧凑、传动效率高、成本低和使用维护方便等。根据要求在拟订传动方案时，选定原动机后，可根据工作机的工作条件选择合理的传动方案，主要是合理地确定传动装置。表 3-1 给出了常用传动机构的主要特性及适用范围。

表 3-1　常用传动机构的主要特性及适用范围

机构选用指标		传动方式					
		平带传动	V 带传动	链传动	齿轮传动		蜗杆传动
					圆柱	圆锥（直）	
功率/kW（常用值）		小（≤20）	中（≤100）	中（≤100）	大（最大达 5000）		小（≤50）
单级传动比	常用值	2~4	2~4	2~4	3~5	2~3	7~40
	最大值	6	15	7	10	6	80
传动效率		中	中	中	高		低
许用线速度/(m/s)		≤25	≤25~30	≤40	7 级精度		≤15~25
					≤10~17	≤6	
					8 级精度		
					≤5~10	≤3	
外廓尺寸		大	大	大	小		小
传动精度		低	低	中	高		高
工作平稳性		好	好	较差	一般		好
自锁能力		无	无	无	无		可有

（续）

机构选用指标	传动方式					
	平带传动	V 带传动	链传动	齿轮传动		蜗杆传动
				圆柱	圆锥（直）	
过载保护作用	有	有	无	无		无
使用寿命	短	短	中	长		中
缓冲吸振能力	好	好	中	差		差
要求制造及安装进度	低	低	中	高		高
要求润滑条件	不需要	不需要	中	高		高
环境适应性	不能接触酸、碱、油类、爆炸性气体		好	一般		一般

2. 传动机构类型及多级传动的布置原则

传动机构类型的选择和布置方式，对机器的性能、传动效率和结构尺寸等有直接影响。常用传动机构选择及布置原则如下：

1）带传动靠摩擦力传动，传动平稳，缓冲吸振能力强，但传动比不准确，传递相同转矩时，结构尺寸较大。因此，宜布置在高速级，载荷多变，冲击振动严重，经常过载情况下。采用带传动还可以起到过载保护的作用，但不适于易燃、易爆的工作环境。

2）链传动靠链轮和链条的啮合传递运动，平均传动比恒定，并能适应较恶劣的环境，但其瞬时传动比不恒定，有冲击，宜布置在低速级。

3）齿轮传动机构具有承载能力大、结构紧凑、效率高、寿命长和速度适用范围较广等优点，因此在传动装置中应优先采用。由于相同参数下，斜齿轮重合度大、传动平稳、承载能力强，常布置在高速级或要求传动平稳的场合。

4）锥齿轮传动用于传递相交轴间的运动。因为锥齿轮特别是大直径、大模数锥齿轮加工制造困难、成本较高，所以应布置在高速级，并限制其传动比，以减小其直径和模数。

5）蜗杆传动的传动平稳，传动比大，但传动效率低，当与齿轮传动同时使用时，宜布置在高速级，此时传递的转矩较小，并且工作齿面间有较高的相对滑动速度，利于形成流体动力润滑油膜，提高传动效率，减少磨损。

6）闭式齿轮传动一般布置在高速级，以减小闭式传动的外轮廓尺寸；开式齿轮传动，由于其具有制造精度低、润滑条件差、易磨损、寿命短、尺寸大等特点，宜布置在低速级。

表 3-2 给出了带式输送机的四种传动方案及其特点。这四种方案都能够满足设计要求，但结构尺寸、性能指标、经济性等不相同，需要通过分析比较各种传动方案，选择既能保证重点又能兼顾众多方面的合理方案。

表 3-2　带式输送机的四种传动方案及其特点

方案	简　图	特　点
1	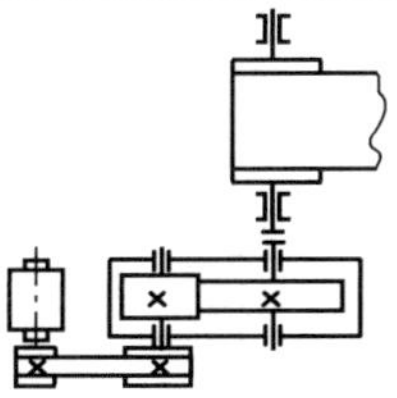	采用一级带传动与一级闭式齿轮传动，带传动具有传动平稳、缓冲吸振等优点，但不适合恶劣的工作环境，且结构不够紧凑

（续）

方案	简　图	特　　　点
2	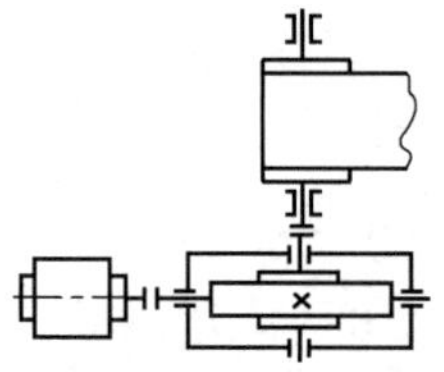	采用一级蜗杆传动,尺寸小,结构紧凑,但其传动效率低,功率损失大,适合于空间受限、不需要连续工作的场合
3	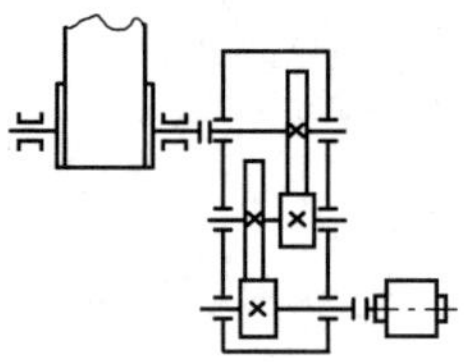	该方案结构简单,效率高,制造维护方便,寿命长,但由于电动机、减速器和滚筒在一个方向上,导致该方向尺寸较大。但采用了闭式齿轮传动,可得到良好的润滑与密封,能适应在繁重及恶劣的工作环境下长期工作,使用维护方便
4	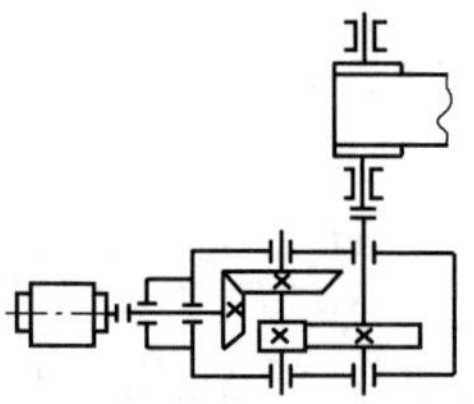	圆锥-圆柱齿轮减速器结构紧凑,宽度尺寸较小,传动效率高,也适应在恶劣环境下长期工作,但结构复杂,制造成本较高。又因锥齿轮比圆柱齿轮成本较高,所以锥齿轮一般放在高速级

3.1.2　传动装置总传动比的计算及分配

1. 总传动比的确定

电动机确定后，根据电动机的同步转速 n_d 及工作机的转速 n_w，计算出传动装置的总传动比，即

$$i = \frac{n_d}{n_w}$$

2. 各级传动比的分配

若传动装置由多级传动组成，则总传动比应为串联的各分级传动比的连乘积，即

$$i = i_1 i_2 \cdots i_n$$

合理分配传动比在传动装置设计中非常重要。它直接影响传动装置的外廓尺寸、重量、润滑情况等许多方面。各级传动比分配时应考虑以下几点：

1）各级传动比应在各自推荐的范围内选取，不要超过所允许的最大值。各类传动的传动比数值范围见表 3-1 或附表 A-4。

2）应使各传动件零件尺寸协调、结构匀称合理，避免传动零件之间的相互干涉或安装困难。如图 3-1 所示，由于带传动的传动比过大，大带轮半径大于减速器输入轴的中心高度，造成安装困难。因此，由带传动和一级齿轮减速器组成的传动装置中，一般应使带传动的传动比小于齿轮的传动比。又如图 3-2 所示，高速级传动比过大，造成高速级大齿轮齿顶圆与低速轴相碰。

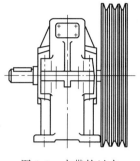

图 3-1　大带轮过大

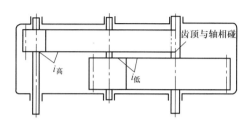

图 3-2　高速级大齿轮与低速轴相碰

3）应使传动装置的总体尺寸紧凑，重量最小。图 3-3 所示为二级圆柱齿轮减速器传动比分配对结构尺寸的影响，在总传动比相同时，图 3-3 中粗实线所示方案的结构具有较小的外廓尺寸，这是由于大齿轮直径较小的缘故。

4）在二级或多级齿轮减速器中，尽量使各级大齿轮浸油深度大致相近，以便于实现统一的浸油润滑。如在二级展开式齿轮减速器中，常设计为各级大齿轮直径相近，以便于齿轮浸油润滑。一般推荐 $i_1 = (1.2 \sim 1.5) i_2$，二级同轴式圆柱齿轮减速器 $i_1 = i_2 \approx \sqrt{i}$，式中，$i_1$、$i_2$ 分别为高速级和低速级的传动比，i 为减速器总传动

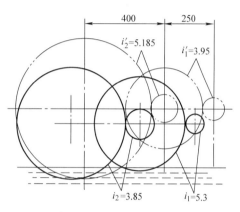

图 3-3　传动比分配不同对结构尺寸的影响

比，总传动比较大时，选较大值，反之，选较小值。如图 3-3 所示，两方案均能满足传动比的要求，但图 3-3 中粗实线所示方案两大齿轮都浸在油中，且均在合理深度范围内。

5）对于圆锥-圆柱齿轮减速器，为了控制大齿轮尺寸，便于加工，一般高速级的锥齿轮传动比 $i_1 = (0.22 \sim 0.28) i$，且 $i \leq 3$，式中，i_1 为高速级传动比，i 为减速器总传动比。

应当指出，以上各级传动比的分配数据仅是初步的，传动装置的实际传动比与选定的传动件参数（如齿轮齿数、带轮基准直径、链轮齿数等）有关，因此实际传动比与初始分配的传动比会不一致。例如，初定齿轮传动的传动比 $i = 3.1$，$z_1 = 25$，则 $z_2 = i z_1 = 77.5$，取 $z_2 = 78$，故实际传动比为 $i = z_2/z_1 = 78/25 = 3.12$。对于一般用途的传动装置，若误差（即 $\Delta i/i$）在 $\pm 5\%$ 范围内，则不必修改；若误差超过 $\pm 5\%$，则要重新调整各级传动比，并对有关计算进行修改。

3.1.3　传动装置的运动参数和动力参数的计算

为进行传动零件的设计计算，应首先计算传动装置的运动参数和动力参数，即各轴的转速、功率和转矩。由电动机轴至工作机各轴的编号依次定为 0 轴、Ⅰ 轴、Ⅱ 轴、Ⅲ 轴……相邻两轴的传动比表示为 i_{01}、i_{12}、i_{23}……相邻两轴的传动效率为 η_{01}、η_{12}、η_{23}……各轴的输入功率为 P_0、$P_Ⅰ$、$P_Ⅱ$、$P_Ⅲ$……各轴转速为 n_0、$n_Ⅰ$、$n_Ⅱ$、$n_Ⅲ$……各轴的输入转矩为 T_0、$T_Ⅰ$、$T_Ⅱ$、$T_Ⅲ$……

电动机轴的输入功率、转速和转矩分别为

$$P_0 = P_d \qquad\qquad n_0 = n_d \qquad\qquad T_0 = 9550 \frac{P_0}{n_0}$$

传动装置中各轴的输入功率、转速和转矩分别为

$$P_{\text{I}} = P_0 \eta_{01} \qquad\qquad n_{\text{I}} = \frac{n_0}{i_{01}} \qquad\qquad T_{\text{I}} = T_0 i_{01} \eta_{01}$$

$$P_{\text{II}} = P_{\text{I}} \eta_{12} = P_0 \eta_{01} \eta_{12} \qquad n_{\text{II}} = \frac{n_{\text{I}}}{i_{12}} = \frac{n_d}{i_{01} i_{12}} \qquad T_{\text{II}} = T_{\text{I}} i_{12} \eta_{12}$$

$$P_{\text{III}} = P_{\text{II}} \eta_{23} = P_0 \eta_{01} \eta_{12} \eta_{23} \qquad n_{\text{III}} = \frac{n_{\text{II}}}{i_{23}} = \frac{n_d}{i_{01} i_{12} i_{23}} \qquad T_{\text{III}} = T_{\text{II}} i_{23} \eta_{23}$$

其余类推。

例　图 3-4 所示为带式输送机传动方案。已知卷筒直径 $D = 500\text{mm}$，输送带的有效拉力 $F_{\text{w}} = 7000\text{N}$，卷筒效率（不包括轴承）$\eta_{\text{w}} = 0.96$，输送带速度 $v_{\text{w}} = 0.6\text{m/s}$，长期连续工作。试按所给运动简图和条件，选择合适的电动机；计算传动装置的总传动比，并分配传动比；计算传动装置中各轴的运动和动力参数。

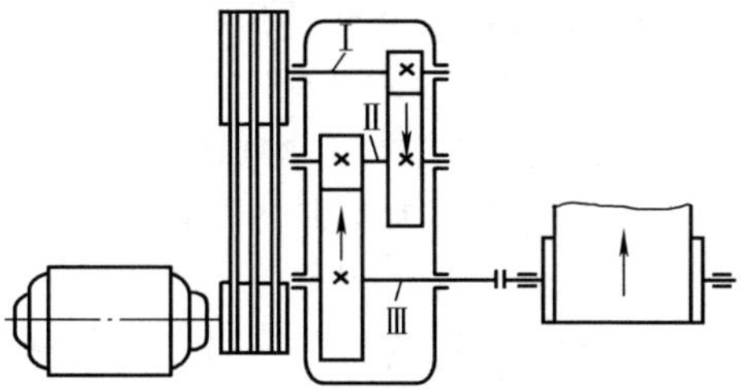

图 3-4　带式输送机

解　1. 选择电动机

1）选择电动机类型。按工作条件和要求，选用 YE3 系列（IP55）三相异步电动机。

2）选择电动机的容量。工作机所需的功率为 P_{w}

$$P_{\text{w}} = \frac{F_{\text{w}} v_{\text{w}}}{1000 \eta_{\text{w}}}$$

将 $F_{\text{w}} = 7000\text{N}$，$v_{\text{w}} = 0.6\text{m/s}$，$\eta_{\text{w}} = 0.96$，代入上式得

$$P_{\text{w}} = \frac{F_{\text{w}} v_{\text{w}}}{1000 \eta_{\text{w}}} = \frac{7000 \times 0.6}{1000 \times 0.96} \text{kW} = 4.375\text{kW}$$

电动机所需功率 P_d

$$P_d = P_0 = \frac{P_{\text{w}}}{\eta}$$

电动机和滚筒主动轴之间传动装置的总效率为

$$\eta = \eta_{\text{带}} \, \eta_{\text{轴承}}^4 \, \eta_{\text{齿轮}}^2 \, \eta_{\text{联轴器}}$$

由附表 A-5 查得 $\eta_{\text{带}} = 0.96$，$\eta_{\text{轴承}} = 0.99$，$\eta_{\text{齿轮}} = 0.97$，$\eta_{\text{联轴器}} = 0.99$，则

$$\eta = \eta_{\text{带}} \, \eta_{\text{轴承}}^4 \, \eta_{\text{齿轮}}^2 \, \eta_{\text{联轴器}} = 0.96 \times 0.99^4 \times 0.97^2 \times 0.99 \approx 0.859$$

则

$$P_d = P_0 = \frac{P_{\text{w}}}{\eta} = \frac{4.375}{0.859} \text{kW} \approx 5.093\text{kW}$$

选取电动机的额定功率 P_{ed}，使 $P_{\text{ed}} = (1 \sim 1.3) P_d$，查附表 A-1 取 $P_{\text{ed}} = 5.5\text{kW}$。

3）确定电动机的转速。工作机卷筒轴的转速 n_{w} 为

$$n_{\text{w}} = \frac{60 \times 1000 v_{\text{w}}}{\pi D} = \frac{60 \times 1000 \times 0.6}{\pi \times 500} \text{r/min} \approx 22.92\text{r/min}$$

按推荐的传动比合理范围，取 V 带传动的传动比 $i_{带} = 2 \sim 6$，一级圆柱齿轮传动比 $i_{齿轮} = 3 \sim 6$，二级圆柱齿轮减速器传动比 $i_{减} = 9 \sim 36$，总传动比的合理范围 $i' = 18 \sim 144$，故电动机转速范围为

$$n_{d'} = i' n_w = (18 \sim 144) \times 22.92 \text{r/min} \approx 412 \sim 3300 \text{r/min}$$

符合这一转速范围的同步转速有 1000r/min、1500r/min 和 3000r/min 三种，由附表 A-1 查出三种适用的电动机型号，因此有三种传动方案可以选择，传动方案对照见表 3-3。

综合考虑电动机和传动装置的尺寸、结构和带传动及减速器的传动比，方案 3 比较合适，因此选定电动机的型号为 YE3-132M2-6（$P_{ed} = 5.5 \text{kW}$，$n_d = 1000 \text{r/min}$）。

表 3-3　传动方案对照

方案	电动机型号	额定功率 P_{ed}/kW	同步转速 $n_d/(\text{r/min})$	传动装置的传动比		
				总传动	V 带传动	减速器
1	YE3-132S1-2	5.5	3000	130.89	3.8	34.44
2	YE3-132S-4	5.5	1500	65.45	3	21.82
3	YE3-132M2-6	5.5	1000	43.63	2.8	15.58

2. 计算传动装置的总传动比并分配各级传动比

1）传动装置的总传动比为

$$i = \frac{n_d}{n_w} = \frac{1000}{22.92} \approx 43.63$$

2）分配各级传动比。因 $i = i_{带} i_{减} = i_{01} i_{12} i_{23}$（$i_{带} = i_{01}$，$i_{减} = i_{12} i_{23}$），初取 $i_{01} = 2.8$，则齿轮减速器的传动比为

$$i_{减} = \frac{i}{i_{01}} = \frac{43.63}{2.8} \approx 15.58$$

按展开式布置，取 $i_{12} = 1.3 i_{23}$，可算出

$$i_{23} = \sqrt{\frac{i_{减}}{1.3}} \approx 3.46$$

$$i_{12} = \frac{i_{减}}{i_{23}} = \frac{15.58}{3.46} \approx 4.503$$

3）计算传动装置的运动参数和动力参数。

各轴转速

$$n_{\text{I}} = \frac{n_d}{i_{01}} = \frac{1000}{2.8} \text{r/min} \approx 357.14 \text{r/min}$$

$$n_{\text{II}} = \frac{n_{\text{I}}}{i_{12}} = \frac{357.14}{4.503} \text{r/min} \approx 79.31 \text{r/min}$$

$$n_{\text{III}} = \frac{n_{\text{II}}}{i_{23}} = \frac{79.31}{3.46} \text{r/min} \approx 22.92 \text{r/min}$$

卷筒轴与 III 轴同轴，则

$$n_{\text{N}} = 22.92 \text{r/min}$$

各轴功率

$$P_\text{I} = P_0 \eta_{01} = P_0 \eta_\text{带} = 5.093 \times 0.96 \text{kW} \approx 4.889 \text{kW}$$

$$P_\text{II} = P_\text{I} \eta_{12} = P_\text{I} \eta_\text{轴承} \, \eta_\text{1齿轮} = 4.889 \times 0.99 \times 0.97 \text{kW} \approx 4.695 \text{kW}$$

$$P_\text{III} = P_\text{II} \eta_{23} = P_\text{II} \eta_\text{轴承} \, \eta_\text{2齿轮} = 4.695 \times 0.99 \times 0.97 \text{kW} \approx 4.509 \text{kW}$$

卷筒轴功率

$$P_\text{N} = P_\text{III} \eta_{34} = P_\text{III} \eta_\text{轴承} \, \eta_\text{联轴器} = 4.509 \times 0.99 \times 0.99 \text{kW} \approx 4.419 \text{kW}$$

各轴转矩

$$T_0 = 9550 \frac{P_0}{n_\text{d}} = 9550 \times \frac{5.093}{1000} \text{N} \cdot \text{m} \approx 48.64 \text{N} \cdot \text{m}$$

$$T_\text{I} = T_0 i_{01} \eta_{01} = 48.64 \times 2.8 \times 0.96 \text{N} \cdot \text{m} \approx 130.74 \text{N} \cdot \text{m}$$

$$T_\text{II} = T_\text{I} i_{12} \eta_{12} = 130.74 \times 4.503 \times 0.99 \times 0.97 \text{N} \cdot \text{m} \approx 565.35 \text{N} \cdot \text{m}$$

$$T_\text{III} = T_\text{II} i_{23} \eta_{23} = 565.35 \times 3.46 \times 0.99 \times 0.97 \text{N} \cdot \text{m} \approx 1878.45 \text{N} \cdot \text{m}$$

卷筒轴转矩

$$T_\text{N} = T_\text{III} \eta_{34} = 1878.45 \times 0.99 \times 0.99 \text{N} \cdot \text{m} \approx 1841.07 \text{N} \cdot \text{m}$$

将运动参数和动力参数计算结果进行整理,见表 3-4。

表 3-4　运动参数和动力参数

参　　数	轴　　名				
	电动机轴	I 轴	II 轴	III 轴	卷筒轴
转速 $n/(\text{r/min})$	1000	357.14	79.31	22.92	22.92
功率 P/kW	5.093	4.889	4.695	4.509	4.419
转矩 $T/\text{N} \cdot \text{m}$	48.64	130.74	565.35	1878.45	1841.07
传动比 i	—	2.8	3.46	4.503	1	—
效率 η	—	0.96	0.96	0.96	0.98	—

3.2　传动零件的设计计算

传动是由各种类型的零件、部件组成的,其中决定其工作性能、结构布置和尺寸大小的主要是传动零件。因此,一般应先设计传动零件,而支承零件和连接零件需要根据传动零件来设计和选取。传动零件的设计包括选择传动零件的材料及热处理方法,确定传动零件的主要参数、结构和尺寸。在机械设计课程设计中,需要根据传动系统的运动和动力参数的计算结果及设计任务书给定的工作条件对减速器内外的传动零件进行设计。为了使设计减速器时的原始条件比较准确,通常应先设计减速器外的传动零件,然后再设计减速器内的传动零件。

各类传动零件的设计方法可查询机械设计教材和机械设计手册,这里不再介绍。下面仅对传动零件的设计计算要求和应注意的问题做简要提示,并介绍一下关于计算机辅助传动零件设计方面的软件。

3.2.1　联轴器的选择

联轴器的型号按计算转矩进行选择,要求所选型号联轴器所允许的最大转矩大于计算转矩 T_ca,并且该型号的最大和最小轮毂孔径应满足所连接两轴径的尺寸要求。

联轴器类型的选择应由工作要求确定。对于转速低、无冲击、轴的刚度大、对中性较好的连接，可选用凸缘联轴器，见附表 E-2。对于安装对中困难，经常频繁起动和正反转的低速重载轴的连接，可选用齿式联轴器，但它制造困难，加工成本较高。对中小型减速器输出轴可采用弹性套柱销联轴器，见附表 E-3，它加工制造容易、装拆方便、成本低，可用于高速、频繁起动或正反转，并有一定轴向位移和角位移的场合。

3.2.2　减速器外传动零件设计

减速器外常用的传动有 V 带传动、链传动和开式齿轮传动等。在机械设计课程设计中，只需确定其主要参数和尺寸，而不进行详细的结构设计。装配图只画减速器部分，一般不画减速器外传动零件。

1. V 带传动

在 V 带传动的主要尺寸设计确定后，应检查其尺寸在传动装置中是否合适。小带轮直接安装在电动机轴上，应检查小带轮的顶圆半径是否小于电动机中心高；其轮毂孔直径和长度与电动机的轴直径和长度是否匹配；大带轮装在减速器输入轴上，应检查大带轮直径是否过大而与机架相碰；还应检查带传动中心距是否合适，电动机与减速器是否会发生干涉等。如有不合适的情况，应考虑改选带轮直径，重新设计。

2. 链传动

链轮的齿数最好选择奇数或不能整除链节数的数，一般限定 $z_{min} = 17$，而 $z_{max} \leqslant 120$。为不使大链轮尺寸过大，以便控制传动装置的外廓尺寸，速度较低的链传动链轮齿数不宜取得过多。当大链轮安装在卷筒轴上时，其直径应小于卷筒直径，链条的链节数最好取为偶数。当采用单排链传动计算出的链节距过大时，应改选双排链或多排链。

3. 开式齿轮传动

开式齿轮传动一般用于低速，为使支承结构简单，常采用直齿齿轮。由于其润滑及密封条件差，灰尘大，故应注意材料配对的选择，使之具有较好的减摩和耐磨性能。

开式齿轮轴的支座刚度较小，齿宽系数应取小些，以减轻轮齿偏载。尺寸参数确定后，应检查传动装置的外廓尺寸。若与其他零件发生干涉或碰撞，则应修改参数重新计算。

3.2.3　减速器内传动零件设计

减速器内传动零件设计计算方法及结构设计均可依据教材所述。此外，还应注意以下几点：

1）所选齿轮材料应考虑与毛坯制造方法协调，并检查是否与齿轮尺寸大小适应。例如，齿轮直径较大时，多用铸造毛坯，应选铸钢材料（单件生产不宜用铸造毛坯），或用焊接齿轮。小齿轮齿根圆直径与轴径接近时，齿轮与轴可制成一体（齿轮轴），因此所选材料应兼顾轴的要求。同一减速器各级小齿轮（或大齿轮）的材料，没有特殊情况应选相同牌号的材料，以减少材料品种和工艺要求。

2）锻钢齿轮分软齿面（≤350HBW）和硬齿面（>350HBW）两种，应按工作条件和尺寸要求选择齿面硬度。大、小齿轮的齿面硬度差一般为：

软齿面齿轮，硬度差 ≈ 30～50HBW。

硬齿面齿轮，HRC_1 值 ≈ HRC_2 值。

3）应该注意，齿轮传动的尺寸与参数的取值，有些应取标准值，有些则应圆整，有些则必须求出精确数值。例如，模数应取标准值，齿宽和其他结构尺寸应尽量圆整，而啮合几何尺寸（节圆、螺旋角等）则必须求出精确值，其尺寸应准确到微米级，角度应准确到秒级。

4）蜗杆传动副的材料不同，其适用的相对滑动速度范围也不同，因此选材料时要初估相对滑动速度，并且在传动尺寸确定后，校验其滑动速度，检查所选材料是否适当，并修正有关初选数据。

5）蜗杆传动的中心距应尽量圆整，为保证其几何参数关系，有时要进行变位。蜗杆和蜗轮的啮合几何尺寸必须计算出精确值，其他结构尺寸应尽量圆整。蜗杆螺旋线方向尽量取为右旋。

6）蜗杆位置是在蜗轮上面还是下面，应由蜗杆分度圆的圆周速度来决定，一般 $v = 4 \sim 5\text{m/s}$ 时，蜗杆在下面。

7）蜗杆强度和刚度验算以及蜗杆传动热平衡计算都要在装配草图设计中进行。

3.2.4　传动零件的计算机辅助设计

随着计算机技术的发展，各种传动零件的计算机设计方法发展得也很快，目前有多种计算机辅助传动零件设计软件。设计传动零件时，采用计算机辅助设计，可节省时间，并可进行多参数设计，对结果进行人工选优。在这里介绍一种较实用的计算机辅助传动零件设计软件——"机械设计手册软件版 V3.0"，它是目前国内机械设计方面资料较为齐全和规范的数据库和设计系统，具有开发思路新颖、数据资源丰富、设计计算使用方便、实用性强等特点。如图 3-5 所示，在常用设计计算程序目录中包含了螺栓连接设计校核、键连接设计校核、弹簧设计、螺旋传动设计、带传动设计、链传动设计、渐开线圆柱齿轮传动设计、普通圆柱蜗杆传动设计计算、滚动轴承设计与查询、轴设计计算等软件模块，涵盖机械设计教材所有的零件设计内容。

以渐开线圆柱齿轮传动设计为例介绍设计步骤。单击图 3-5 中左下角所示的"渐开线圆柱齿轮传动设计"目录或者单击菜单栏"常用设计计算程序"下的"渐开线圆柱齿轮传动设计"，打开如图 3-6 所示的"渐开线圆柱齿轮传动设计"界面。读者可以根据机械的实际运动状态和已确定的参数，按照设计流程，进行渐开线圆柱齿轮传动的设计计算。

图 3-5　"机械设计手册软件版 V3.0"界面

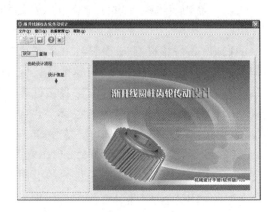

图 3-6　"渐开线圆柱齿轮传动设计"界面

1．设计信息

"设计信息"界面如图 3-7 所示。程序自动获取计算的日期和时间，用户输入设计者和设计单位，单击"确认"按钮完成输入。

2．设计参数

"输入设计参数"界面如图 3-8 所示。该界面共分四个区。功率与转矩区：可选择输入传动功率或传递转矩，该功率与转矩按齿轮 1 的转速进行转换。转速区：首先输入齿轮 1 的转速，再输入齿轮 2 的转速或输入传动比，程序将自动计算传动比或齿轮 2 的转速。载荷特性区：从下拉列表框中分别选择原动机和工作机的特性。齿轮工作寿命区：输入齿轮传动的预定寿命（h）。全部输入完成后，单击"确认"按钮结束。

3．布置与结构

"布置与结构"界面如图 3-9 所示，共分两个区。布置形式区：分别从下拉列表框中选择两齿轮的布置形式。结构形式区：选择开式齿轮传动或闭式齿轮传动。完成选择后，单击"确认"按钮结束。

4．材料及热处理

图 3-7　"设计信息"界面

"材料及热处理"界面如图 3-10 所示，共分四个区。工作齿面硬度区：一对齿轮传动可分为两齿轮均为软齿面，或均为硬齿轮，或小齿轮为硬齿面、大齿轮为软齿面（软硬齿面）。热处理质量要求区：从 ML、MQ、ME 中选择齿轮热处理质量。齿轮 1、2 的材料及热处理区：根据工作齿面硬度的不同，程序列出相应的材料及热处理，不同的材料及热处理的硬度有一个取值范围，用户可通过滑条进行硬度取值。全部输入完成后，单击"确认"按钮结束。

图 3-9　"布置与结构"界面

图 3-10　"材料及热处理"界面

5．确定齿轮精度等级

"确定齿轮精度等级"界面如图 3-11 所示，每个齿轮分两个区。精度等级区：按齿轮精度等级分别选择Ⅰ组、Ⅱ组、Ⅲ组相应的精度等级。齿厚极限偏差区：分别确定上偏差和下偏差。全部输入完成后，单击"确认"按钮结束。

6. 齿轮基本参数

"齿轮基本参数"界面如图 3-12 所示，共分四个区。齿数、齿宽区：首选输入齿轮 1 的齿数，齿轮 2 的齿数将根据传动比自动取值，用户也可对齿轮 2 的齿数进行修改，这样齿数比与传动比的误差将会变大。对齿轮 2 的齿数进行修改，应满足设计要求。当输入齿轮 1 的齿宽时，齿轮 2 的齿宽随之变化，即两齿宽相同，用户也可以修改齿轮 2 的齿宽，齿轮 1 的齿宽不随之变动。一般齿轮 2（大齿轮）的齿宽略小于齿轮 1（小齿轮）。模数、螺旋角、总变位系数区：模数列表中列出的第一系列和第二系列的模数值，用户可从中选择。对于初次计算，可以用"初算模数"来初步确定模数值。对于斜齿轮设计，可以先初定一个螺旋角（如 15°），算出中心距后，再对"由螺旋角设定中心距"进行中心距圆整。对于变位齿轮设计，可由"确定变位系数"来确定总变位系数和分配两齿轮的变位系数。全部输入完成后，单击"确认"按钮结束。

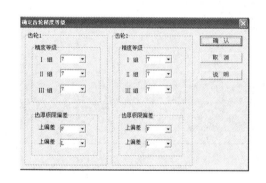

图 3-11　"确定齿轮精度等级"界面

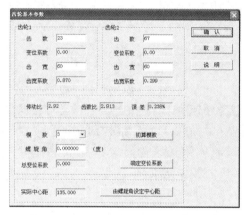

图 3-12　"齿轮基本参数"界面

（1）初算模数　初算模数是在齿轮传动设计初期用来大致确定应选模数的大小，"初算齿轮模数"界面如图 3-13 所示。首先应确定是直齿轮还是斜齿轮传动，再确定载荷系数，一般为 1.4 左右。初算参数区：分度圆齿宽系数和齿轮 1 的齿数。初算模数区：显示按接触疲劳强度和按弯曲疲劳强度初算模数公式算出的模数。全部输入完成后，单击"确认"按钮结束，程序将计算结果带回到齿轮基本参数设计中。

（2）确定变位系数　"确定变位系数"界面如图 3-14 所示，共分两个区。相关参数区：可直接输入总变位系数，程序将自动计算变位后中心距，或直接输入变位后中心距，程序将自动计算总变位系数。变位系数分配区：用户只需输入齿轮 1 的变位系数"X1"，程序按总

图 3-13　"初算齿轮模数"界面

图 3-14　"确定变位系数"界面

变位系数算出"X2"的值。全部输入完成后，单击"确认"按钮结束，程序将计算结果带回到齿轮基本参数设计中。

（3）确定中心距　"确定中心距"界面如图 3-15 所示。界面中提供计算用的相关参数，用户可在"设定中心距"和"螺旋角"两者中选一个输入，程序将自动计算出另一个值。全部输入完成后，单击"确认"按钮结束，程序将计算结果带回到齿轮基本参数设计中。

7. 疲劳强度校核

进行接触疲劳强度校核和弯曲疲劳强度校核将用到许用相关参数，这些参数与齿轮传动的环境相关，"校核齿轮强度的环境"界面（图 3-16）列出了所有相关选项，用户可根据具体情况进行选定。单击"重算系数"进入下一界面。若已在后面修改了这些相关系数，此处就可选"不算系数"而跳过此界面内容。"接触疲劳强度、弯曲疲劳强度校核"界面如图 3-17 所示，分别列出两齿轮的校核相关参数，并显示校核是否满足。当校核不能满足时或计算应力远小于许用应力时应返回前面，重新修改"齿轮基本参数"或修改"齿轮材料及热处理"选项。当需要了解校核计算时的各系数值，或需对这些系数值进行修改时，可单击"调整系数"。全部输入完成后，单击"确认"按钮结束。

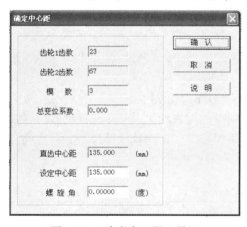

图 3-15　"确定中心距"界面

图 3-16　"校核齿轮强度的环境"界面

"调整齿轮强度校核用系数"界面如图 3-18 所示。界面中列出了全部的系数，双击某个

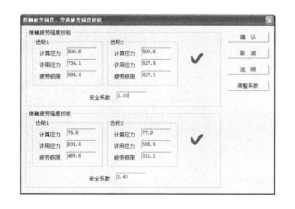

图 3-17　"接触疲劳强度、弯曲疲劳强度校核"界面

图 3-18　"调整齿轮强度校核用系数"界面

系数的值就可进行修改。注意，修改后的系数，若在以后的环境界面中选用了"重算系数"选项，这些系数将被修改。修改完成后，单击"确认"按钮返回。

其他传动件设计与此类似，按提示操作即可。

3.3　减速器结构设计

减速器是位于原动机和工作机之间的封闭式机械传动装置。它由封闭在箱体内的齿轮或蜗杆传动所组成，主要用来降低转速、增大转矩或改变运转方向。

减速器设计中的传动装置是由各种类型的零部件组成的，其中最主要的是传动零件，它关系到传动装置的工作性能、结构布置以及结构尺寸的设计。此外，支承零件和连接零件通常也要根据传动零件来设计或选取。因此，一般应先根据减速器类型选取标准减速器或进行标准减速器方案设计，再进行传动零件的设计计算，确定传动零件的材料、参数、尺寸和主要结构，之后进行其他零部件的设计计算。

3.3.1　减速器类型

常用减速器目前已经标准化和规格化，使用者可根据具体的工作条件进行选择。课程设计中的减速器设计通常是根据设计题目，参考标准系列产品的有关资料，进行非标准化减速器的设计。

减速器一般是由封闭在箱体内的齿轮传动、蜗杆传动或齿轮-蜗杆传动所组成的。由于结构紧凑、效率较高、传递运动准确可靠、使用维护简单、可成批生产，在现代机器中得到广泛应用。减速器的类型很多，可以满足不同机器的不同要求。常用减速器的类型、特点及应用见表 3-5。

表 3-5　常用减速器的类型、特点及应用

名　称		简　图	传动比范围	特点及应用
圆柱齿轮减速器	一级圆柱齿轮减速器		直齿≤5 斜齿≤6	齿轮可分为直齿轮和斜齿轮，箱体常用铸铁铸造。支承多采用滚动轴承,重型减速器采用滑动轴承
	二级展开式圆柱齿轮减速器		8～30	齿轮相对于轴承不对称，要求轴具有较大的刚度。高速级齿轮常布置在远离转矩输入端的一边，以减少因弯曲变形所引起的载荷沿齿宽分布不均匀现象。高速级常用斜齿，该类型结构简单,应用广泛
	二级同轴式圆柱齿轮减速器		8～30	箱体长度较小，两大齿轮浸油深度可大致相同。但减速器轴向尺寸较大；中间轴较长，刚度差,中间轴承润滑困难;多用于输入输出同轴线的场合
圆柱及锥齿轮减速器	一级锥齿轮减速器		直齿≤3 斜齿≤5	传动比不宜过大，减小齿轮尺寸，降低成本,用于输入轴与输出轴相交的传动

（续）

名　称		简　图	传动比范围	特点及应用
圆柱及锥齿轮减速器	二级圆锥-圆柱齿轮减速器	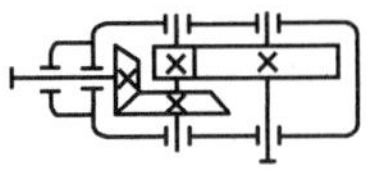	8～15	用于输入轴与输出轴相交而传动比较大的传动。锥齿轮应在高速级，以减小锥齿轮尺寸并有利于加工，圆柱齿轮与锥齿轮同轴应使轴向载荷相互抵消
单级蜗杆减速器	一级蜗杆减速器	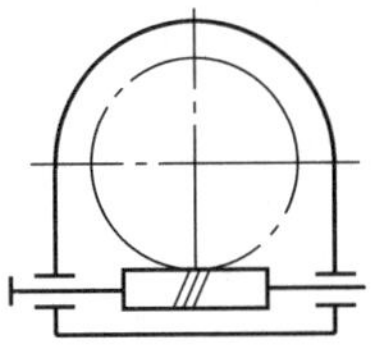	10～40	传动比大，结构紧凑，但传动效率低，用于中、小功率以及输入轴与输出轴垂直交错的传动。下置式蜗杆减速器润滑条件较好，应优先选用。当蜗杆减速器圆周速度太高时，搅油损失大，才用上置式蜗杆减速器。此时，蜗轮轮齿浸油、蜗杆轴承润滑较差

3.3.2　减速器箱体结构设计

减速器的箱体是一个十分重要的零件，它的作用是保持传动件正确的相对位置，承受作用于减速器上的载荷，防止外界污物侵入，并防止内部润滑油的渗漏。

1. 减速器箱体的结构方案选择

减速器类型不同，其箱体结构型式也不同。根据结构及制造方法等的不同，减速器箱体一般有剖分式、整体式、铸造式、焊接式以及卧式、立式等多种形式。铸造箱体一般用灰铸铁制造，刚性好，易于切削，适用于形状较复杂的箱体，应用较广。焊接箱体是由钢板焊接而成的，重量较轻，较省材料，生产周期短，但焊接时易产生变形，需要较高的焊接技术，焊后需做退火处理，仅适用于单件、小批量生产。

一般情况下，为便于制造、装配及运动零部件的润滑，减速器多选用铸造的卧式剖分箱体。减速器一般由传动零件（如直齿轮、斜齿轮、锥齿轮或蜗杆、蜗轮）、轴系零件（如轴、轴承）、减速器箱体和附件、润滑密封装置等组成。图 3-19～图 3-22 所示分别为一级圆柱齿轮减速器立体图、二级展开式圆柱齿轮减速器立体图、圆锥-圆柱齿轮减速器立体图、蜗杆减速器立体图。图中分别标出了组成各减速器的主要零部件的名称及铸造箱体的部分结构尺寸代号。

图 3-20 所示的二级展开式圆柱齿轮减速器中箱体为剖分式结构；其剖分面通过齿轮传动的轴线，齿轮、轴、轴承等可在箱体外装配成轴系部件后再装入箱体，使装拆较为方便；箱盖 9 和箱座 1 由两个定位销 11 精确定位，并用一定数量的螺栓连成一体；起盖螺钉 5 用于从箱座 1 上揭开箱盖 9，吊环螺钉 10 用于提升箱盖 9；而整台减速器的提升则应使用与箱座铸成一体的吊钩 3，减速器用地脚螺栓 12 固定在机架或地基上；轴承盖 13 用来封闭轴承并且固定轴承相对于箱体的位置；减速器中齿轮传动采用油池润滑，滚动轴承的润滑利用了齿轮旋转溅起的油雾以及飞溅到箱盖 9 内壁上的油液，汇集后流入箱体结合面上的油沟 8 中，经油沟 8 导入轴承；箱盖 9 顶部所开的检查孔用于检查齿轮啮合情况以及向箱体内注油，平时用盖板封住；箱底下部设有排油孔，平时用油塞 2 封住；油标 4 用来检查箱体内油面高低；为防止润滑油渗漏和箱外杂质侵入，减速器在轴的伸出处、箱体结合面以及检查孔盖、油塞 2 与箱体的结合面均采取密封措施；轴承盖 13 与箱体结合处装有调整垫片 6，用于轴承间隙的调整；通气器用来及时排放箱体内因发热升温而膨胀的气体。

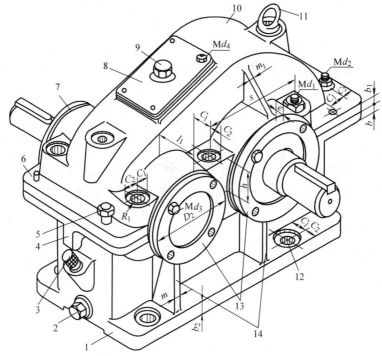

图 3-19　一级圆柱齿轮减速器立体图

1—箱座　2—油塞　3—油标　4—吊钩　5—起盖螺钉　6—定位销　7—调整垫片　8—检查孔盖
9—通气螺塞　10—箱盖　11—吊环螺钉　12—地脚螺栓孔（Md_f）　13—轴承盖　14—外肋片

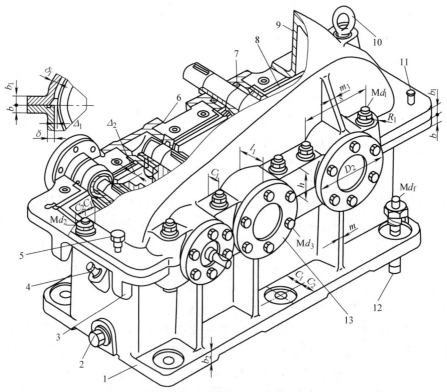

图 3-20　二级展开式圆柱齿轮减速器立体图

1—箱座　2—油塞　3—吊钩　4—油标　5—起盖螺钉　6—调整垫片　7—密封件
8—油沟　9—箱盖　10—吊环螺钉　11—定位销　12—地脚螺栓　13—轴承盖

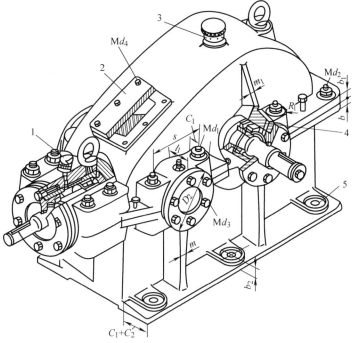

图 3-21　圆锥-圆柱齿轮减速器立体图

1—油杯　2—检查孔盖　3—通气器　4—注油口　5—Md_f 螺栓孔

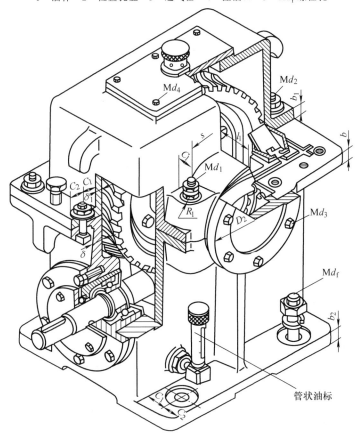

图 3-22　蜗杆减速器立体图

2. 减速器箱体的结构尺寸设计

箱体起着支承轴系、保证轴系零件及传动件正常运转的重要作用。在轴系零件及传动件的设计草图基本确定，箱体结构型式、毛坯制造方法也已经确定的基础上，可以全面地进行箱体结构设计。箱体的结构和受力情况较为复杂，目前尚无完整的理论设计方法，主要按经验数据和经验公式来确定。减速器箱体结构的推荐尺寸见表 3-6。

表 3-6　减速器箱体结构的推荐尺寸（代号含义参见图 3-19~图 3-22）（单位：mm）

名　称		符号	减速器形式及尺寸关系		
			圆柱齿轮减速器	锥齿轮减速器	蜗杆减速器
箱座壁厚	δ		一级	$0.025a+1 \geqslant 8$	$0.0125(d_{1m}+d_{2m})+1 \geqslant 8$ 或 $0.01(d_{d1}+d_{d2})+1 \geqslant 8$ $d_{d1}、d_{d2}$——小、大锥齿轮的大端直径 $d_{1m}、d_{2m}$——小、大锥齿轮的平均直径	$0.04a+3 \geqslant 8$
			二级	$0.025a+3 \geqslant 8$		
			三级	$0.025a+5 \geqslant 8$		
			考虑铸造工艺，所有壁厚都不应小于 8		
箱盖壁厚	δ_1		一级	$0.02a+1 \geqslant 8$	$0.01(d_{1m}+d_{2m})+1 \geqslant 8$ 或 $0.0085(d_{d1}+d_{d2})+1 \geqslant 8$	蜗杆在上：$\approx \delta$ 蜗杆在下：$0.85\delta \geqslant 8$
			二级	$0.02a+3 \geqslant 8$		
			三级	$0.02a+5 \geqslant 8$		
箱座凸缘厚度	b		1.5δ		
箱盖凸缘厚度	b_1		$1.5\delta_1$		
箱座底凸缘厚度	b_2		2.5δ		
地脚螺栓直径	d_f		$0.036a+12$	$0.018(d_{1m}+d_{2m})+1 \geqslant 12$ 或 $0.015(d_{d1}+d_{d2})+1 \geqslant 12$	$0.036a+12$
地脚螺栓数目	n		$a \leqslant 250$ 时，$n=4$ $a>250~500$ 时，$n=6$ $a>500$ 时，$n=8$	$n=\dfrac{箱座底凸缘周长的一半}{200~300} \geqslant 4$	4
轴承旁连接螺栓直径	d_1		$0.75d_f$		
箱盖与箱座连接螺栓直径	d_2		$(0.5~0.6)d_f$		
连接螺栓 d_2 的间距	l		$150~200$		
轴承盖螺钉直径	d_3		$(0.4~0.5)d_f$		
检查孔盖螺钉直径	d_4		$(0.3~0.4)d_f$		
定位销直径	d		$(0.7~0.8)d_2$		
螺栓扳手空间与凸缘宽度	安装螺栓直径	d_X	M8	M10	M12	M16	M20	M24	M30
	$d_f、d_1、d_2$ 至外箱壁距离	C_{1min}	13	16	18	22	26	34	40
	$d_f、d_2$ 至凸缘边距离	C_{2min}	11	14	16	20	24	28	34
	沉头座直径	D_{cmin}	20	24	26	32	40	48	60
轴承旁凸台半径	R_1		C_2		
凸台高度	h		根据 d_1 位置及低速轴轴承座外径确定，以便于扳手操作为准		
外箱壁至轴承座端面距离	l_1		$C_1+C_2+(5~10)$		

（续）

名　　称	符号	减速器形式及尺寸关系		
		圆柱齿轮减速器	锥齿轮减速器	蜗杆减速器
大齿轮齿顶圆（蜗轮外圆）与内箱壁距离	Δ_1	$>1.2\delta$		
齿轮（锥齿轮或蜗轮轮毂）端面与内箱壁距离	Δ_2	$>\delta$		
箱盖、箱座肋厚	m_1、m	$m_1 \approx 0.85\delta_1$，$m \approx 0.85\delta$		
轴承盖外径	D_2	$D_2 = D+(5\sim5.5)d_3$，对嵌入式端盖 $D_2 = 1.25D+10$，D 为轴承外径		
轴承盖凸缘厚度	e	$(1\sim1.2)d_3$		
轴承旁连接螺栓距离	s	尽量靠近，以 $\mathrm{M}d_1$ 和 $\mathrm{M}d_3$ 互不干涉为准，一般取 $s \approx D_2$		

注：表中 a 为中心距。多级传动时，a 取大值。对于圆锥-圆柱齿轮减速器，按圆柱齿轮传动中心距取值。

3.4　减速器装配图绘制

3.4.1　装配图绘制前的准备

（1）了解实物　通过参观和装拆减速器实物，观看有关减速器的录像，阅读减速器装配图，了解各零部件的功用、结构和相互关系，做到对设计内容心中有数。

（2）汇总资料和数据　根据已经进行的设计计算，汇总和检查绘制装配图时所需要的技术资料和数据。这些资料和数据包括以下方面：

1）确定传动零件的主要尺寸，如齿轮或蜗轮的分度圆和齿顶圆直径、宽度、轮毂长度、传动中心距等。

2）按已选定的电动机类型和型号查出其轴径、轴伸长度和键槽尺寸。

3）按工作条件和转矩选定联轴器的类型和型号，查出对两端轴孔直径和孔长度及其有关装配尺寸的要求。

4）按工作条件初步选择轴承类型，如向心轴承或角接触轴承等，具体型号暂不确定。

5）确定滚动轴承的润滑和密封方式。当传动零件的圆周速度 $v>2\mathrm{m/s}$ 时，可采用飞溅式润滑轴承；当 $v\leqslant2\mathrm{m/s}$ 时，可采用润滑脂润滑轴承。轴承的密封方式可根据轴承的润滑方式和工作环境选定。

6）确定减速器箱体的结构方案（如剖分式、整体式等），并计算出它的各部分尺寸。图 3-19～图 3-22 所示为铸造箱体的减速器结构图，其各部分尺寸可按表 3-6 所列公式确定。

3.4.2　装配草图绘制

机械设计一般从设计和绘制装配图开始，由于装配图的设计和绘制过程比较复杂，故应先进行装配草图设计。在装配草图设计过程中，需要综合考虑零件的工作条件、材料、强度、刚度、制造、装配、调整、润滑和密封等方面的要求，以期得到工作性能好、便于制造维护、成本低廉的机器。

1. 装配草图的设计要求

1）布置图面时，一般需要画减速器的三视图（主、俯、左视图），结合必要的局部剖视图，清楚地表达出减速器的全部零件结构和它们的装配关系，应使各视图均匀地布置于图纸上，同时要留有书写技术要求、标题栏、明细栏及尺寸要求等所需的图面位置，如图 3-23 所示。

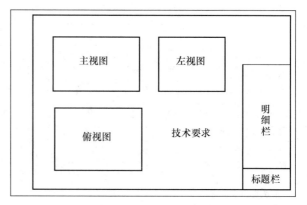

图 3-23 视图布置参考图

2）绘图时应从一个或两个最能反映零、部件外形尺寸和相互位置的视图开始，齿轮减速器（包括圆锥-圆柱齿轮减速器）常选择俯视图，蜗杆-圆柱齿轮减速器常同时选取主视图和俯视图作为画图的开始。当这些视图画得差不多时，辅以其他视图。

传动零件、轴和轴承是减速器的主要零件，其他零件的结构和尺寸随着这些零件而定。绘制装配草图时应先绘制主要零件，再绘制次要零件；先确定零件中心线和轮廓线，再设计其结构细节；先绘制箱内零件，再逐步扩展到箱外零件；先绘制俯视图，再兼顾其他几个视图，即绘图的顺序为由内及外。

2. 装配草图主要视图的初绘

1）确定传动零件的轮廓和相对位置。在主视图、俯视图（或左视图）上画出箱体内传动零件的中心线、齿顶圆（或蜗轮外圆）、分度圆、齿宽和轮毂长等轮廓尺寸，其他细部结构暂不画出，为了保证全齿宽啮合并降低安装要求，通常取小齿轮比大齿轮宽 5~10mm。

按表 3-7 中推荐的数据确定减速器各零件间的位置，在设计二级圆柱齿轮减速器（图 3-26）时，还应注意使两个大齿轮端面之间留有一定的轴向距离 Δ_4，并使中间轴上大齿轮与输出轴之间保持一定距离 Δ_5，若不能保证，则应调整齿轮传动的参数。

2）确定箱体内壁和轴承座孔端面的位置。按表 3-7 中推荐的数据绘制出箱体内壁线和轴承内侧端面的初步位置，对于圆柱齿轮减速器，应在大齿轮齿顶圆和齿轮端面与箱体内壁之间留有一定距离 Δ_1 和 Δ_2，以避免由于箱体铸造误差引起的间隙过小，造成齿轮与箱体相碰。大齿轮齿顶圆与箱盖内壁的距离大于或等于 Δ_1。箱体底部内壁与大齿轮齿顶圆的距离 Δ_6 大于 30mm。高速级小齿轮齿顶圆与箱体内壁之间的距离，可待完成装配草图阶段由主视图上箱体结构的投影关系确定（参考图 3-41）。

箱体内壁至轴承座孔端面距离 l_4 值的确定要考虑扳手空间的尺寸 C_1、C_2，如图 3-25 所示，C_1、C_2 值见表 3-6。

表 3-7 减速器零件的位置尺寸（代号含义参见图 3-24~图 3-28）

代号	名　　　称	荐用值/mm
b_1	小齿轮宽度	由结构设计决定
a	中心距	由结构设计决定
B	轮毂宽度	由结构设计决定
R_a	齿顶圆半径	由结构设计决定
Δ_1	齿轮齿顶圆至箱体内壁的距离	$>1.2\delta$，δ 为箱座壁厚

（续）

代号	名　　称		荐用值/mm
Δ_2	齿轮端面至箱体内壁的距离		$>\delta$（一般取 $\geqslant 10$）
Δ_3	轴承端面至箱体内壁的距离	轴承用脂润滑时	$\Delta_3 = 10 \sim 15$
		轴承用油润滑时	$\Delta_3 = 3 \sim 5$
Δ_4	旋转零件间的轴向距离		$\Delta_4 = 10 \sim 15$
Δ_5	齿轮齿顶圆至轴表面的距离		$\geqslant 10$
Δ_6	大齿轮齿顶圆至箱底内壁的距离		$>30 \sim 50$
Δ_7	箱底至箱内壁的距离		≈ 20
H	减速器中心高		$\geqslant R_a + \Delta_6 + \Delta_7$
e	轴承盖凸缘厚度		见附表Ⅰ-5
l_1	箱体内壁轴向距离		由结构设计决定
l_3	箱体轴承座孔端面间的距离		由结构设计决定
l_4	箱体内壁至轴承座孔端面的距离		$l_4 = \delta + C_1 + C_2 + (5 \sim 10)$，$C_1$、$C_2$ 见表 3-6

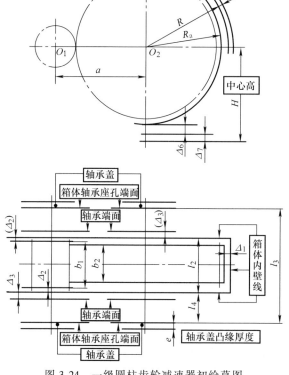

图 3-24　一级圆柱齿轮减速器初绘草图

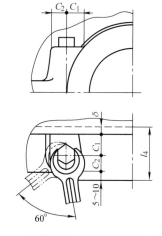

图 3-25　箱体内壁至轴承座孔端面的距离

3. 轴系结构的初步设计

（1）轴的结构设计　轴的结构设计在初估轴径的基础上进行，确定轴的合理外形和全部结构尺寸。下面主要以图 3-29 给出的两种结构型式为例进行讨论。

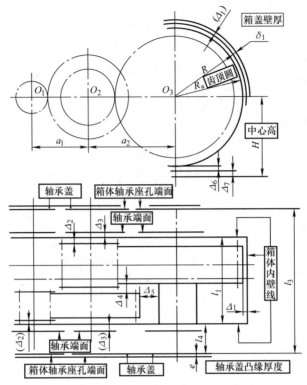

图 3-26　二级圆柱齿轮减速器初绘草图

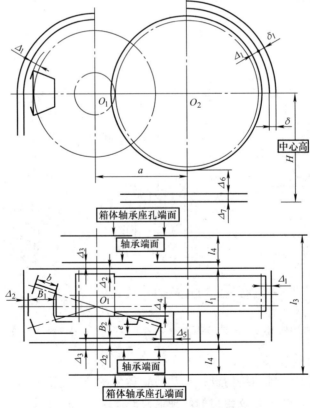

图 3-27　圆锥-圆柱齿轮减速器初绘草图

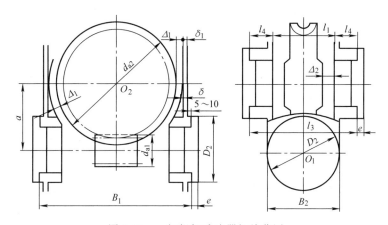

图 3-28　一级蜗杆减速器初绘草图

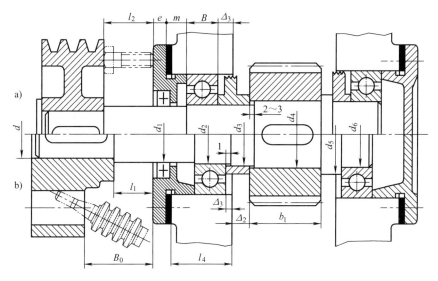

图 3-29　确定轴的尺寸

1）确定轴的径向尺寸。图 3-29 中左轴头直径 d 是按许用切应力的计算方法初估的，应与外接零件（如联轴器）的孔径一致，并能保证键连接的强度要求，且尽可能地圆整为标准尺寸值（附表 A-3）。

轴段 d 与 d_1 形成定位轴肩，轴径的变化应大些，一般取轴肩高度 $a \geqslant (0.07 \sim 0.1)d$（附表 A-14），$d_1 = d + 2a$。为了缓解应力集中和便于装配，轴肩处圆角应符合附表 A-13 的规定。

轴段 d_1 与 d_2 的直径不同，仅为装配方便和区别加工表面，故其值差可小些，一般取 $d_2 = d_1 + (1 \sim 5) \mathrm{mm}$。轴段 d_2 安装滚动轴承，轴径的尺寸及精度应符合轴承内径的尺寸配合要求。

轴段 d_2 与 d_3 的直径不同是为了区别加工表面，故取 $d_3 = d_2 + (1 \sim 5) \mathrm{mm}$。

轴段 d_3 与 d_4 的直径变化除能区别加工表面外，还可以减小装配长度，便于齿轮键槽与轴上的键对正安装，故同样取 $d_4 = d_3 + (1 \sim 5) \mathrm{mm}$。

轴径 d_6 也安装滚动轴承，直径一般与轴段 d_2 相同，以便在同一轴上选用型号相同的滚动轴承，且便于轴承座孔的加工。

轴环 d_5 左侧与轴段 d_4 构成齿轮的定位轴肩，一般取轴肩高度 $a=(0.07~0.1)d_4$，$d_5=d_4+2a$，右侧与轴段 d_6 形成轴承的定位轴肩，$d_6=d_5-2a$。为便于轴承的拆卸，轴肩高度 a 应小于轴承内环厚度，其数值可查轴承的安装尺寸要求。

轴环 d_5 应尽量同时满足左、右两侧定位轴肩的要求，若圆柱形轴段不能胜任，则可设计成阶梯形或锥形轴段。

2）确定轴的轴向尺寸。轴上安装传动零件的轴段长度应由所装零件的轮毂长度确定。由于存在制造误差，为了保证零件轴向固定和定位可靠，应使轴的端面与轮毂端面间留有一定距离，一般取 2~3mm。

安装键的轴段，应使键槽靠近直径变化处，以便于在装配时，使轮毂上的键槽与轴上的键容易对准。通常，键的长度比零件轮毂的长度短 5~10mm，并圆整为标准值。

减速器箱体内壁至轴承端面之间的距离为 Δ_3。图 3-29b 中的轴承采用箱体内润滑油润滑时，$\Delta_3=3~5mm$；图 3-29a 中的轴承采用润滑脂润滑时，则需要装挡油环，$\Delta_3=10~15mm$。在轴承位置确定后，画出轴承轮廓。

轴的外伸长度取决于外接零件及轴承盖的结构。例如，使用联轴器时必须留有足够的装配空间，图 3-29b 中长度 l_1 就是为了保证联轴器弹性柱销的拆装而留出的，这时尺寸即应根据 B_0 确定；采用凸缘式轴承盖时应考虑拆装起盖螺钉的装配空间，要取 l_2 足够长，以便能在不拆卸带轮或联轴器的情况下拆卸起盖螺钉（图 3-29a），打开减速器箱盖；如果采用嵌入式轴承盖，则 l_2 可取得较短些。

（2）初步选择轴承型号　轴承型号和具体尺寸可根据轴的直径初步选出，一般同一根轴上取同一型号的轴承，使轴承孔可一次镗出，以保证加工精度。

（3）画出轴承盖的外形　轴承盖的结构尺寸参考附表 I-4 和附表 I-5 选取。图 3-29 中凸缘式轴承盖的尺寸 m 由轴承孔长度 l_4 及轴承位置而定，一般取 $m>e$（e 为凸缘式轴承盖的凸缘厚度），但不宜太长或太短，以免拧紧连接螺钉时使轴承盖歪斜。除画出轴承盖外形之外，还要完整地画出一个连接螺栓，其余只画出中心线即可。

3.4.3　轴、轴承及键的校核计算

1. 校核轴的强度

对于一般减速器的轴，通常按弯扭合成强度条件进行计算。

根据初绘草图阶段所确定的轴的结构和支点及轴上零件的力作用点，画出轴的受力简图，计算各力大小，绘制弯矩图和转矩图。

轴的强度校核应在轴的危险截面处进行，轴的危险截面应为载荷较大、轴径较小、应力集中严重的截面（如轴上有键槽、螺纹、过盈配合及尺寸变化处）。做轴的强度校核时，应选择若干可疑危险截面进行比较计算。

当校核结果不能满足强度要求时，应对轴的设计进行修改，可通过增大轴的直径、修改轴的结构或改变轴的材料等方法提高轴的强度。

当轴的强度有富余时，如与使用要求相差不大，一般以结构设计时确定的尺寸为准，不再修改；或待轴承和键验算完后综合考虑整体结构，再决定是否修改。

对于受变应力作用的较重要轴，除做上述强度校核外，还应按疲劳强度条件进行精确校核，确定在变应力条件下轴的安全裕度。

蜗杆轴的变形对蜗杆副的啮合精度影响较大，因此，对跨距较大的蜗杆轴除做强度校核外，还应做刚度校核。

2. 验算滚动轴承的寿命

轴承的寿命一般按减速器的工作寿命或检修期（2~3 年）确定。当按后者确定时，需定期更换轴承。通用齿轮减速器的工作寿命一般为 36000h，其轴承的最低寿命为 10000h。经验算轴承寿命不符合要求时，一般不要轻易改变轴承的内孔直径，可通过改变轴承类型或直径系列，提高轴承的基本额定动载荷，使之符合要求。

3. 校核键连接的强度

对于采用常用材料并按标准选取尺寸的平键连接，主要校核其挤压强度。校核计算时应取键的工作长度为计算长度，许用挤压应力应选取键、轴、轮毂三者中材料强度较弱的，一般是轮毂的材料强度较弱。当键的强度不满足要求时，可采取改变键的长度、使用双键、加大轴径以选用较大截面的键等途径来满足强度要求，也可采用花键连接。当采用双键连接时，两键应对称布置。考虑载荷分布的不均匀性，双键连接的强度按 1.5 个键计算。

对上述各项校核计算完毕，并对初绘草图做必要修改后，可进行左视图的草图绘制。在左视图中，画出齿轮的中心线，依据主视图、左视图高平齐、俯视图、左视图宽相等的投影原则，完成左视图的草图设计，进入完成减速器装配草图的设计阶段。

3.4.4　减速器的润滑

1. 齿轮和蜗杆传动的润滑

齿轮和蜗杆传动除少数低速（$v<0.5\text{m/s}$）小型减速器采用脂润滑外，大多数采用油润滑，主要润滑方式为浸油润滑。对高速传动则采用喷油润滑。

常用润滑油的性质和用途见附表 F-1，常用润滑脂的性质和用途见附表 F-2。

（1）浸油润滑　浸油润滑是将齿轮、蜗杆或蜗轮等浸入油中，当传动件回转时，把油液带至啮合区进行润滑，同时被甩到箱壁上的油液起散热作用。这种方式适合齿轮圆周速度 $v<12\text{m/s}$、蜗杆圆周速度 $v<10\text{m/s}$ 的情况。浸油润滑时的浸油深度见表 3-8。

表 3-8　浸油润滑时的浸油深度

减速器类型		传动件浸油深度
一级圆柱齿轮减速器（图 3-30a）		$m<20\text{mm}$ 时，h 约为一个齿高，但不小于 10mm $m\geq20\text{mm}$ 时，h 约为 0.5 个齿高（m 为齿轮模数）
二级或多级圆柱齿轮减速器（图 3-30b）	高速级	h_f 约为 0.7 个齿高，但不小于 10mm
	低速级	h_s 按圆周速度大小而定，速度大者取小值 $v_\text{s}=0.8~12\text{m/s}$ 时，h_s 为 1 个齿高~1/6 齿轮半径 $v_\text{s}=0.5~0.8\text{m/s}$ 时，h_s 等于 1/6~1/3 齿轮半径
锥齿轮减速器（图 3-30c）		整个齿宽浸入油中
蜗杆减速器	蜗杆下置式（图 3-30d）	$h_1\geq1$ 个蜗杆牙高，但油面不应高于蜗杆轴承最低一个滚动体中心
	蜗杆上置式（图 3-30e）	h_2 同低速级圆柱大齿轮的浸油深度 h_s

（2）喷油润滑　当齿轮圆周速度 $v>12\text{m/s}$、蜗杆圆周速度 $v>10\text{m/s}$ 时，粘在轮齿上的油会被离心力甩掉，达不到润滑的目的，此时可采用喷油润滑，如图 3-31 所示。

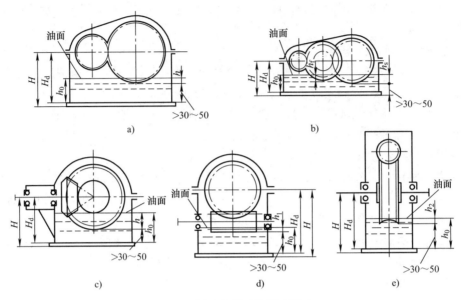

图 3-30　浸油润滑时的浸油深度

2. 滚动轴承的润滑

（1）飞溅润滑　利用箱体内传动件溅起来的油润滑轴承，应在箱体的凸缘面上开设油沟，使飞溅到箱盖上壁的油经油沟进入轴承，如图 3-32 所示。

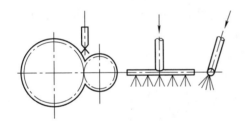

图 3-31　喷油润滑

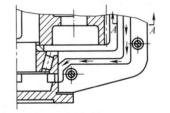

图 3-32　飞溅润滑

（2）油浴润滑　蜗杆下置式的轴承，可利用箱内油池中的润滑油直接浸浴轴承进行润滑，但油面不应高于轴承最低滚动体的中心线，以免搅油损失过大引起轴承发热。

（3）润滑脂润滑　当传动件的圆周速度 $v <$ 2m/s 时，可采用润滑脂润滑，润滑脂的填充量为轴承室体积的 $1/3\sim1/2$。这时，为防止润滑脂流入箱内油池，应在轴承旁加设挡油环。当采用油润滑轴承时，轴承旁是斜齿轮，而且斜齿轮直径小于轴承外径时，由于斜齿轮有沿齿轮轴向排油作用，使过多的润滑油冲向轴承，尤其在高速时更为严重，增加了轴承的阻力，这时也应在轴承旁装置挡油环，如图 3-33 所示。

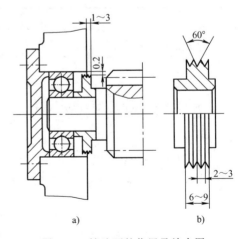

图 3-33　挡油环的位置及放大图
a）挡油环的位置　b）挡油环放大图

挡油环的类型和尺寸可查附表 I-8。

3.4.5　完成减速器装配草图

这一阶段的主要任务是对减速器的轴系部件进行结构细化设计，并完成减速器箱体及其附件的设计。

1. 轴系部件的结构设计

以初绘草图阶段所确定的设计方案为基础，对轴系部件（包括箱内传动零件、轴上其他零件和与轴承组合有关的零件）进行结构设计。设计步骤大致如下：

（1）传动零件的结构设计　齿轮的结构型式与其几何尺寸、毛坯、材料、加工方法、使用要求等因素有关。通常先按齿轮直径选择适宜的结构型式，然后再根据推荐的经验公式和数据进行结构设计。具体画法参考机械设计教材。

（2）滚动轴承的细部结构　各类滚动轴承的简化画法参考附录 D 及有关手册。

（3）轴承盖的选择　轴承盖用于固定轴承、调整轴承间隙及承受轴向载荷，轴承盖有嵌入式和凸缘式两种型式，每一种型式按通孔与否，又有闷盖和透盖之分。

嵌入式轴承盖（图 3-34）结构紧凑，与箱体间无须用螺栓连接，为增强其密封性能，常与 O 形密封圈配合使用，如图 3-34b 所示。一般应用的 O 形橡胶密封圈尺寸及公差见附表 F-5。由于调整轴承间隙时，需打开箱盖，放置调整垫片（图 3-34a），比较麻烦，故多用于不调间隙的轴承处。如用其固定角接触轴承时，可采用图 3-34c 所示的结构，用调整螺钉调整轴承间隙。

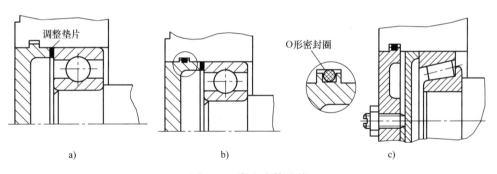

a)　　　　　　　　　　　　b)　　　　　　　　　　　　c)

图 3-34　嵌入式轴承盖

凸缘式轴承盖（图 3-35），用螺钉与箱体轴承座连接，调整轴承间隙比较方便，密封性能好，用得较多。凸缘式轴承盖多用铸铁铸造，设计时要很好地考虑铸造工艺。当轴承采用

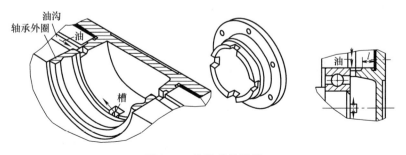

图 3-35　凸缘式轴承盖

箱体内的润滑油润滑时，为使润滑油由油沟流入轴承，应在轴承盖的端部加工出 4 个槽，并将其端部直径做小些。

轴承盖的型式和结构尺寸见附表 I-4 和附表 I-5。

（4）轴外伸处的密封设计　在输入轴和输出轴的外伸处，为防止润滑剂外漏及外界的灰尘、水分和其他杂质侵入，造成轴承的磨损或腐蚀，要求设置密封装置。常见的密封型式有以下几种：

1）毡圈油封。毡圈油封适用于脂润滑及转速不高的稀油润滑，其结构型式有两种：一种是内嵌于轴承透盖中（图 3-36a），另一种是通过螺钉用压盖固定在轴承透盖一侧（图 3-36b），尺寸见附表 F-3。

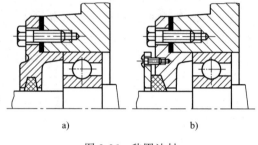

a)　　　　　　b)

图 3-36　毡圈油封

2）橡胶油封。橡胶油封适用于较高的工作速度，设计时应使密封唇的方向朝向密封的部位。若为了防止润滑剂外漏，则应使密封唇朝向轴承，如图 3-37a 所示；若为了防止外界的灰尘、水分和其他杂质侵入，则应使密封唇背向轴承，如对图 3-37b 所示；若对两种作用均有要求，则应使用两个橡胶油封并排反向安装，如图 3-37c 所示。旋转轴唇形密封圈的相关结构与尺寸见附表 F-4。

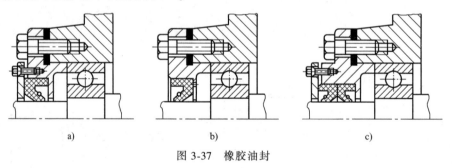

a)　　　　　　　　　　　b)　　　　　　　　　　　c)

图 3-37　橡胶油封

3）油沟密封。当使用油沟密封（图 3-38）时，应用润滑脂填满油沟间隙，以加强密封效果。其密封性能取决于间隙的大小，间隙越小越好。

4）迷宫密封。迷宫密封（图 3-39）效果好，对油润滑及脂润滑都适用。在较脏和潮湿的环境下密封可靠。若与接触式密封件配合使用，效果更佳。

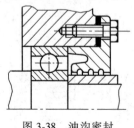
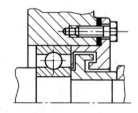

图 3-38　油沟密封　　　　　　　　　图 3-39　迷宫密封

（5）轴套、轴端挡圈等结构　轴套结构简单，通常可根据实际结构自行设计。轴端挡圈是标准件，其结构型式及尺寸可从附表 C-14 查取。

2. 减速器箱体的设计

减速器箱体是减速器结构和受力最复杂的零件，箱体结构对轴系零件的支承和固定、传动件啮合精度以及润滑和密封等都有较大影响，减速器箱体设计可以结合减速器结构图以及表 3-6 做经验设计。

在绘制箱体时，应在三个视图上同时进行，按先箱体后附件、先主体后局部、先轮廓后细节的顺序进行。另外减速器箱体设计需注意以下几点：

（1）轴承座旁连接螺栓凸台的设计　上下轴承座通过螺栓连接，座孔两侧连接螺栓应尽量靠近，以不与起盖螺钉孔干涉为原则，一般取 $s \approx D_2$（图 3-40），D_2 为轴承盖外径；用嵌入式轴承盖时，D_2 为轴承座凸缘的外径。为了提高轴承座处的连接刚度，轴承座孔两侧应做出凸台，可根据轴承座旁连接螺栓直径 d_1 确定所需的扳手空间 C_1 和 C_2 值，用作图法确定凸台高度 h。当机体同一侧面有多个大小不等的轴承座时，除了保证扳手空间 C_1 和 C_2 值外，轴承座旁凸台高度应尽量取相同的高度，以使轴承座旁连接螺栓的长度一样。

（2）小齿轮端箱体外壁圆弧半径 R 的确定　为了保证小齿轮轴承座旁螺栓凸台能位于箱体外壁之内（图 3-41），应使 $R \geqslant R' + 10\text{mm}$，从而定出小齿轮端箱体外壁和内壁的位置，再投影到俯视图中定出小齿轮齿顶一侧的箱体内壁。

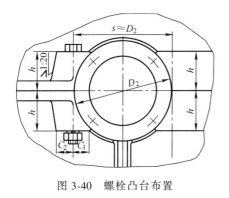

图 3-40　螺栓凸台布置

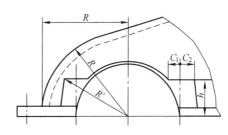

图 3-41　小齿轮端箱体内壁位置

（3）确定箱座高度　减速器工作时，一般要求齿轮不得搅起油池底的沉积物，故应保证大齿轮齿顶圆到油池底面的距离为 30～50mm，即箱体的高度 $H \geqslant \dfrac{d_{a_2}}{2} + (30 \sim 50)\text{mm} + \delta + (3 \sim 5)\text{mm}$（图 3-30），并将其值圆整为整数。

（4）轴承座外端面的要求　减速器轴承座外端面均为加工面，应高出非加工面 3～5mm，并且要求各轴承座外端面位于同一平面上，以利于一次调整加工完成。

（5）油沟的形式和尺寸　当轴承利用机体内的油润滑时，可在剖分面连接凸缘上做出油沟，使飞溅的润滑油沿箱盖的缺口进入轴承，采用不同加工方法加工的油沟形式及尺寸如图 3-42 所示。

（6）机械加工工艺性　在设计箱体时，要注意机械加工工艺性要求，尽可能减少机械加工面，加工面和非加工面必须严格区分开，并且不应在同一平面内，如箱体与轴承盖的结合面（图 3-43），检查孔盖、油标和油塞与箱体的结合处；也可在与螺栓头部或螺母的接触面上锪出沉头座孔。

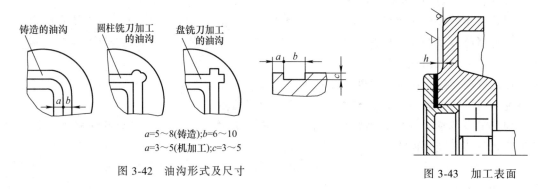

铸造的油沟　　圆柱铣刀加工的油沟　　盘铣刀加工的油沟

$a=5\sim8$(铸造)；$b=6\sim10$
$a=3\sim5$(机加工)；$c=3\sim5$

图 3-42　油沟形式及尺寸　　　　　　　　　　图 3-43　加工表面

3. 减速器附件设计

（1）检查孔盖和检查孔　减速器顶部要开检查孔，用于检查传动件的啮合情况，如检查接触斑点和齿侧间隙，并可通过检查孔向箱内注入润滑油。检查孔平时用检查孔盖封住，检查孔盖底部垫有纸质封油垫片以防止漏油。

检查孔及检查孔盖应设在箱盖顶部能够看到啮合区的位置，其大小以手能深入箱体进行检查操作为宜（图 3-44）。检查孔和检查孔盖的连接处应设计凸台，以便于加工。检查孔盖可用螺钉紧固在凸台上。通常检查孔盖可用轧制钢板或铸铁制成。

检查孔与检查孔盖尺寸见附表 I-1，也可自行设计。

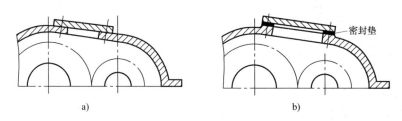

密封垫

a)　　　　　　　　　　　　　　b)

图 3-44　检查孔结构

a）不正确（观察孔过小，未区分加工面与非加工面）　b）正确

（2）通气器　减速器运转时，会因摩擦发热而导致箱内温度升高、气体膨胀、压力增大。为使膨胀气体能自由排出，以保持箱体内外压力平衡，防止润滑油沿箱体缝隙渗漏出来，常在检查孔盖或箱盖上设置通气器。

图 3-45a 所示为简单的通气器，其通气孔不直接通向顶端，以免灰尘落入，常用于较清洁的场合。图 3-45b 所示为带有过滤网的通气器，当减速器停止工作后，过滤网可阻止灰尘随空气进入箱内。通气器的结构及尺寸见附表 I-3。

（3）起盖螺钉　为防止润滑油从箱体剖分面处外漏，常在箱盖和箱座的剖分面上涂上水玻璃或密封胶，但在拆卸时不易分开。为此，常在箱盖或箱座上设置 1~2 个起盖螺钉（图 3-46），其位置应与连接螺栓共线，以便钻孔。起盖螺钉的直径与箱体凸缘连接螺栓的直径相同，螺纹长度大于箱盖凸缘厚度；螺钉端部

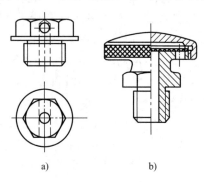

a)　　　　　　　b)

图 3-45　通气器

可制成圆柱形或半圆柱形，以避免损伤剖分面或端部螺纹。

（4）油标　油标用于指示减速器内的油面高度，以保证箱体内有适当的油量。常见的油标机构型式有多种，具体结构和尺寸见附表 I-6。图 3-47 所示为常用的带有螺纹和隔离套的油标，查验时拔出油标，可由油标上油痕来判断油面高度是否适当。油标上的两条刻线与油面最低和最高位置相对应，油标外面加装的隔离套是用来减小因润滑油被搅动而对观察油面高度产生的不利影响。

为便于观测，油标常设置在油面较稳定的低速级齿轮附近，设计时应注意油标座孔的加工工艺性和装配使用的方便性（图 3-48）。

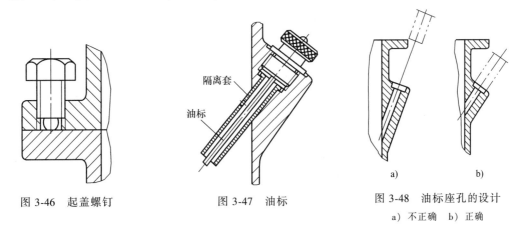

图 3-46　起盖螺钉　　　　　图 3-47　油标　　　　　图 3-48　油标座孔的设计
a）不正确　b）正确

（5）放油孔及螺塞　为了将污油排放干净，应在油池的最低位置处设置放油孔。放油孔的布置如图 3-49 所示。

通常放油孔用螺塞及封油圈密封，因此放油孔处的箱体外壁应凸起一块，经机械加工成为螺塞头部的支承面。螺塞有细牙螺纹圆柱螺塞和圆锥螺塞两种。圆锥螺塞能形成密封连接，不需附加密封；而圆柱螺塞必须配置封油圈，封油圈材料为耐油橡胶、石棉及皮革等。

螺塞直径为箱体壁厚的 2~3 倍。螺塞及封油圈的尺寸见附表 I-2。

（6）定位销　定位销用于保证轴承孔的镗孔精度，并保证减速器每次拆装后轴承座的上、下两半孔的位置精度。定位销的距离应较远，且尽量对角布置，以提高定位精度。

定位销有圆柱销和圆锥销两种。圆锥销可多次装置而不影响定位精度。一般定位销直径取 $d = (0.7~0.8)d_2$（d_2 为箱体凸缘连接螺栓直径），其长度应大于箱体上下凸缘的总厚度（图 3-50）。圆锥销是标准件，设计时可查阅附表 C-18。

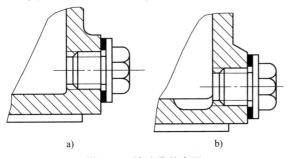

a）　　　　　　b）

图 3-49　放油孔的布置
a）不正确　b）正确

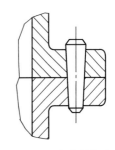

图 3-50　定位销长度

（7）起吊装置　为便于拆卸和搬运减速器，应在箱体上设置起吊装置。可按起重量选择吊环螺钉、吊耳、吊环和吊钩（图 3-51），其结构及尺寸查阅附表 I-7。

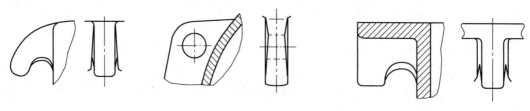

图 3-51　吊耳、吊环、吊钩

3.4.6　减速器装配图设计

完整的装配工作图应包括表达减速器结构的各个视图、主要尺寸和配合、技术特性和技术要求、零件编号、明细栏和标题栏等。在完成减速器装配草图设计，并经过修改、审查后，即可进行装配图的绘制。

1. 绘制减速器装配图

1）在完整、准确地表达减速器零部件结构形状、尺寸和各部分相互关系的前提下，视图数量应尽量少。必须表达的内部结构可采用局部剖视图或局部视图表达清楚。

2）在画剖视图时，同一零件在不同视图中的剖面线方向和间隔应一致，相邻的不同零件，其剖面线方向或间隔应不同，对于很薄的零件（如垫片），其剖面可以涂黑。

3）装配图上某些结构可以采用机械制图国家标准中规定的简化画法，如螺纹连接件、滚动轴承等。

4）同一视图的多个配套零件，如螺栓、螺母等，允许只详细画出一个，其余用中心线表示。

2. 标注尺寸

装配图上应标注的尺寸有以下四类：

（1）特性尺寸　表明减速器性能的尺寸，如传动零件中心距及其偏差（附表 H-7）。

（2）外形尺寸　表明减速器大小的尺寸，供包装运输及安装时参考。如减速器的总长、总宽、总高。

（3）安装尺寸　表明减速器在安装时，要与基础、机架或外接件联系的尺寸。如箱座底面尺寸（包括底座的长、宽、厚）；地脚螺栓孔中心的定位尺寸；地脚螺栓孔之间的中心距和直径；减速器中心高；外伸轴端的配合长度和直径等。

（4）配合尺寸　主要零件的配合尺寸、配合性质和公差等级。附表 G-4 列出了减速器主要零件的荐用配合，应根据具体情况进行选用。

标注尺寸时应使尺寸排列整齐、标注清晰，多数尺寸应尽量布置在反映主要结构的视图上，并尽量布置在视图的外面。

3. 零件编号

为便于读图、装配及生产准备工作（备料、订货及预算等），须对装配图上的所有零件进行编号。装配图中零件序号的编排应符合机械制图国家标准的规定，序号按顺时针或逆时针方向依次排列整齐，避免重复或遗漏。对于不同种类的零件（如尺寸、形状、材料任一项目不同）均应单独编号，相同零件共用一个编号。对于独立组件，如滚动轴承、垫片组、油标、通气器等，可用一个编号。对于装配关系清楚的零件组，如螺栓、螺母、垫圈，可共用一条公共指引线再分别编号，如图 3-52 所示。零件引线不得交叉，尽量不与剖面线平行，编号数字应比图中数字大 1~2 号。

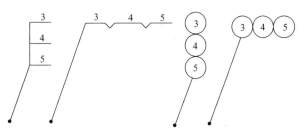

图 3-52　公共指引线序号编注

标准件和非标准件可以混合编号，也可以分开编号。

4. 编写标题栏及零件明细栏

标题栏应布置在图纸右下角，其格式、线型及内容应按国家标准规定完成，允许根据实际需要增减标题栏中的内容。

本设计中，标题栏用来说明减速器的名称、图号、比例、重量和件数等，应置于图纸的右下角。

明细栏是装配图中所有零件的详细目录，填写明细栏的过程也是对各零件、部件、组件的名称、品种、数量、材料进行审查的过程。明细栏布置在标题栏的上方，由下而上顺序填写。零件较多时，允许紧靠标题栏左边自下而上续表，必要时可另页单独编制。应按序号完整地写出零件的名称、数量、材料、规格和标准等。其中，标准件必须按照相应国家标准的规定标记，应完整地写出零件名称、材料牌号、主要尺寸及标准代号。

课程设计时推荐采用简化的明细栏和标题栏，其格式参考附表 A-7 和附表 A-8。

5. 减速器的技术特性

应在装配图的适当位置以表格形式列出减速器的技术特性，其具体内容和格式见表 3-9。

表 3-9　技术特性

输入功率 P/kW	输入转速 $n/(r/min)$	效率 η	总传动比 i	传动特性							
				高速级				低速级			
				m_n	z_2/z_1	β	精度等级	m_n	z_2/z_1	β	精度等级

6. 减速器的技术要求

装配图上要用文字来说明在视图上无法表达的有关装配、调整、检验、润滑、维护等方面的技术要求。通常包括以下几方面的内容：

（1）对零件的要求　装配前所有零件均应清除铁屑并用煤油或汽油清洗，箱体内不许有任何杂物存在，箱体内壁应涂上防侵蚀的涂料。

（2）对润滑剂的要求　润滑剂对减少运动副间的摩擦、磨损以及散热、冷却起着重要的作用，同时也有助于减振、防锈。技术要求中应写明所用润滑剂的牌号、油量及更换时间等。

传动件和轴承所用润滑剂的选择方法参见机械设计相关教材。换油时间一般为半年左右。

（3）对安装调整的要求　为保证轴承正常工作，在安装和调整滚动轴承时，必须保证一定的轴向游隙。对可调游隙的轴承（如角接触球轴承和圆锥滚子轴承），其游隙参数参阅相关图册。对于不可调游隙的深沟球轴承，则要注明轴承盖与轴承外圈端面之间留有轴向间隙 Δ，$\Delta = 0.25 \sim 0.4mm$。

（4）对啮合侧隙量和接触斑点的要求　啮合侧隙和接触斑点的要求是根据传动件的精度等级确定的，查出后标注在技术要求中，供装配时检查用。

检查侧隙的方法可用塞尺测量，或用铅丝放进传动件啮合的间隙中，然后测量铅丝变形后的厚度即可。

检查接触斑点的方法是在主动件齿面上涂色，使其转动，观察从动件齿面的着色情况，由此分析接触区的位置及接触面积的大小。

（5）对密封的要求　减速器箱体的剖分面、各接触面及密封处均不允许漏油。剖分面允许涂密封胶或水玻璃，不允许使用任何垫片或填料。轴伸处密封应涂上润滑脂。

（6）对试验的要求　减速器装配好后应做空载试验和负载试验。空载试验是在额定转速下，正反转各 1h，要求运转平稳、噪声小、连接固定处不得松动。负载试验是在额定转速和额定载荷下运行，要求油池温升不得超过 35℃，轴承温升不得超过 40℃。

（7）对外观、包装和运输的要求　外伸轴及其他零件需涂油并应包装严密。减速器在包装箱内应固定牢靠。包装箱外应写明"不可倒置""防雨淋"等字样。

完成的减速器装配图见第 10 章的参考图例。

3.4.7　计算机绘制部件装配图

由于计算机技术的普及与发展，计算机辅助绘图方法已被引入到机械综合课程设计中。目前，常用的计算机绘图方法包括二维交互式图形软件绘图、由三维装配模型生成二维装配图、用拼装方式生成二维装配图及利用自上向下的思想设计装配图等。

使用计算机辅助绘图需要注意的是前述装配图的设计是必不可少的，它可以弥补计算机直接绘图时，由于计算机屏幕显示较小而造成的不能兼顾全局的缺陷，同时也是对学生徒手绘制结构图能力的必要训练环节。

3.5　零件图设计

零件图是制造、检验和制订零件工艺规程用的图样。它是由装配图拆绘和设计而成的，零件图既要反映出设计意图，又要考虑到制造的可能性和合理性。一张完整的零件图应全面、正确、清晰地表达出零件的内外结构、制造和检验时的全部尺寸和应达到的技术要求。零件图的设计要点如下：

1. 选择和布置视图

零件图选取视图（包括剖视图、断面图、局部视图等）的数量要恰当，以能完全、正确、清楚地表明零件的结构形状和相对位置关系为原则，每个视图应有其表达重点。

零件图优先选用 1∶1 的比例。布置视图时，要合理利用图纸幅面，若零件尺寸较小或较大，则可按规定的放大或缩小比例画出图形。对于细部结构如有必要，可以采用局部放大图。

零件图的基本结构和主要尺寸应与装配图一致，不应随意改动。如必须改动时，应对装配图做相应的修改。

2. 标注尺寸

零件图上的尺寸是加工与检验的依据。在图上标注尺寸时，应做到正确、完整、书写清晰、工艺合理、便于检验。

对于配合尺寸或要求精确的尺寸，应注出尺寸的极限偏差。

零件的所有表面（包括非加工面）都应按照国家标准规定的标注方法注明表面粗糙度。如果较多表面具有同一表面粗糙度，则可在图样的标题栏附近集中标注，并用（√）表示，但仅允许标注使用最多的一种表面粗糙度。表面粗糙度的选择应根据设计要求确定，在保证正常工作的前提下，尽量取较大的表面粗糙度数值。

零件图上应标注必要的几何公差，它是评定零件加工质量的重要指标之一。其具体数值和标注方法见附录 G。

对于传动零件，要列出主要参数、精度等级和误差检验项目表。

3. 编写技术要求

对于零件在制造或检验时必须保证的要求和条件，不便用图形或符号表示时，可在零件图技术要求中注出。它的内容根据不同零件和不同加工方法的要求而定。

4. 画出零件图标题栏

在图纸的右下角画出标题栏，用来说明零件的名称、图号、数量、材料、比例等内容，其格式参考附表 A-8。

对不同类型的零件，其零件图的具体内容也有各自的特点，现就轴与齿轮两种典型零件分别叙述。

3.5.1　轴类零件图设计

1. 视图

一般轴类零件只需绘制主视图即可基本表达清楚，视图上表达不清的键槽和孔等，可用断面图或剖视图辅助表达。对轴的细部结构，如螺纹退刀槽、砂轮越程槽、中心孔等，必要时可画出局部放大图。

2. 标注尺寸

轴类零件几何尺寸主要有：各轴段的直径和长度尺寸，键槽尺寸和位置，其他细部结构尺寸（如螺纹退刀槽、砂轮越程槽、倒角、圆角）等。

标注直径尺寸时，凡有配合要求处，应标注尺寸及偏差值。

标注长度尺寸时，应根据设计及工艺要求确定尺寸基准，合理标注，尽量使标注的尺寸反映加工工艺及测量的要求，不允许出现封闭尺寸链。长度尺寸精度要求较高的轴段应直接标注。取加工误差不影响装配要求的轴段作为封闭环，其长度尺寸不标注。

图 3-53 所示为轴零件图的尺寸标注示例。基准面①是齿轮与轴的定位面，为主要基准，轴段长度 59、108、10 都以基准面①作为基准标注，这样可减少加工时的测量误差。ϕ45 轴段长度部分应标注轴段的直径尺寸、长度尺寸、键槽和细部结构尺寸等。长度 59 与保证齿轮轴向定位的可靠性有关。ϕ50 轴段的长度 10 与控制轴承安装位置有关。基准面②为辅助基准。ϕ30 轴段的长度 69 为联轴器安装的要求。ϕ35 轴段和轴右端 ϕ40 轴段长度的加工误差不影响装配精度，因此取为封闭环，加工误差可积累在该轴段上，以保证主要尺寸的加工精度。

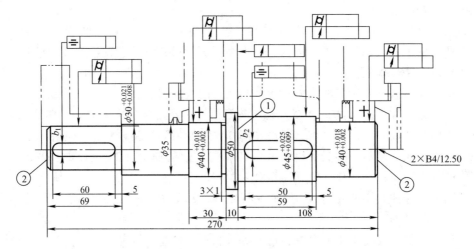

图 3-53　轴零件图的尺寸标注示例

①—主要基准　②—辅助基准

3. 标注表面粗糙度

轴的所有表面都要加工，其表面粗糙度可按附表 G-12 选取，在满足设计要求的前提下，应选取较大值。轴与标准件配合时，其表面粗糙度应按标准或选配零件安装要求确定。当安装密封件的轴径表面相对滑动速度 $v>5\mathrm{m/s}$ 时，表面粗糙度可取 $Ra=0.2\sim0.8\mu m$。

4. 标注几何公差

为保证轴的加工精度和装配质量，在轴类零件图上还应标注几何公差。表 3-10 列出了轴的几何公差推荐项目及其与工作性能的关系，供设计时参考。具体几何公差值查询附表 G-6~附表 G-9。

表 3-10　轴的几何公差推荐项目及其与工作性能的关系

内容	推 荐 项 目	符号	精度等级	与工作性能的关系
形状公差	与传动零件相配合直径的圆度	○	7~8 见附表 D-7	影响传动零件与轴配合的松紧及对中性，影响轴承与轴配合的松紧及对中性
	与传动零件相配合直径的圆柱度	⌀		
	与轴承相配合直径的圆柱度			
位置公差	齿轮的定位端面相对轴线的轴向圆跳动		6~8 见附表 D-7	影响齿轮和轴承的定位及其受载均匀性
	轴承的定位端面相对轴线的轴向圆跳动			
	与传动零件配合的直径相对轴线的径向圆跳动	∕	6~8	影响传动件运动中的偏心量和稳定性
	与轴承相配合的直径相对轴线的径向圆跳动		5~6	影响轴承运动中的偏心量和稳定性
	键槽对轴线的对称度	═	7~9	影响键与键槽受载的均匀性及安装时的松紧

5. 技术要求

轴类零件图的技术要求包括以下几个方面：

　　1）对材料的力学性能和化学成分的要求，允许的代用材料等。

　　2）对零件材料表面性能的要求，如热处理方法和热处理后的表面硬度、渗碳深度及淬火深度等。

　　3）对加工的要求，如是否要求保留中心孔，若要保留，则应在零件图上画出或按国家标准加以说明。与其他零件配合一起加工处（如配钻或配铰等）也应说明。

　　4）对图中未注明的圆角、倒角的说明以及其他特殊要求的说明。

　　轴的零件工作图例见第 10 章图 10-3。

3.5.2　齿轮类零件图设计

1. 视图

　　齿轮、蜗轮等盘类零件的图样一般选取 1~2 个视图，主视图轴线水平布置，并用全剖或半剖视图画出齿轮的内部结构，侧视图可只绘制主视图表达不清的键槽与孔。

　　对于组合式的蜗轮结构，则应画出齿圈及轮芯的零件图和蜗轮的组件图。齿轮轴与蜗杆轴的视图与轴类零件图相似。为了表达齿形的有关特征及参数，必要时应画出局部断面图。

2. 标注尺寸、表面粗糙度和几何公差

　　齿轮类零件图的径向尺寸以轴线为基准标出，宽度方向的尺寸则以端面为基准标出。分度圆是设计的基本尺寸，必须标注。轴孔是加工、测量和装配时的主要基准，应标出尺寸偏差。齿顶圆的偏差值与其是否作为测量基准有关。齿根圆是根据齿轮参数加工得到的结果，在图样上不必标注。

　　锥齿轮的锥距和锥角是保证啮合的重要尺寸。标注时，锥距应精确到 0.01mm，各锥角应精确到秒（"），还应注出基准端面到锥顶的距离，因它影响锥齿轮的啮合精度，所以必须在加工时予以控制。

　　画蜗轮组件图时，应注出齿圈和轮芯的配合尺寸、精度及配合性质。

　　齿轮的齿坯公差对传动精度影响较大，应根据齿轮的精度等级，查询附表 H-9 进行标注。

　　齿轮类零件的表面粗糙度见附表 G-11。齿轮的几何公差推荐项目及其与工作性能的关系见表 3-11，具体数值查阅附表 G-6~附表 G-9。

表 3-11　齿轮的几何公差推荐项目及其与工作性能的关系

内容	推荐项目	符号	精度等级	对工作性能的影响
形状公差	与轴配合的孔的圆柱度	⌭	7~8	影响传动零件与轴配合的松紧及对中性
位置公差	圆柱齿轮以齿顶圆为工艺基准时，齿顶圆的径向圆跳动	⌰	按圆柱齿轮、蜗杆、蜗轮和锥齿轮的精度等级确定	影响齿厚的测量精度，并在切齿时产生相应的齿圈径向跳动误差，使零件加工中心位置与设计位置不一致，引起分齿不均，同时会引起齿向误差，影响齿面载荷分布及齿轮副间隙的均匀性
	锥齿轮顶锥的径向圆跳动			
	蜗轮顶圆的径向圆跳动			
	蜗杆顶圆的径向圆跳动			
	基准端面对轴线的轴向圆跳动			加工时引起齿轮倾斜或心轴弯曲，对齿轮加工精度有较大影响
	键槽对孔轴线的对称度	⌯	7~9	影响键与键槽受载的均匀性及其装拆时的松紧度

3. 啮合特性表

齿轮类零件的主要参数和误差检验项目，应在齿轮（蜗轮）啮合特性表中列出。啮合特性表应布置在图幅的右上角，其内容包括齿轮（蜗轮）的主要参数和误差检验项目。齿轮的精度等级和相应的误差检验项目的极限偏差或公差值见附录 H。啮合特性表的格式见第 10 章图 10-4。

4. 技术要求

齿轮类零件图的技术要求包括以下几个方面：

1）对铸件、锻件或其他类型毛坯的要求，如要求不允许有氧化皮及毛刺等。

2）对材料的力学性能和化学成分的要求及允许代用的材料。

3）对零件材料表面性能的要求，如热处理方法、热处理后的硬度、渗碳深度及淬火深度等。

4）对未注明倒角、圆角半径的说明。

5）其他特殊要求，如对大型或高速齿轮要进行平衡试验等。

齿轮类传动零件图例见第 10 章图 10-2。

第4章　常用机构建模与仿真方法

随着科技的发展，计算机辅助设计技术越来越广泛地应用于各个设计领域。目前，计算机辅助设计技术已经突破了二维图样电子化的框架，转向以三维实体建模、动力学模拟仿真和有限元分析为主线的虚拟样机技术。使用虚拟样机技术可以在设计阶段预测产品的性能，优化产品的设计，缩短产品的研制周期，节约开发费用。本章以常见的连杆机构、凸轮机构、槽轮机构和轮系为例，介绍虚拟样机软件在上述机构中的应用，以此推动虚拟样机技术在"机械综合课程设计"中的普及。

机械系统动力学仿真分析软件 Adams 可以直接创建完全参数化的机械系统几何模型，也可以使用其他 CAD 软件（如 Creo、UG、SolidWorks 等）建立的造型逼真的几何模型；然后，在几何模型上施加约束、力、力矩和运动激励；最后对机械系统进行交互式的动力学仿真分析，在系统水平上真实地预测机械结构的工作性能，实现系统水平的最优设计。

Adams 软件虽有一定的三维建模功能，但由于自身的建模功能不强大，且许多复杂的机械系统中零部件的几何形状极不规则，故此时用 Adams 软件进行三维建模就显得力不从心。鉴于此，考虑将 Adams 和一些三维建模功能强的 CAD 软件结合起来建立复杂系统的仿真模型，其中尤以美国 PTC 公司的 CAD 软件 Creo 和 Adams 组合最为常用。

本章中，连杆机构和凸轮机构由于模型较为简单，故可以直接采用 Adams2018 中文版软件建模；而槽轮机构和轮系的建模较为复杂，采取 Creo5.0 和 Adams2018 中文版软件联合仿真方式。

4.1　连杆机构建模与仿真

例 4-1 图 4-1 所示的连杆机构尺寸如下：$L_{AC} = 0.6\mathrm{m}$，$L_{CD} = 1.2\mathrm{m}$，$L_{DB} = 1.0\mathrm{m}$，$L_{BE} = 0.8\mathrm{m}$，$L_{EF} = 2\mathrm{m}$，$\beta = 30°$，滑块导路距点 A 的垂直距离为 0.5m，所有杆件的截面尺寸为 0.1m× 0.05m，滑块长为 0.5m，高度为 0.3m，厚为 0.3m，在选定的坐标系中，点 A 坐标（0，0，0），点 B 坐标（1，0.3，0），$\omega_1 = 10°/\mathrm{s}$，$\varepsilon_1 = 0$。所有构件的材料为铸钢，密度 $\rho = 7800\mathrm{kg/m^3}$。按图 4-1 所示要求建模并进行以下分析：

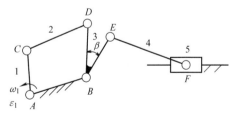

图 4-1　连杆机构简图

1）运动学分析。确定滑块 5 的位移、速度和加速度的对应关系。

2）动力学分析。滑块 5 在运动过程中所受阻力为水平方向，作用于滑块上的点 F，滑块向右运动时值为-5000N，向左运动时为 0，确定曲柄 1 所需的驱动力矩。

4.1.1　设置工作环境

启动 Adams/View 模块，首先用鼠标双击桌面上的"Adams/View"图标，启动 Adams 软件，出现欢迎界面，如图 4-2 所示，可以选择"新建模型"选项，然后在"模型名称"

文本框中，输入新建的文件名"liangan"，单击"确定"按钮，进入"Adams/View"界面。

在进行建立模型的实质工作之前，需要设置工作环境，如单位、格栅尺寸等。

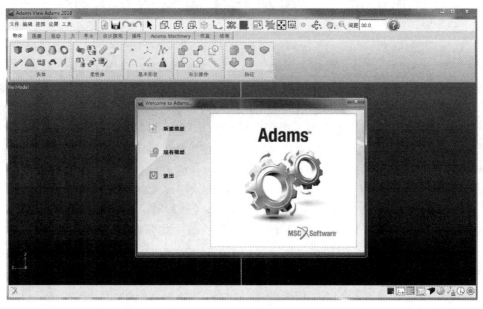

图 4-2 "Adams/View"欢迎界面

（1）设置工作界面　在"设置"菜单中选择"界面风格"项，出现"默认"和"经典"两项选择，本书选择"经典"界面。

（2）检查默认单位系统　在"设置"菜单中选择"单位"项，选择所要建立模型中用到的"长度""质量""力""时间""角""频率"的单位，如"米""千克""牛顿""秒""度""赫兹"，如图 4-3 所示。

（3）设置工作格栅　在"设置"菜单中选择"工作格栅"项，会出现"格栅设置"对话框，可以将格栅的尺寸"X""Y"方向的"大小"均设置为"1"，将"间隔"设置为"0.01"，其余项可不变，如图 4-4 所示，单击"确定"按钮。

（4）设置图标　在"设置"菜单中选择"图标"项，会出现"标志设置"对话框，接着在"新的尺寸"文本框中输入"0.2"，如图 4-5 所示，单击"确定"按钮。

（5）检查重力设置　在"设置"菜单中选择"重力"项，显示"设置重力加速度"对话框；当前的重力设置应该为"$X = 0$，$Y = -9.80665$，$Z = 0$"，重力为勾选状态；单击"确定"按钮。

4.1.2　连杆机构建模

在完成工作环境的设置之后，开始进入机构建模。下面是一个连杆机构建模的例子。

1. 建立设计点

1）在"创建"菜单中，选择"物体/形状"则出现"几何建模"对话框，如图 4-6 所示，单击 ![icon] 图标，或者在主工具箱右击 ![icon] 图标，打开子工具箱，如图 4-7 所示，再单击 ![icon] 图标。

图 4-3　单位设置

图 4-4　格栅设置

图 4-5　标志设置

图 4-6　几何体建模工具

图 4-7　主工具箱选择

2）在主工具箱底部对话框选择"添加到地面"和"不能附着"。

3）单击"点表格"按钮。

4）出现"Table Editor for Points in Liangan"对话框，单击"创建"按钮，则出现一个新的点，其中有 x、y、z 的坐标值，初始值为（0，0，0），单击可以输入设定的点。

5）根据已知条件确定 A（0，0，0）、B（1，0.3，0）两个点，点 C 根据杆 1 的长度可以假设初始坐标位置为（0，0.6，0），根据前三点位置定位点 D 的坐标就可以完成四杆机构的设计。

2. 点 D 坐标位置分析

点 B、C、D 的位置分别用（P_{Bx}，P_{By}）、（P_{Cx}，P_{Cy}）、（P_{Dx}，P_{Dy}）来表示，如图 4-8 所示。

$$L_{CB}=\sqrt{(P_{Bx}-P_{Cx})^2+(P_{By}-P_{Cy})^2}$$
$$\cos\alpha=(L_{CB}^2+L_1^2-L_2^2)/(2L_1L_{CB})$$
$$\phi=\arctan[(P_{By}-P_{Cy})/(P_{Bx}-P_{Cx})]$$
$$\theta=\phi+\alpha$$
$$P_{Dx}=P_{Cx}+L_1\cos\theta$$
$$P_{Dy}=P_{Cy}+L_1\sin\theta$$

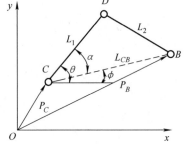

图 4-8　求点 D 参数

3. 建立设计变量求 D 点

建立设计变量的方法如下：

1）在"创建"主菜单中选择"设计变量"。

2）在"名称"文本框中输入定义变量的名字，如 m，如图 4-9 所示。

3）在"标准值"文本框中右击，在弹出的快捷菜单中选"参数化"→"表达式生成器"命令，出现函数编辑器。

4）在函数输入区输入变量 M 为"DX（POINT_C，POINT_B，POINT_C）"。

同理，定义变量 P 为"（DY（POINT_C，POINT_B，POINT_C））"。

变量 D 为"SQRT（M**2+P**2）"。

变量 L_1 为"1.2"。

变量 L_2 为"1.0"。

变量 C 为"(D**2+L$_1$**2−L$_2$**2)/(2*L$_2$*D)"。

变量 E 为"ATAN（P/M）"。

变量 alf 为"ACOS（C）"。

变量 sit 为"E+alf"。

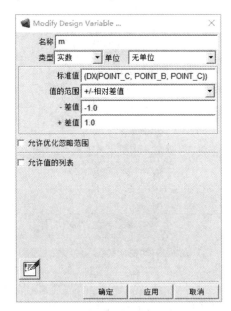

图 4-9　创建设计变量

5）确定 D 点位置。继续建立设计点操作，新建生成新的点后，选中新点的"X"栏，右击顶部的"文本"栏，使用"参数化"→"表达式生成器"命令建立函数，输入（POINT_C.loc_x+L_1*COS（sit）），单击"确定"按钮。

同理，在"Y"栏，输入（POINT_C.loc_y+L_1*SIN（sit）），单击"确定"按钮。

应用的函数说明：

DX（Marker_1，Marker_2，Marker_3）函数返回 Marker_1 与 Marker_2 在 Marker_3 坐标 x 方向的差值。同理，DY（Marker_1，Marker_2，Marker_3）函数返回 Marker_1 与 Marker_2

在 Marker_3 坐标 y 方向的差值。也就是 DX（Point_C，Point_B，Point_B）返回 $P_{Cx} - P_{Bx}$ 的值。

4．创建运动件

1）在"创建"菜单中，选择"物体/形状"则出现"Geometric Modeling"对话框，单击 🖉 图标，或者在主工具箱单击 🖉 图标。

2）在底部对话框参数设置栏中，选择"新建部件"；选择"宽度"，在文本框中输入"0.1"；选择"深度"，在文本框中输入"0.05"。

3）单击"POINT_A"，拖动鼠标使杆的另一个端点在"POINT_C"上，再单击，建立杆"Link_1"。

同理，再分别以"POINT_C""POINT_D"和"POINT_B""POINT_D"为端点，建立连杆"Link_2""Link_3"。

5．创建运动副

1）在"创建"菜单中，选择"运动副"则出现"Joints"对话框，如图 4-10 所示，单击 图标，或者在主工具箱单击 图标。

2）在底部"构建方式"文本框中选择"2 个物体-1 个位置"和"垂直格栅"，然后单击"POINT_A""POINT_B"。完成两个固定铰链"JOINT_1"和"JOINT_2"的创建。

3）在底部"构建方式"文本框中选择"两个物体-一个位置"和"垂直格栅"，然后单击"Link_1""Link_2"，最后再单击"POINT_C"，从而建立一个动铰链。同理，可以在"POINT_D"处建立"Link_2""Link_3"的动铰链。至此，一个四杆机构创建完成，如图 4-11 所示。

6．给机构加驱动

1）在"创建"菜单中，选择"运动副"则出现"Joints"对话框，单击 图标或者在主工具箱单击 图标。

2）根据设计要求和提示，单击要加驱动的铰链"JOINT_1"。

3）此时加在机构上的驱动是默认值"30.0d＊time"，需要修改则右击"MOTION_1"→"修改"。

4）在出现的加驱动的"Joint Motion"对话框中，在"函数（时间）"处输入"10.0d＊time"，单击"确定"按钮，如图 4-12 所示。

图 4-10　创建对话框

7．机构仿真

在主菜单中选择"仿真"→"交互控制"，出现仿真对话框，如图 4-13 所示，单击 ▷ 按钮，或者在主工具箱中单击 图标，出现如图 4-14 所示的对话框，单击 ▷ 按钮，便可以看到运动的模型。结束的时间（终止时间）也可以调整，默认为 5s。

8．建立六杆机构

（1）确定点 E

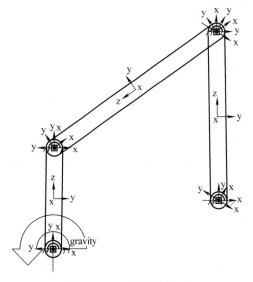

图 4-11　四杆机构模型

图 4-12　修改驱动 "MOTION_1"

1）单击✐图标，在底部的对话框中选择"添加到现有部件"，"长度"中输入"0.8"（要求激活长度前面的空白框）。

2）选择要添加点的构件"Link_3"，以"POINT_B"为第一点建立连杆，另一个点选择"POINT_D"，长度设置为 0.8。

3）在主工具箱中单击▣图标，主工具箱的底部发生变化，如图 4-15 所示。

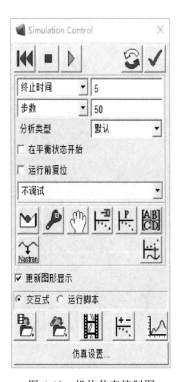

图 4-13　机构仿真控制图

图 4-14　主工具箱选择

图 4-15　转动构件

4）选择新建的杆，在"旋转视图中心轴"框中的"角"中输入"30"，单击四个箭头的中心，然后选择"POINT_B"，以此为旋转中心，单击旋转箭头一次完成旋转 30°，就可以确定 E 点。

5）在此杆的另一个"标记点"生成"POINT_E"。

（2）确定点 F

1）定义设计变量 L_4 为"2"。

2）生成新的设计点"POINT_F"，选中"X"栏，进入"函数生成器"，输入"POINT_E.1oc_x+SQRT（L_4**2-（POINT_E.1oc_y-0.5）**2）"，单击"确定"按钮。

3）选中"Y"栏输入"0.5"，单击"确定"按钮。

4）更改所建点名为"POINT_F"。

（3）建立第 4 杆　以 E、F 两个点建立连杆，改名为"Link_4"，建立动铰链"JOINT_5"使 4 杆和 3 杆相连。

（4）建立滑块

1）在"创建"菜单中，选择"物体/形状"，则出现"Geometric Modeling"，如前图 4-6 所示，单击 图标，或者在主工具箱右击 图标，打开子工具箱，再单击 图标。

2）在底部对话框参数设置栏中，选择"新建部件"；选择"长度"，在文本框中输入"0.5"，选择"宽度"，在文本框中输入"0.3"；选择"深度"，在文本框中输入"0.3"。在作图区"POINT_F"处单击建立长方体，就是构件 5 滑块。

3）将鼠标移到所建滑块 5 左下角上，右击选中"Marker"点，单击"修改"，出现"Marker Modify"对话框，右击"位置"文本框，选择"参数化"，再选"表达式生成器"，出现表达式工具栏，如图 4-16 所示。工作区内容表达式修改如下：（LOC_RELATIVE_TO（{-0.25，-0.15，-0.15}，POINT_F））

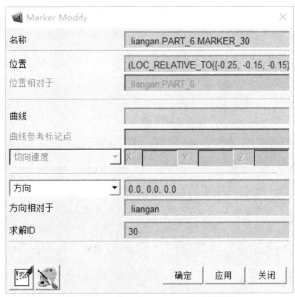

图 4-16 "Marker Modify" 对话框

（5）建立动铰链　选择构件 4 和滑块 5 建立动铰链"JOINT_6"。

（6）建立移动副

1）在"创建"菜单中，选择"运动副"则出现"Joints"对话框，如前图 4-10 所示，单击 图标，或者在主工具箱右击 图标，打开子工具箱，再单击 图标。

2）在底部对话框中选择"2 个物体-1 个位置"和"选取几何特征"。

3）选择滑块和地面。

4）确定方向，选定"PART_6"的"Marker.cm"作为移动副的位置，拖动鼠标使箭头方向水平。

至此，六杆机构模型基本建立完成，如图4-17所示。

（7）结构细化调整　使用Adams进行建模的时候，自动给出各个部件的质心、质量和转动惯量，默认的材质为钢，用户可以根据需要和实际情况来进行更改。

（8）给模型施加力　Adams可以给模型施加力，力的大小通过定义函数给出。

1）在"创建"菜单中，选择"力"，则出现"Create Forces"对话框，如图4-18所示，单击 ↗ 图标，或者在主工具箱右击 ▒ 图标，打开子工具箱，单击 ↗ 图标。

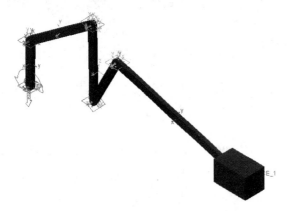

图4-17　六杆机构模型

图4-18　系统加力

2）根据提示选择滑块，然后选择其"Marker.cm"作为力的作用点。

3）拖动鼠标使箭头水平向右，单击即完成给模型施加力。

（9）编辑力函数　上一步所设定的力为常数，但是本例题要求施加的外力为一变化量，因此需用函数来定义力。

1）将光标放在刚刚建立的力上，右击后在弹出的快捷菜单中选择"Force：SFORCE_1"→"修改"，出现"Modify Force"对话框，如图4-19所示。

2）在出现的"Modify Force"对话框的"函数"文本框处，右击后在弹出的快捷菜单中选择"函数生成器"。在出现的"Function Builder"对

图4-19　编辑力函数

话框的上部，输入"IF（VX（.model_1.PART_6.cm，0，0，0）：0，0，-5000）"。

3）单击"验证"，系统给出提示，正确后，单击"确定"按钮，函数会被写入"F（time）"文本框内，单击"确定"按钮，完成力的参数化。

4）所用到的函数说明。

IF函数说明：

IF（expression1：expression2，expression3，expression4）

如果expression1小于0，IF返回expression2；

如果expression1等于0，IF返回expression3；

如果 expression1 大于 0，IF 返回 expression4。

VX 函数说明：

VX 返回两个 Marker 点速度差的 x 分量。

VX（To_Marker，From_Marker，Along_Marker，Ref_Frame）

To_Marker 是要测量速度的点；From_Marker 是要减去速度的点；剩余两项都是参考点，如果输入 0 则参考点是坐标原点。

VX（.model_1.PART_6.cm，0，0，0）返回 PART_6 质心的速度。

4.1.3　测量系统的运动学和动力学参数

Adams 所进行的"Marker"点的参数测量，在 Adams/View 和 Adams/Post Processor（后处理模块）均可以实现。

1. 利用测量（Measure）方式

右击待测量点的位置，选择要测量的点，如滑块的质心点，在弹出的菜单栏选择"测量"，如图 4-20 所示。选定点以后，将出现"Point Measure"对话框，在"特性"下拉列表框中选择"平移位移"选项，在"分量"处选择"X"，其余保持不变，单击"确定"按钮。将出现所求的质心位移曲线图，如图 4-21 所示。

图 4-20　参数测量

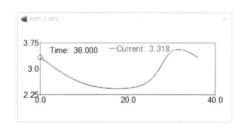

图 4-21　滑块的位移曲线

在"特性"下拉列表框中选择不同的项，可以得到系统的其他参数图，如速度、加速度等。

2. 利用 Adams/PostProcessor

1）进入后处理器的方法。单击主工具箱上的 图标，启动"Adams/PostProcessor"程序。"Adams/PostProcessor"界面的组成如图 4-22 所示。它由主菜单、主工具栏、树窗口、编辑窗口、图表生成器、图线动画窗口组成。

2）测量位移、速度、加速度。在图形控制区的"资源"中选择"对象"，在"过滤器"栏中选择"body"，在"对象"栏中选择"PART_6"。按下<Ctrl>键，在"特征"栏中选择"CM_Position""CM_Velocity""CM_Acceleration"，在"分量"栏中选择"X"，再单

击 "添加曲线" 按钮，则可看到如图 4-23 所示的滑块质心 X 方向的位移曲线、速度曲线、加速度曲线。如果希望图线分别表示，则需要建立新的页面，可以单击 图标。

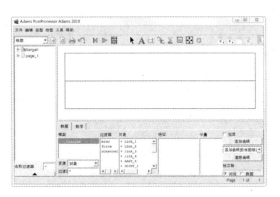 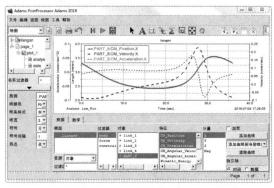

图 4-22　"后处理" 界面　　　　　　　　　图 4-23　滑块运动曲线

3) 测量力。新建一页，在后处理窗口下部的选择框依次选择，"对象"→"Force"→ "SFORCE_1"→"Element_Force"→"X"→"添加曲线"，则 "SFORCE_1" 的 X 方向分量曲线出现，如图 4-24 所示。

4) 测量平衡力矩。在后处理窗口下部的选择框依次选择，"对象"→"Constraint"→ "MOTION_1"→"Element_Torque"→"Z"→"添加曲线"，则 "MOTION_1" 的平衡力矩曲线出现，如图 4-25 所示。

5) 建立模型和处理数据曲线需要交错进行时，为了便于模型重建曲线的重新形成，可以单击主菜单的 "文件"→"替换仿真"，再单击 "确定" 按钮，进行曲线更新。

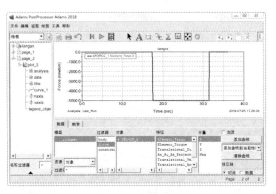 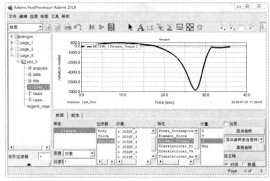

图 4-24　外加力曲线　　　　　　　　　图 4-25　平衡力矩曲线

4.1.4　文件的保存、结果输出

"Adams/View" 界面下保存文件，系统自动生成 "bin" 文件（数据库文件），所占空间较大，而采用 "cmd" 文件可以节约空间。

"∗.cmd" 文件的生成：选择 "文件"→"导出" 主菜单，在文件类型中选 "Adams/ View Command File"，输入文件名，单击 "确定" 按钮。

读者可打开网站下载 "CH04\4.1" 文件夹中的 "liangan.bin" 文件参考学习。

4.2　凸轮机构建模与仿真

例 4-2　设计对心直动尖顶从动件盘形凸轮机构凸轮的轮廓曲线。已知推程运动角 $\delta_t =$ 60°，远休止角 $\delta_s = 120°$，回程运动角 $\delta_h = 60°$，行程 $h = 10\mathrm{mm}$，许用压力角 $[\alpha] = 30°$；推程和回程都符合等加速、等减速运动规律（通过计算求得基圆半径 $r_0 = 30\mathrm{mm}$）。

4.2.1　设置工作环境

1) 启动"Adams/View"，在"模型名称"栏中输入"tulun"，单击"确定"按钮，即建立了一个名为"tulun"的数据文件。

2) 设置工作界面。在"设置"菜单中选择"界面风格"项，出现"默认"和"经典"两项选择，本书选择"经典"界面。

3) 在"设置"菜单中选择"工作格栅"项，弹出"工作格栅设置"对话框，将工作格栅尺寸设置为 150，格距为 5，单击"确定"按钮。

4) 在"设置"菜单中选择"图标"项，弹出"标志设置"对话框，将"所有模型图标尺寸"的所有默认尺寸改为 10，单击"确定"按钮。

5) 单击"动态缩放" 🔍 图标，将工作格栅适当放大。

4.2.2　定义从动件加速度设计变量

1) 在"创建"主菜单中选择"设计变量"→"新建"。

2) 从动件做等加速、等减速运动，设加速度为 a，在"名称"文本框中输入定义变量的名字"a"，如图 4-26 所示。

3) 根据机械原理教材中有关凸轮机构知识内容，在"标准值"文本框中写入该变量的值"（4 * 10/（60/360）* * 2）"。

4.2.3　从动件建模

1) 右击打开主工具箱下端的 🔳 图标，单击"切换坐标窗口可见性" 🔳 图标，打开坐标显示窗口。

2) 右击打开工具箱中的"零件库" ✏ 图标，单击 ✖ 图标，分别在 (0, 0, 0) 和 (0, 50, 0) 处设定两点。

3) 选择工具"连杆" ✏ 图标，把"宽度"和"深度"设为 5mm，在"POINT_1"和"POINT_2"之间建立连杆，即为从动件。

4) 将光标放在连杆上，右击后弹出快捷菜单，选择"重命名"，出现一个对话框，将"PART_2"改为"follower"。

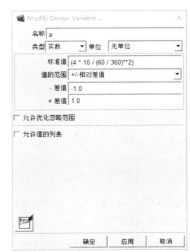

图 4-26　定义设计变量

4.2.4　凸轮基体建模

1）在主工具箱中右击打开零件库，单击"箱体"图标。

2）将鼠标指针指在（-50，0，0）（即此点可任选）处向右下角拖动，拉出一个任意大小的矩形框。

3）为箱体改名，将"PART_3"改为"tulun"。

4.2.5　施加运动副和驱动

1）打开"零件库"，选择"标记点"图标，并将其下端的"标记点"一栏改为"添加到现有部件"，然后在主窗口中先单击"tulun"，再在点（0，-30，0）处建一个"标记点"。

2）选择"转动铰链"图标，单击刚建的"标记点"，则在该"标记点"处出现"tulun"和"ground"之间的转动铰链"JOINT_1"。

3）选择主工具箱中的"转动驱动"图标，将数值改为"360"，单击"JOINT_1"，在此处添加转动驱动"MOTION_1"。

4）右击打开"约束库"，选择图标，在从动件"follower"的质心点"follower_cm"处单击，并沿 y 方向将光标上移直到出现向上箭头，再单击出现"follower"和"ground"之间的移动副"JOINT_2"。

5）右击打开"驱动库"，选择图标，单击"JOINT_2"，在此处加移动驱动"MOTION_2"。

4.2.6　修改驱动，使从动件满足所要求的运动规律

1）右击从动件上的移动驱动"MOTION_2"，从弹出的快捷菜单中选择"MOTION_2"，单击"修改"，出现如图4-27所示的对话框。

2）打开"类型"下拉列表框，选择"加速度"，单击"函数"文本框右边的图标，弹出快捷菜单"Function Builder"，在最上面的一栏中写入从动件应遵循的运动规律：

IF（time-1/12：a，a，IF（time-1/6：-a，-a，IF（time-1/2：0，0，IF（time-7/12：-a，-a，IF（time-2/3：a，a，0）））））

说明：IF函数的意义详见"连杆机构建模"4.1.2部分，在本例中此函数式表示（t 为仿真时间；δ 为凸轮转角）：

当 $t \le 1/12$（即 $\delta \le 360° \times 1/12$ 时），从动件等加速运动（加速度为 a）。

当 $1/12 < t \le 1/6$（即 $360° \times 1/12 < \delta \le 360° \times 1/6$）时，

图4-27　修改驱动"MOTION_2"

从动件等减速运动（加速度为$-a$）。

当 $1/6<t\leqslant1/2$（即 $360°\times1/6<\delta\leqslant360°\times1/2$）时，从动件休止。

当 $1/2<t\leqslant7/12$（即 $360°\times1/2<\delta\leqslant360°\times7/12$）时，从动件等减速运动（加速度为$-a$）。

当 $7/12<t\leqslant2/3$（即 $360°\times7/12<\delta\leqslant360°\times2/3$）时，从动件等加速运动（加速度为$a$）。

当 $2/3<t\leqslant1$（即 $360°\times2/3<\delta\leqslant360°$）时，从动件休止。

3）单击"验证"按钮校验函数式的正确性。单击"确定"按钮返回到主窗口。

4.2.7　生成凸轮轮廓线

1）模型运动仿真。选择主工具箱中的 ▦ 图标。设置仿真结束时间为 1s，输出步数为 200 步，单击 ▶ 按钮开始。

2）仿真结束，单击 ◄◄ 按钮返回到模型的初始状态。

3）在"回放"菜单中选择"创建轨迹曲线"，然后在主窗口中单击从动件"follower"最下端的一个"标记点"，再单击凸轮"tulun"，立刻生成一条样条线"--BSpline：GCURVE_1"，即为凸轮的轮廓线。

4.2.8　加高副形成凸轮机构

1）右击打开"约束库"，选择 ⊚ 图标，先单击从动件"follower"最下端的"标记点"，再单击刚生成的样条线"GCURVE_1"，然后出现如图 4-28 所示的点线接触的高副"POINT_Curve：PTCV_1"。

2）去掉从动件的移动驱动，即右击"MOTION_2"，单击"删除"按钮删除。

3）删掉"Box"框体，即右击主窗口中的"cam"，选择"Block：Box_1"，单击"删除"按钮删除。

4）模型运动仿真。单击"交互仿真控制" ▦ 图标，进行时间为 1s，50 步的仿真。

5）拉伸凸轮使其具有一定的厚度。即右击工具箱 ✎ 图标，打开"零件库"，选择 ▥ 图标，如图 4-29 所示；在底部对话框"拉伸体"参数设置栏中选择"添加到现有部件"；在"创建轮廓方式"参数设置栏中选择"曲线"；在"路径"参数设置栏中选择"圆心"；在"长度"文本框中输入"5"。单击"tulun"，选择"GCURVE_1"，几何图形拉伸效果如图 4-30 所示。

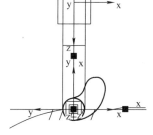

图 4-28　凸轮副

6）单击工具箱左下方 渲染 图标，所建模型如图 4-31 所示。

4.2.9　运动仿真

单击仿真 ▦ 图标，设置仿真终止时间为 1s，仿真步数为 200 步，然后单击 ▶ 按钮，进行仿真。

图 4-29　对话框

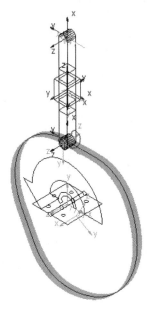

图 4-30　几何图形拉伸效果

图 4-31　虚拟样机

4.2.10　分析结果

在主工具箱中，单击 图标进入后处理器 Adams/PostProcessor。在后处理器底部图表生成器"资源"中选择"对象"，"过滤器"中选择"body"，"对象"中选择对象"follower"，"特征"中按住 <Ctrl> 键选择"CM_Position""CM_Velocity""CM_Acceleration"，"分量"中选择"Y"，单击图表生成器右上角的"添加曲线"，生成如图 4-32 所示的从动件的位移、速度、加速度曲线。

读者可网站下载"CH04\4.2"文件夹中的"tulun_jd.bin"文件参考学习。

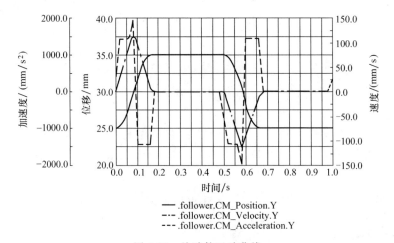

—— .follower.CM_Position.Y
——- .follower.CM_Velocity.Y
--- .follower.CM_Acceleration.Y

图 4-32　从动件运动曲线

例 4-3　若将例 4-2 题中对心直动尖顶从动件盘形凸轮机构中的尖顶改为滚子，滚子半径 $r_T = 5\text{mm}$，其余条件不变，要求设计盘形凸轮机构的凸轮轮廓曲线。

操作步骤只需按照以下几步添加或修改即可：

1）在例 4-2 中的"4.2.4 凸轮基体建模"中添加一步，即打开"零件库"，选择 图标，在工具箱下端将"新建部件"选项改为"添加到现有部件"，在"半径"栏中填入滚子半径，并选中最下端的"圆"项，然后在主窗口中先单击从动件"follower"，再单击其上最下端的"标记点"，此时在从动件下端生成一个滚子。

2）将"4.2.7 生成凸轮轮廓线"中的第 3 步改为在"回放"菜单中选择"创建轨迹曲线"，然后在主窗口中单击从动件"follower"下端的滚子边界，再单击"cam"，生成的样条线与滚子相切。

3）将"4.2.8 加高副形成凸轮机构"中的第 1 步改为右击打开"约束库"，选择图标，先单击样条线"BSpline"，再单击"滚子"。然后出现一线线接触的高副"Curve_Curve：CVCV"，如图 4-33 所示。

读者可网站下载"CH04\4.2"文件夹中的"tulun_gz.bin"文件参考学习。

4.3　槽轮机构建模与仿真

例 4-4　外槽轮机构如图 4-34 所示，拨杆回转中心至槽轮中心的距离 $L=70.71mm$，槽轮的槽数 $z=4$，拨杆的长度 $R=50mm$，拨杆的数量为 1，圆销半径 $r=5mm$，$d_1=d_2=10mm$，经计算槽顶高 $s=50mm$，槽深 $h\geqslant35mm$，取 $h=37mm$，锁止弧半径为 40mm。按图 4-34 所示要求建模并对槽轮进行运动学分析。

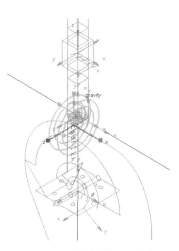

图 4-33　线线接触的高副

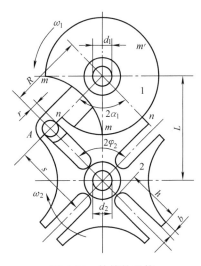

图 4-34　外槽轮机构

4.3.1　基于 Creo 的槽轮机构三维建模

1. 启动 Creo 软件

首先双击桌面上的"Creo parametric"图标，开始驱动 Creo 软件，出现欢迎界面，如

图 4-35 所示。选择"新建"选项，如图 4-36 所示，然后在"新建"文本框中，选择类型为"零件"，子类型为"实体"，在文件名一栏输入零件名称，进入"Creo"界面。

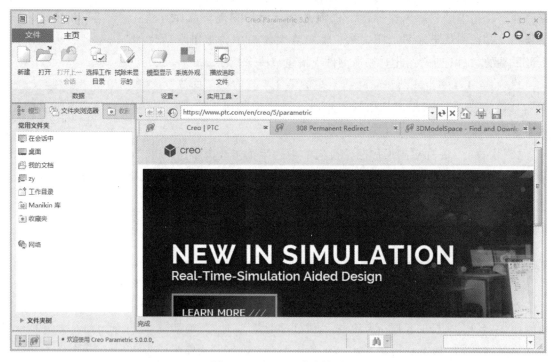

图 4-35　"Creo"欢迎界面

2. 支架的创建

支架的结构主要特征是由拉伸体组合而成的，可利用"拉伸工具"创建，创建过程如下：

1）绘制出如图 4-37 所示的装配面板草图，创建出如图 4-38 所示的装配面板。

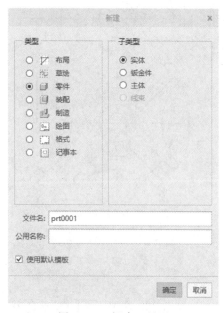

图 4-36　"新建"界面

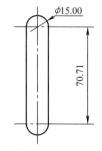

图 4-37　绘制的装配面板草图

图 4-38　创建的装配面板

2）绘制出如图 4-39 所示的支承轴草图，创建出如图 4-40 所示的支承轴并倒圆角。

3）创建出如图 4-41 所示的支架基准平面。

图 4-39　绘制的支承轴草图

图 4-40　创建的支承轴

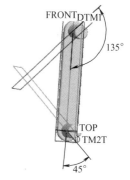

图 4-41　创建的支架基准平面

3. 拨盘的创建

拨盘的创建主要是利用"拉伸工具"和"去除材料"命令，创建过程如下：

1）绘制出如图 4-42 所示拨盘的草图（考虑碰撞间隙的存在，圆盘草图直径为 79.98），创建出如图 4-43 所示的锁止弧。

2）绘制出如图 4-44 所示的拨杆草图，创建出如图 4-45 所示的拨杆。

3）绘制出如图 4-46 所示的圆销草图（考虑碰撞间隙的存在，圆销草图半径为 4.99），创建出如图 4-47 所示的圆销并倒圆角。

4）创建出如图 4-48 所示的拨盘基准平面。

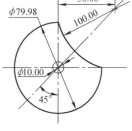

图 4-42　绘制的拨盘草图

图 4-43　创建的锁止弧

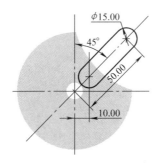

图 4-44　绘制的拨杆草图

图 4-45　创建的拨杆

图 4-46　绘制的圆销草图

图 4-47　创建的圆销

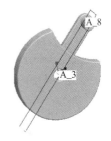

图 4-48　创建的拨盘基准平面

4. 槽轮的创建

槽轮的创建比较复杂，需利用"旋转工具""拉伸工具"和"去除材料"命令，根据其结构特征还利用了"阵列"命令，创建过程如下：

1）绘制出如图 4-49 所示的槽轮草图（一），创建出如图 4-50 所示的旋转特征。

2）绘制出如图 4-51 所示的槽轮草图（二），创建出如图 4-52 所示的切剪特征效果。

3）选取如图 4-52 所示的轴线作为旋转中心轴，生成如图 4-53 所示的阵列特征效果并倒圆角。

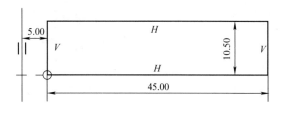

图 4-49　绘制的槽轮草图（一）

图 4-50　创建的旋转特征

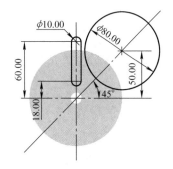

图 4-51　绘制的槽轮草图（二）

图 4-52　切剪特征效果

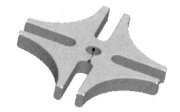

图 4-53　阵列特征效果

5. 槽轮机构的装配

（1）新建"caolunjigou. asm"文件　单击"新建"按钮，在"新建"对话框中的"类型"单选框中选取"装配"，在"子类型"单选框中选取"设计"，在"名称"文本框中输入装配件名称"caolunjigou"，单击"确定"按钮，进入装配环境。

（2）置入机架　单击基础特征工具栏中的"将元件添加到装配"按钮，此时系统弹出"打开"对话框，选取"CH04\4.3\cl_creo"文件夹中的文件"jijia. prt"，单击"打开"按钮。在"元件放置"对话框中选择　按钮，以默认的方式装配零件，单击　按钮，关闭"元件放置"对话框。

（3）置入拨杆　单击　图标，系统弹出"打开"对话框，选取"CH04\4.3\cl_creo"文件夹中的文件"bogan. prt"。拨杆零件进入"元件放置"图形操作窗口中，选择"jijia. prt"零件的基准轴"A_3"和"bogan. prt"零件上的中心轴，如图 4-54 中"1"所示，设置约束类型为"重合"；选择"jijia. prt"零件的前端平面和"bogan. prt"零件的盘平面，如图 4-54 中"2"所示，设置约束类型为"重合"；选择零件"jijia. prt"上的基准平面"DTM1"和"bogan. prt"零件上的基准平面"DTM1"，如图 4-54 中"3"所示，设置约束类型为"平行",单击 ✓ 按钮,关闭"元件放置"对话框,完成拨杆的装配。拨杆装配结果如图 4-55 所示。

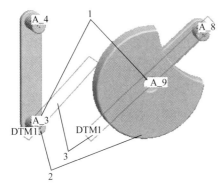

图 4-54　拨杆配合设置　　　　　　　　　　　　　图 4-55　拨杆装配结果

　　(4) 置入槽轮　单击 按钮,系统弹出"打开"对话框,选取"CH04\4.3\cl_creo"文件夹中的文件"caolun. prt"。槽轮零件进入"元件放置"图形操作窗口中,选择"jijia. prt"零件的基准轴"A_4"和"caolun. prt"零件上的基准轴"A_2",如图 4-56 中"1"所示,设置约束类型为"重合";选择"jijia. prt"零件的前端平面和"caolun. prt"零件的盘平面,如图 4-56 中"2"所示,设置约束类型为"重合";选择零件"jijia. prt"上的基准平面"DTM2"和"caolun. prt"零件上的基准平面"FRONT",如图 4-56 中"3"所示,设置约束类型为"角度偏移",在"偏移"中输入"0",单击 ✓ 图标,关闭"元件放置"对话框,完成槽轮的装配。槽轮装配结果如图 4-57 所示。

　　读者可网站下载"CH04\4.3\cl_creo"文件夹中的"caolunjigou. asm"文件,参考零件建模步骤和装配步骤。

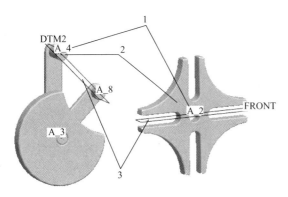

图 4-56　槽轮配合设置　　　　　　　　　　　　　图 4-57　槽轮装配结果

4.3.2　Creo 模型导入到 Adams 中

　　Creo 模型导入到 Adams 中不再提供 MECH/Pro 中间接口软件,导入方法将通过 Creo 软件保存模型为". x_t"格式类型文件,再通过在 Adams 软件中直接打开该文件进行。

在 Creo 软件装配状态下，单击"文件"选项，选择"另存为"，选择所要保存的路径后，在"类型"选项框中选择"Parasolid（*.x_t）"，单击"确定"按钮，将上述槽轮机构装配体保存为"caolunjigou. x_t"。

进入 Adams 软件界面，单击左上角"文件"，选择"导入"选项，出现"File Import"对话框，如图 4-58 所示。在"文件类型"一栏选择"Parasolid（*.xmt_txt，*.x_t，*.xmt_bin，*.x_

图 4-58　Creo 模型导入到 Adams 中

b）"，在"读取文件"一栏浏览对应文件夹选取"caolunjigou. x_t"文件，选择"模型名称"，在其右边的文本框右击选择"模型"→"创建"，在出现的"Creat Model"对话框的"模型名称"中输入". caolunjigou"。

4.3.3　槽轮机构仿真模型的创建

1. 添加重力

单击命令菜单栏中的"设置"→"重力"命令，弹出"Gravity Settings"对话框。勾选"重力"复选框，并单击"-Y*"按钮，设置在 -Y 方向的重力加速度。

2. 修改构件的材料属性

在拨杆上右击，在弹出的快捷菜单中单击"Part：BOGAN"→"修改"命令，弹出"Modify Body"对话框。如图 4-59 所示，将"定义质量方式"设置为"几何形状和材料类型"，再在"材料类型"文本框中右击，在弹出的快捷菜单中单击"材料"→"推测"→"steel"命令，然后单击"确定"按钮，即可完成拨杆的材料属性定义。

同理，将其余构件也分别按上述方法进行操作，将材料属性均定义为"steel"。

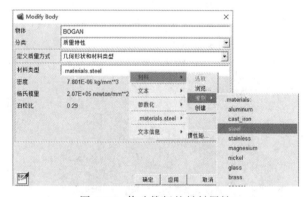

图 4-59　修改拨杆的材料属性

3. 创建标记点（Marker）

（1）创建回转中心标记点　单击几何模型工具库中的"标记点" ⚹ 图标，在底部对话框中选择"添加到现有部件"和"全局 XY"，在视图窗口上选取"BOGAN"，然后拾取与拨杆回转中心连接的机架轴中心点"JIJIA. SOLID1. E13（center）"（如果不好选取，可在目标位置附近右击，在弹出的快捷菜单中选取）作为作用点，创建完成标记点。再选择该标记点，右击"重命名"，修改名称为"BOGAN_center"。

采用同样的方法，创建"CAOLUN"回转中心标记点"CAOLUN_center"。

（2）创建定标记点　单击几何模型工具库中的"标记点" ⚓图标，在底部对话框中选择"添加到现有部件"和"全局 XY"，在视图窗口上选取"JIJIA"，然后拾取拨杆圆销上的中心点"BOGAN.SOLID2.E12（center）"，创建完成定标记点。再选择该定标记点，右击"重命名"，修改名称为"JIJIA_ding"。

（3）创建动标记点　单击几何模型工具库中的"标记点" ⚓图标，在底部对话框中选择"添加到现有部件"和"全局 XY"，在屏幕上选择"CAOLUN"，拾取拨杆圆销上刚刚创建的"JIJIA_ding"标记点，创建完成动标记点。修改标记点名称为"CAOLUN_dong"。

4. 创建运动副

（1）定义固定副　单击约束库中的"固定副" 🔒图标，在参数设置栏的下拉列表框中选择"2 个物体-1 个位置"和"垂直格栅"选项，在工作区选择"JIJIA"和"ground"，然后选取"jijia.cm"（如果不好选取，可在目标位置附近右击，在弹出的快捷菜单中选取）为作用点，创建两者之间的固定副。

（2）定义转动副　单击约束库中的"转动副"图标，然后选择"2 个物体-1 个位置"和"垂直格栅"选项，在工作区选取"JIJIA"和"BOGAN"，然后拾取"BOGAN_center"点作为作用点，创建两者之间的转动副。

采用同样的方法，创建"JIJIA"和"CAOLUN"之间的转动副，作用点为标记点"CAOLUN_center"。

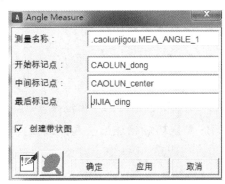

图 4-60　"角度测量"对话框

5. 创建槽轮转角变量

在"创建"菜单下依次选择"测量"→"角度"→"新建"，弹出"角度测量"对话框，如图 4-60 所示。在"开始标记点"栏，右击选择"标记点"→"浏览"→"CAOLUN_dong"；在"中间标记点"栏，选择槽轮质心标记点"CAOLUN_center"；在"最后标记点"栏，选择标记点"JIJIA_ding"；单击"确定"按钮，显示角度测量曲线窗口。

6. 添加接触

槽轮啮合的碰撞采取无阻尼的接触模型进行仿真，单击载荷工具包中的"接触"图标，弹出"创建接触"对话框，如图 4-61 所示。将"接触类型"栏设置为"实体对实体"，然后在"I 实体"栏输入框中右击，在弹出的快捷菜单中选择"接触实体"→"选取"，然后在图形区单击"BOGAN"，用同样的方法在"J 实体"栏输入框中拾取"CAOL-

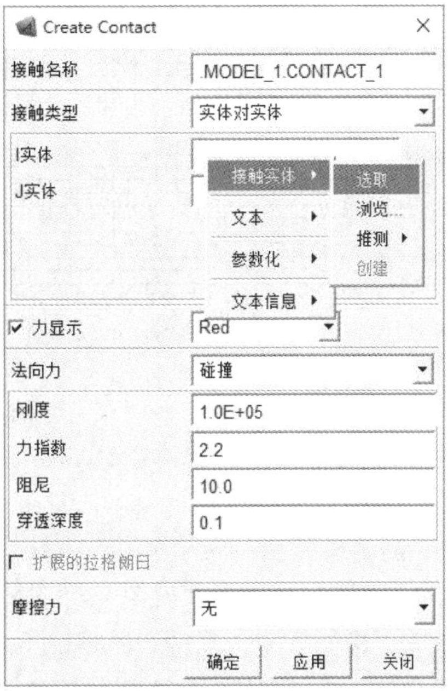

图 4-61　"创建接触"对话框

UN"，其余参数采取默认设置，然后单击"确定"按钮，在"BOGAN"和"CAOL-UN"之间定义接触。

7．添加驱动

在主工具栏中单击"旋转驱动" 图标，将旋转速度设置为"360°/s"，在图形区用鼠标选择"BOGAN"与"JIJIA"之间的转动副，在转动副上创建旋转驱动"MO-TION_1"。

8．运行仿真

单击主工具栏中的"仿真" 图标，将仿真时间设置为 1s，仿真步数设置为 100 步以上，再单击"开始计算" 图标进行计算。

4.3.4　分析结果

1．测量槽轮角位移

在主工具箱中单击 图标进入后处理器"Adams/PostProcessor"。在后处理器底部图表生成器选择"资源"→"测量"→"Mea_Angle_1"，再单击图表生成器右上角的"添加曲线"，生成如图 4-62 所示的槽轮角位移曲线。

2．测量槽轮角速度、角加速度

在"资源"中选择"对象"，"过滤器"中选择"body"，"对象"中选择对象"Caol-un"，"特征"中选择"CM_Angular_Velocity"，"分量"中选择"Z"，单击图表生成器右上角的"添加曲线"，生成如图 4-63 所示的槽轮角速度曲线。

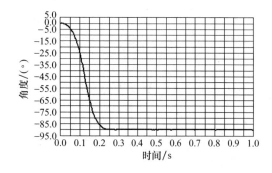

图 4-62　槽轮角位移曲线

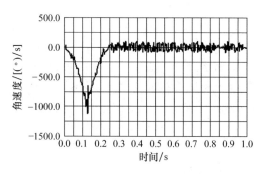

图 4-63　槽轮角速度曲线

若在"特征"中选择"CM_Angular_Acceleration"，则生成如图 4-64 所示的槽轮角加速度曲线。

3．测量碰撞力

在"资源"中选择"对象"，"过滤器"中选择"Force"，"对象"中选择对象"Con-tact_1"，"特征"中选择"Element_Force"，分量中选择"Mag"，单击图表生成器右上角的"添加曲线"，生成如图 4-65 所示的槽轮碰撞力曲线。

读者可网站下载"CH04\4.3\cl_virtual"文件夹中的"cl.bin"文件参考学习。

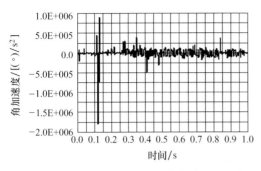

图 4-64　槽轮角加速度曲线

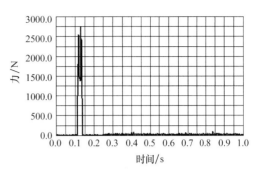

图 4-65　槽轮碰撞力曲线

4.4　混合轮系建模与仿真

例 4-5　在图 4-66 所示的混合轮系中，各轮的齿数：$z_1 = 20$，$z_2 = 40$，$z_{2'} = 20$，$z_3 = 30$，$z_4 = 80$。模数 $m = 2\text{mm}$，齿宽 $b = 20\text{mm}$，齿轮 1 为主动件，其转速 $n_1 = 600\text{r/min}$，按图示内容进行建模并进行以下分析：

1）行星支架的转速 n_H。

2）给行星支架 H 施加 $M_H = 10000\text{N}\cdot\text{mm}$ 的阻力矩时齿轮 1 的驱动力矩。

分析轮系：齿轮 1 和 2 组成定轴轮系。齿轮 2'、3、4 和系杆 H 组成周转轮系，该轮系为混合轮系。

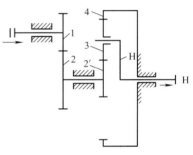

图 4-66　混合轮系传动示意图

4.4.1　基于 Creo 的混合轮系建模和装配

齿轮的设计可以利用齿轮通用件库自动生成。通用件库是 Creo 根据标准渐开线方程和齿根过渡曲线方程准确建立齿轮的齿形，建立参数化的通用模型。在设计新的齿轮时，根据需要输入齿轮的参数，如齿数、模数和齿轮宽度等数据，通用件库将自动生成新的齿轮。

具体设计装配过程请读者参考本书第 5 章中有关齿轮的设计和装配的内容。在 Creo 中建好的混合轮系零件图如图 4-67 所示，混合轮系装配图如图 4-68 所示。

读者可网站下载 "CH04\4.4\hhlx_creo" 文件夹中的 "hhlx.asm" 文件，参考零件建模步骤和装配步骤。

4.4.2　Creo 模型导入到 Adams 中

Creo 模型导入到 Adams 中不再提供 MECH/Pro 中间接口软件，导入方法将通过 Creo 软件保存模型为 ".x_t" 格式类型文件，再通过在 Adams 软件中直接打开该文件进行。

在 Creo 软件装配状态下，单击 "文件" 选项，选择 "另存为"，选择所要保存的路径后，在 "类型" 选项框中选择 "Parasolid（∗.x_t）"，单击 "确定"，上述混合轮系装配体保存为 "hhlx.x_t"。

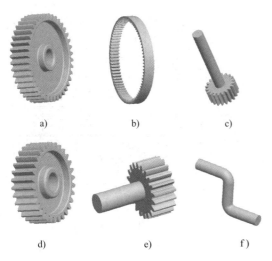

图 4-67　混合轮系零件图

a）齿轮 2（cl_2. prt）　b）太阳轮 4（cl_4. prt）

c）太阳轮 2′（cl_22. prt）　d）行星齿轮 3（cl_3. prt）

e）齿轮 1（cl_1. prt）　f）行星支架（zj. prt）

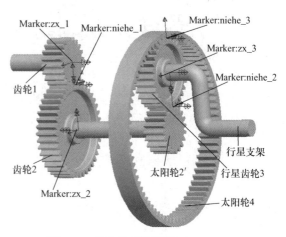

图 4-68　混合轮系装配图（hhlx. asm）

进入"Adams"软件界面，点击左上角"文件"，选择"导入"选项，出现"File Import"对话框。在"文件类型"一栏选择"Parasolid（ * . xmt_txt, * . x_t, * . xmt_bin, * . x_b）"，在"读取文件"一栏浏览对应文件夹选取"hhlx. x_t"文件，选择"模型名称"，在其右边的文本框右击选择"模型"→"创建"，在出现的"Creat model"对话框的"模型名称"中输入". hhlx"，如图 4-69 所示。

图 4-69　Creo 模型导入到 Adams 中

4.4.3　混合轮系虚拟样机的创建

1. 添加重力

将混合轮系三维模型导入到 Adams 后，单击菜单栏中的"设置"→"重力"命令，弹出"Gravity Settings"对话框。勾选"重力"复选框，并单击"－Y *"按钮，设置在 －Y 方向的重力加速度。

2. 修改构件的材料属性

在齿轮 1 上右击，在弹出的快捷菜单中单击"Part：CL_1"→"修改"命令，弹出"ModifyBody"对话框。如图 4-70 所示，将"定义质量方式"设置为"几何形状和材料

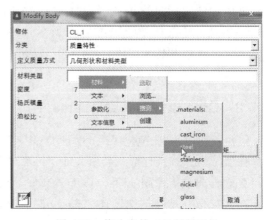

图 4-70　修改齿轮 1 的材料属性

类型"，再在"材料类型"文本框中右击，在弹出的快捷菜单中单击"材料"→"推测"→"steel"命令，然后单击"确定"按钮，即可完成拨杆的材料属性定义。

同理，将其余构件也分别按上述方法进行操作，将材料属性均定义为"steel"。

3. 创建标记点

如图 4-68 所示，需要在齿轮 1 的回转中心"Marker：zx_1"标记处；齿轮 2、太阳轮 2′、太阳轮 4 和行星支架的共同回转中心"Marker：zx_2"标记处；行星齿轮 3 的自转中心"Marker：zx_3"标记处；齿轮 1 和齿轮 2 的啮合点"Marker：niehe_1"标记处；太阳轮 2′和行星齿轮 3 的啮合点"Marker：niehe_2"标记处；行星齿轮 3 和太阳轮 4 的啮合点"Marker：niehe_3"标记处等创建标记点。创建步骤如下：

1）在主工具箱右击 ✐ 图标，打开子工具箱，单击 ✖ 图标，在主工具箱底部对话框选择"添加到地面"和"不能附着"，单击"点表格"按钮，出现"Table Editor for Points in. hhlx"对话框，单击"创建"按钮，则出现一个新的点，其中有 x、y、z 的坐标值。

对应图 4-68 所示 Marker 标记点处创建 6 个点："Marker：zx_1"→"POINT_1"；"Marker：niehe_1"→"POINT_2"；"Marker：zx_2"→"POINT_3"；"Marker：niehe_2"→"POINT_4"；"Marker：zx_3"→"POINT_5"；"Marker：niehe_3"→"POINT_6"。各点坐标值如图 4-71 所示。

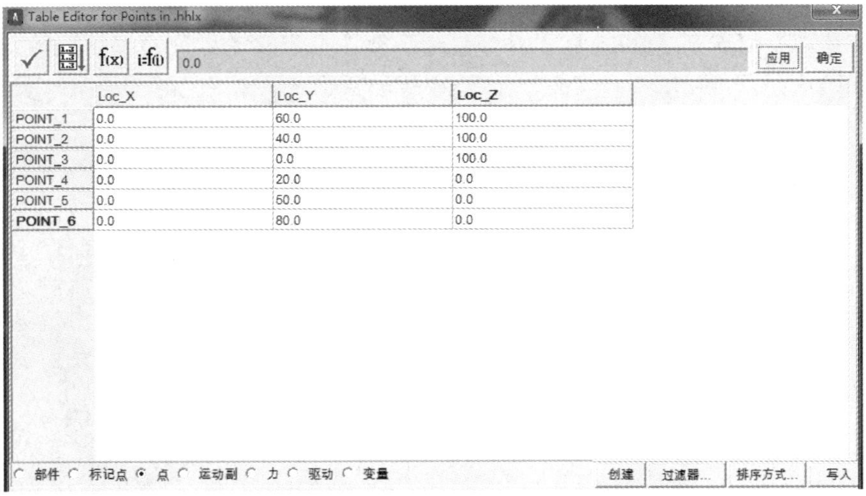

	Loc_X	Loc_Y	Loc_Z
POINT_1	0.0	60.0	100.0
POINT_2	0.0	40.0	100.0
POINT_3	0.0	0.0	100.0
POINT_4	0.0	20.0	0.0
POINT_5	0.0	50.0	0.0
POINT_6	0.0	80.0	0.0

图 4-71　混合轮系的 POINT 表格坐标值

2）单击几何模型工具库中的"标记点" ⊥ 图标，在底部对话框中选择"添加到地面"和"全局 XY"，在视图窗口上选取"POINT_1"点，创建完成标记点。再选择该标记点，右击"重命名"，修改名称为"zx_1"。

采用同样的方法，分别在"POINT_2""POINT_3""POINT_5"处创建标记点"niehe_1""zx_2""zx_3"，创建"niehe_1"标记点时方向选择"全局 YZ"，使得"niehe_1"标记点的 Z 轴方向与齿轮副啮合点的运动方向一致。

3）单击几何模型工具库中的"标记点" ⊥ 图标，在底部对话框中选择"添加到现有部件"和"全局 YZ"，在视图窗口上选取"ZJ"，然后拾取"POINT_4"点，创建完成标记点。再选择该标记点，右击"重命名"，修改名称为"niehe_2"。

采用同样的方法，在"POINT_6"处创建标记点"niehe_3"。

4．创建约束副

将三维模型导入 Adams 后，添加约束条件。由于进行运动仿真时不考虑力的影响，啮合齿轮之间的约束通过齿轮副实现，可以得到准确的传动比和转速。

齿轮副关联两个运动副和一个方向坐标系，这两个运动副可以是旋转副、滑移副或圆柱副，这两个运动副关联的第一个构件和第二个构件分别为齿轮 A 和共同件、齿轮 B 和共同件，共同件是齿轮 A 和 B 的载体。通过它们的不同组合，可以模拟直齿轮、斜齿轮、锥齿轮、行星齿轮、蜗轮蜗杆和齿轮齿条等传动形式。

（1）定轴轮系约束副的创建 选择"Adams/View"约束库中的"旋转副" 图标，选择"2 个物体–1 个位置"和"垂直格栅"，如图 4-68 所示，第一个物体选择齿轮 1，第二个物体选择地面，将"JOINT_1"放在齿轮 1 的"Marker：zx_1"上。

再次选择"Adams/View"约束库中的"旋转副" 图标，选择"2 个物体–1 个位置"和"垂直格栅"，如图 4-68 所示，第一个物体选择齿轮 2，第二个物体选择地面，将"JOINT_2"放在齿轮 2 的"Marker：zx_2"上。

选择"Adams/View"约束库中的"齿轮副" 图标，如图 4-72 所示，在"齿轮副名称"栏内右击，在选取栏内选取"JOINT_1""JOINT_2"，在"共同速度标记点"栏中，右击选择属于地面的啮合点"Marker：niehe_1"，齿轮 1 和齿轮 2 的齿轮副"GEAR_1"即创建出来，如图 4-73 所示。

图 4-72 创建齿轮副"GEAR_1"对话框

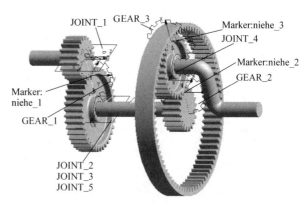

图 4-73 约束副标记

（2）行星轮系约束副的创建 行星齿轮系的运动特点是，太阳轮 4 和地面固定，行星齿轮 3 本身自转和绕太阳轮 2′的轴心公转，太阳轮 2′绕轴心自转。一般轮系齿轮副的共同件设为"地面"，但行星轮系中的行星齿轮 3 需要创建两个旋转副，一个绕轴心公转，一个绕本身质心自转。而行星齿轮 3 的质心相对于地面是运动的，因此不能选择"地面"作为行星齿轮 3 和太阳轮 2′以及行星齿轮 3 和太阳轮 4 的齿轮副的共同件，而选择"行星支架"作为共同件。

1）太阳轮 2′与行星齿轮 3 之间的齿轮副创建。选择"Adams/View"约束库中的"旋转副" 图标，选择"2 个物体–1 个位置"和"垂直格栅"，如图 4-68 所示，第一个物体选择太阳轮 2′，第二个物体选择行星支架，将"JOINT_3"放在太阳轮 2′中心"Marker：zx_2"点上。

再次选择"Adams/View"约束库中的"旋转副" 图标，选择"2 个物体-1 个位置"和"垂直格栅"，如图 4-68 所示，第一个物体选择行星齿轮 3，第二个物体选择行星支架，将"JOINT_4"放在行星齿轮 3 中心"Marker：zx_3"点上。

选择"Adams/View"约束库中的"齿轮副" 图标，如图 4-74 所示，在"运动副名称"栏内右击，在选取栏内选取"JOINT_3""JOINT_4"，在"共同速度标记点"栏中，右击选取行星齿轮 3 与太阳轮 2′啮合点的坐标系"Marker：niehe_2"，行星齿轮 3 和太阳轮 2′的齿轮副"GEAR_2"即创建出来，如图 4-73 所示。

2）太阳轮 4 与行星齿轮 3 之间的齿轮副创建。选择"Adams/View"约束库中的"旋转副" 图标，选择"2 个物体-1 个位置"和"垂直格栅"，如图 4-68 所示，第一个物体选择太阳轮 4，第二个物体选择行星支架，将"JOINT5"放在太阳轮 4 中心"Marker：zx_2"点上。

选择"Adams/View"约束库中的"齿轮副" 图标，如图 4-75 所示在"运动副名称"栏内右击，在选取栏内选取"JOINT_4""JOINT_5"，在"共同速度标记点"栏中，右击选取行星齿轮 3 与太阳轮 4 啮合点的坐标系"Marker：niehe_3"，行星齿轮 3 和太阳轮 4 的齿轮副"GEAR_3"即创建出来，如图 4-73 所示。

因为"JOINT_2""JOINT_3"和"JOINT_5"重合在一起，所以从图 4-73 中区分不出来。

图 4-74　创建齿轮副"GEAR_2"对话框　　　图 4-75　创建齿轮副"GEAR_3"对话框

（3）其余运动副的创建

1）齿轮 2 和太阳轮 2′之间的固定副的创建。选择"Adams/View"约束库中的"固定副" 图标，选择"2 个物体-1 个位置"和"垂直格栅"。第一个物体选择齿轮 2，第二个物体选择齿轮 2′，将"JOINT_6"放在齿轮 2′质心坐标点上。

2）太阳轮 4 与地面之间固定副的创建。选择"Adams/View"约束库中的"固定副" 图标，选择"2 个物体-1 个位置"和"垂直格栅"。第一个物体选择太阳轮 4，第二个物体选择地面，将"JOINT_7"放在太阳轮 4 质心坐标点上。

5. 施加驱动

在"Adams/View"驱动库中选择"旋转驱动" 图标，在 Adams/View 工作窗口中，选择齿轮 1 为主动齿轮，单击齿轮 1 上的旋转副"JOINT_1"，一个旋转驱动"MOTION_1"

即创建出来。拾取窗口"MOTION_1",右击选择"MOTION_1"→"修改",出现"Joint Motion"对话框,在"函数(时间)"栏中输入"10 * 360.0d * time";在"类型"栏中选择"位移",表示为10r/s。

说明:该旋转驱动"MOTION_1"的转向默认是齿轮1按右手定则绕"Ground"的Z轴旋转。

6. 添加阻力矩

施加于行星支架 H 的阻力矩 M_H 应与该支架的转速 n_H(或角速度 ω_H)方向相反。

(1)建立行星支架 H 的角速度测量　右击行星支架"ZJ",选择"Part:ZJ"→"测量",出现"Part Measure"对话框,如图 4-76 所示。在"特征"栏中选择"质心角速度",在"分量"处选择"Z",默认测量名称为".hhlx.ZJ_MEA_1",然后单击"确定"按钮,出现"ZJ_MEA_1"曲线,如图 4-77 所示。

图 4-76 "Part Measure"对话框

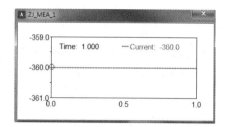

图 4-77 行星支架 H 的角速度曲线

(2)建立与行星支架 H 转向始终相反的阻力矩　在主工具箱中右击 ![icon] 图标,则出现子工具箱,单击 ![icon] 图标,在"运行方向"栏中选择"空间固定";在"构建方式"栏中选择"选取形状特征";在"特性"栏中选择"常数"。

依次选择行星支架"ZJ"和"Marker:zx_2",再拖动鼠标使箭头沿"Marker:zx_2"的 Z 正方向(定义施加于行星支架 H 的阻力矩方向,与齿轮1转向相同时为正,反之为负),单击后弹出"Modify Torque"对话框,如图 4-78 所示。单击"函数"文本框右边的 ![icon] 图标,弹出"Function Builder"对话框,在最上面的一栏中输入施加于行星支架 H 的阻力矩函数"-SIGN(10000,.hhlx.ZJ_MEA_1)",单击"确定"按钮,退出"Function Builder"对话框,再单击"Modify Torque"对话框中的"确定"按钮,完成阻力矩的添加。

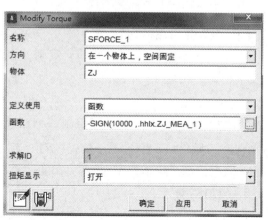

图 4-78 "Modify Torque"对话框

SIGN 函数说明：

符号函数，如果 x2≥0，则 SIGN（x1，x2）= ABS（x1）；如果 x2<0，则 SIGN（x1，x2）= -ABS（x1）。

ABS 函数说明：

ABS（x）返回参数 x 的绝对值。

7. 运动仿真

单击"仿真"按钮，设置仿真终止时间为 1s，仿真步数为 50 步，然后单击"开始仿真"按钮，进行仿真。

8. 分析结果

1）在主工具箱中，单击 图标进入后处理器"Adams/PostProcessor"。在后处理器底部图表生成器"资源"中选择"对象"，"过滤器"中选择"body"，"对象"中选择对象"ZJ"，"特征"中选择"CM_Angular_Velocity"，"分量"中选择"Z"，单击图表生成器右上角的"添加曲线"，生成如图 4-79 所示的行星支架 H 角速度曲线。由图可知，混合轮系中行星支架的角速度 $\omega_H = -360°/s$（与图 4-77 曲线是一致的），即转速 $n_H = -60 \text{r/min}$，可知齿轮 1 与行星支架 H 的传动比 $i_{1H} = n_1/n_H = 600/(-60) = -10$，实际结果和理论数值相等。

2）在"资源"栏中选择"结果集"，在"结果集"栏中选择"MOTION_1"，在"分量"栏中选择"TZ"，单击"添加曲线"按钮，生成如图 4-80 所示的齿轮 1 力矩曲线。

读者可网站下载"CH04\4.4\hhlx_virtue"文件夹中的"hhlx.bin"文件参考学习。

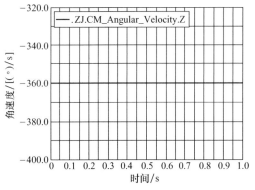

图 4-79　行星支架 H 角速度曲线

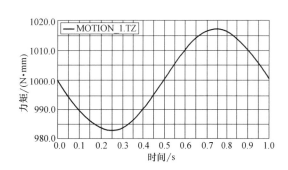

图 4-80　齿轮 1 力矩曲线

第 5 章　减速器的三维设计与装配

　　装配草图设计完成后，即进入正式装配图设计阶段。这个阶段通常用徒手在绘图纸上绘制或用二维绘图软件 AutoCAD 在计算机上绘制。运用软件既减轻了设计者的工作强度又提高了设计质量和速度。但是，随着计算机技术的发展和三维设计软件如 Creo、UG 和 Solid-Works 等的出现，设计已逐步从平面设计上升到三维平台设计。设计者不仅可以直接观察零件的空间结构形状，而且可以进行有限元分析、生成数控加工代码等，使设计向着无图纸的数字化设计方向发展。三维设计是机械设计发展的必然趋势。本章以第 10 章图 10-1~图 10-6（参考第 3 章图 3-19 的立体图）为例，结合 Creo5.0 软件介绍一级圆柱齿轮减速器的三维设计与装配。

5.1　减速器零件的三维造型

　　一级直齿圆柱齿轮减速器的零件包括齿轮、齿轮轴、轴承、箱座、箱盖、螺栓、螺母、垫圈、通气器、轴承盖、油标、放油螺塞等，一级齿轮减速器主要零件参考图例及名称见表 5-1，表 5-1 中同时列出了减速器零件对应于网站下载"CH05/Gearbox_prt"文件夹中零件的名称。

表 5-1　一级齿轮减速器主要零件参考图例及名称

名称	尺寸参考图表	零件名称（见网站下载"CH05/Gearbox_prt"文件夹中）
箱座	图 10-6	xiangzuo. prt
箱盖	图 10-5	xianggai. prt
齿轮	图 10-2	dachilun. prt
轴	图 10-3	disuzhou. prt
齿轮轴	图 10-4	chilunzhou. prt
检查孔盖	附表 I-1	jianchakonggai. prt
通气器	附表 I-3	tongqiqi. prt
油标	附表 I-6	youbiao. prt
油塞（放油螺塞）	附表 I-2	yousai. prt
轴承盖	附表 I-5	fengai_da. prt，tougai_da. prt，fengai_xiao. prt，tougai_xiao. prt
轴承 30208	附表 D-4	30208-1. asm，30208-2. asm
轴承 30211	附表 D-4	30211-1. asm，30211-2. asm
键	附表 C-17	jian. prt
螺栓	附表 C-3	M8×25. prt，M6×20. prt，M10×35. prt，M12×125. prt，M10×30. prt
螺母	附表 C-8	m10_lm. prt，m12_lm. prt
垫圈	附表 C-9	m10_dq. prt，m12_dq. prt

本节主要介绍齿轮、齿轮轴、轴、箱座、箱盖的三维造型设计过程，其余零件的设计请读者根据网站下载 "CH05/Gearbox_prt" 文件夹中提供的零件文件学习。设计过程中，对于齿轮和标准件（轴承、螺栓、螺母、垫圈等）的三维设计应采用 Creo 标准零件库以提高效率。Creo 标准零件库和齿轮库可到相关网站进行下载和学习。

5.1.1　减速器箱座设计

5.1.1.1　设计思路及实现方法

减速器箱座设计主要使用拉伸、旋转、镜像、阵列、螺纹等命令。在设计过程中，尽量减少特征数，能用阵列和镜像的就用阵列和镜像。箱座属于左右对称，绘制过程中，先绘制一侧特征结构，而后使用镜像完成整体。

5.1.1.2　箱座设计过程

1. 新建 "xiangzuo. prt" 文件

单击 "新建" ▭ 图标，在弹出的对话框中选中 "零件"，子类型为 "实体"，输入文件名 "xiangzuo"，取消 "使用默认模板" 复选框，单击 "确定" 按钮，在弹出的模板对话框中，选中 "mmns_part_solid"，单击 "确定" 按钮，进入零件创建界面。

2. 零件绘制

（1）箱座主题绘制　单击 "拉伸" 图标，单击 "放置" 选项卡中的 定义… 按钮，选择 "FRONT" 为草绘基准面和 "RIGHT" 为参考平面，"方向" 选择 "右"，单击 "草绘" 按钮，进入草绘环境，绘制如图 5-1 所示的箱座机体拉伸面草图，单击 "确定" 按钮 ✔，进入拉伸设置操控板，在操控板中的 "深度值" 输入框中输入 "165"，单击 "确认" 按钮 ✔，退出拉伸特征操作，箱座机体拉伸特征效果如图 5-2 所示。

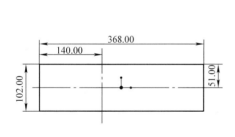

图 5-1　箱座机体拉伸面草图

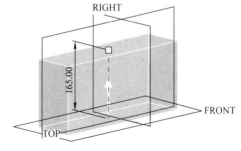

图 5-2　箱座机体拉伸特征效果

（2）插入基准面　单击 "创建基准平面" ▱ 图标，如图 5-3 所示，选择 "RIGHT" 为基准面，"偏移" 输入 "150"，创建基准平面 "DTM1"；同理，如图 5-4 所示，选择机体底面为基准面，"偏移" 输入 "5"，创建基准平面 "DTM2"，箱座基准面效果如图 5-5 所示。

（3）箱座上下连接板绘制　单击 "拉伸" 图标，单击 "放置" 选项卡中的 定义… 按钮，选择机体

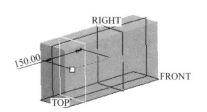

图 5-3　创建 "DTM1" 基准面

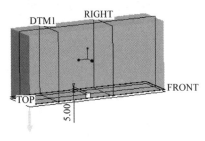

图 5-4　创建"DTM2"基准面

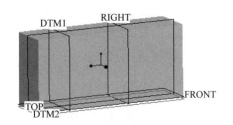

图 5-5　箱座基准面效果

顶面为草绘平面,保持默认的草绘设置,绘制如图 5-6 所示的箱座上下连接板拉伸面草图,单击"确定"按钮 ✔,进入拉伸设置操控板,在操控板中的"深度值"输入框中输入"12",单击"确认"按钮 ✔,退出拉伸特征操作,箱座上下连接板拉伸特征效果如图 5-7 所示。

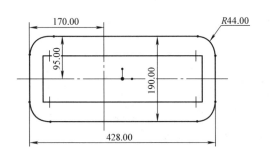

图 5-6　箱座上下连接板拉伸面草图

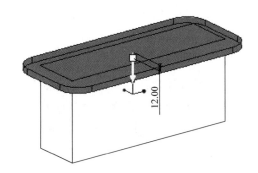

图 5-7　箱座上下连接板拉伸特征效果

（4）底板连接板绘制　单击"拉伸" ⬚ 图标,选择"DTM2"为草绘平面,绘制如图 5-8 所示的底板连接板拉伸面草图,在操控板中的"深度值"输入框中输入"20",底板连接板拉伸特征效果如图 5-9 所示。

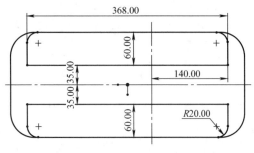

图 5-8　底板连接板拉伸面草图

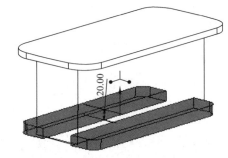

图 5-9　底板连接板拉伸特征效果

（5）箱座内腔绘制　单击"拉伸" ⬚ 图标,选择零件顶面为草绘平面,绘制如图 5-10 所示的箱座内腔拉伸面草图,"深度值"输入框中输入"157",并单击"移除材料" ◰ 图标,箱座内腔移除材料拉伸特征效果如图 5-11 所示。

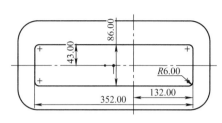

图 5-10　箱座内腔拉伸面草图

图 5-11　箱座内腔移除材料拉伸特征效果

（6）箱座轴承支座绘制　单击"拉伸" 图标，选择机体前端面为草绘平面，绘制如图 5-12 所示的箱座轴承支座拉伸面草图（一），在操控板中的"深度值"输入框中输入"42"，箱座轴承支座拉伸特征效果（一）如图 5-13 所示。

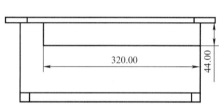

图 5-12　箱座轴承支座拉伸面草图（一）

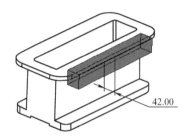

图 5-13　箱座轴承支座拉伸特征效果（一）

然后单击"拉伸"图标，选择轴承支座下端面为草绘平面，绘制如图 5-14 所示的箱体轴承支座拉伸面草图（二），并单击"移除材料"图标，单击"拉伸至选定的曲面、边、顶点、曲线、平面、轴和点"图标，参考面选择上下连接板底面，箱座轴承支座拉伸特征效果（二）如图 5-15 所示。

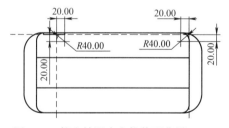

图 5-14　箱座轴承支座拉伸面草图（二）

图 5-15　箱座轴承支座拉伸特征效果（二）

再次单击"拉伸"图标，选择机体前端面为草绘平面，绘制如图 5-16 所示的箱座轴承支座拉伸面草图（三），设置"深度值"为 47，箱座轴承支座拉伸特征效果（三）如图 5-17 所示。

将上述三次建立的特征组成一组，选择"镜像"命令，设置"TOP"面为镜像面，箱座轴承支座特征镜像效果如图 5-18 所示。

单击"拉伸"图标，选择圆环外侧面为草绘平面，绘制如图 5-19 所示的箱座轴承支座拉伸面草图（四），并单击"移除材料"图标，单击"拉伸至与所有曲面相交"图

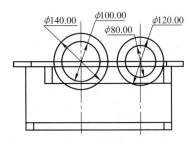

图 5-16　箱座轴承支座拉伸面草图（三）

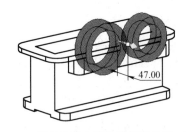

图 5-17　箱座轴承支座拉伸特征效果（三）

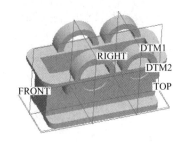

图 5-18　箱座轴承支座特征镜像效果

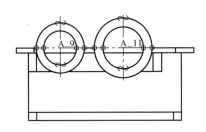

图 5-19　箱座轴承支座拉伸面草图（四）

标，穿透拉伸效果如图 5-20 所示。

（7）加强肋绘制　单击"拉伸"　图标，选择机体前端面为草绘平面，绘制如图 5-21 所示的加强肋拉伸面草图，设置"深度值"为 42，加强肋拉伸特征效果如图 5-22 所示。

选择肋板拉伸特征，选择"TOP"面为镜像面，执行镜像操作，加强肋镜像效果如图 5-23 所示。

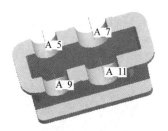

图 5-20　穿透拉伸效果

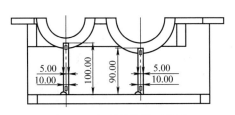

图 5-21　加强肋拉伸面草图

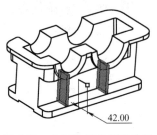

图 5-22　加强肋拉伸特征效果

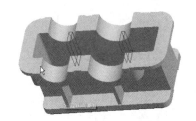

图 5-23　加强肋镜像效果

（8）油标孔绘制　单击"创建基准平面"　图标，如图 5-24 所示，选择上下连接板为基准面，"距离"输入"80"，创建基准平面"DTM3"；接下来创建基准轴，单击"创建基准轴"　　图标，如图 5-25 所示，选择机体右侧面为基准面，按住<Ctrl>键的同时选择"DTM3"基准面，创建基准轴"A_13"；再次单击"创建基准平面"　　图标，如图 5-26 所示，按住<Ctrl>键的同时选择"A_13"和机体右侧面，输入"旋转角度"为 45°，创建基准平面"DTM4"；再次单击"创建基准平面"　　图标，如图 5-27 所示，按住<Ctrl>键的同时选择"A_13"和"DTM4"，输入"旋转角度"为 90°，创建基准平面"DTM5"。

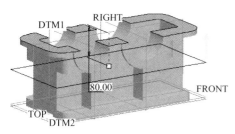

图 5-24　创建"DTM3"基准面

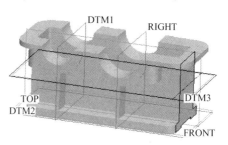

图 5-25　创建"A_13"基准轴

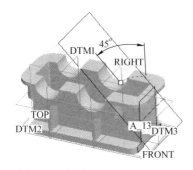

图 5-26　创建"DTM4"基准面

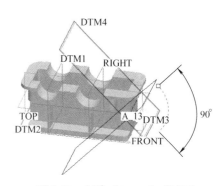

图 5-27　创建"DTM5"基准面

单击"拉伸"　　图标，选择"DTM4"为草绘平面，绘制如图 5-28 所示的油标孔拉伸面草图，设置"深度值"为 13，油标孔拉伸特征效果如图 5-29 所示。重复上述步骤，在相反方向设置"深度值"为 15，反方向油标孔拉伸特征效果如图 5-30 所示。

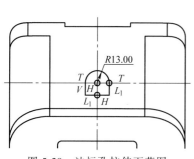

图 5-28　油标孔拉伸面草图

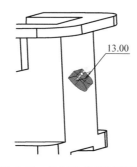

图 5-29　油标孔拉伸特征效果

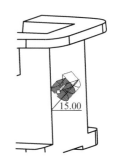

图 5-30　反方向油标孔拉伸特征效果

单击"孔"　　图标，弹出"孔特征"操控板，单击"创建标准孔"　　图标，按照图 5-31 所示操作，在"螺钉尺寸"栏中选择"M12×1.75"，单击"放置"选项卡，选择油标拉伸最顶面"曲面：F28（拉伸_10）"，在弹出的"偏移参考"对话框中选择"TOP"

图 5-31　油标孔生成设置

平面和 "DTM5" 平面，创建油标螺栓孔，油标螺栓孔特征效果如图 5-32 所示。

在拉伸油标孔凸台时有部分模型深入到内腔，因此需要移除。单击 "拉伸" 🗔 图标，选择上下连接板顶面为草绘平面，利用 "投影" 🔲投影 图标，绘制如图 5-33 所示的油标孔凸台拉伸面草图，并单击 "移除材料" 🔷 图标，油标孔凸台移除材料拉伸效果如图 5-34 所示。

图 5-32　油标螺栓孔特征效果

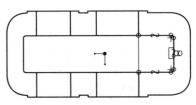

图 5-33　油标孔凸台拉伸面草图

（9）放油孔绘制　单击 "拉伸" 🗔 图标，选择机体右侧面为草绘平面，绘制如图 5-35 所示的放油孔拉伸面草图，设置 "深度值" 为 5，放油孔拉伸特征效果如图 5-36 所示。

图 5-34　油标孔凸台移除材料拉伸效果

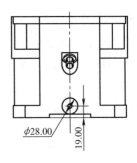

图 5-35　放油孔拉伸面草图

单击 "创建基准平面" 🗔 图标，如图 5-37 所示，选择底板连接板底面为基准面，"距离" 输入 "20"，创建基准平面 "DTM6"。

单击 "孔" 🗔 图标，弹出 "孔特征" 操控板，单击 "创建标准孔" 🗔 图标，按照图 5-38 所示操作，在 "螺钉尺寸" 栏中选择 "M16×1.5"，单击 "放置" 选项卡，选择油标拉伸最顶面 "曲面：F31（拉伸_12）"，在弹出的 "偏移参考" 对话框中选择 "TOP" 平面和 "DTM6" 平面，创建放油螺栓孔，放油螺栓孔特征效果如图 5-39 所示。

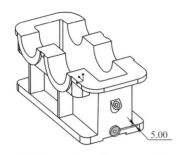

图 5-36　放油孔拉伸特征效果

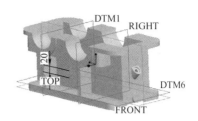

图 5-37　创建"DTM6"基准面

图 5-38　放油孔生成设置

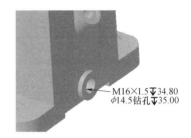

图 5-39　放油螺栓孔特征效果

（10）吊耳绘制　单击"拉伸"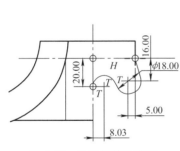图标，选择"TOP"为草绘平面，绘制如图 5-40 所示的吊耳拉伸面草图，单击"对称"图标，设置"深度值"为 15，吊耳拉伸特征效果如图 5-41 所示。

图 5-40　吊耳拉伸面草图

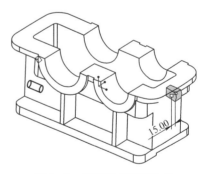

图 5-41　吊耳拉伸特征效果

单击"创建基准平面"图标，如图 5-42 所示，选择"RIGHT"为基准面，"距离"输入"44"，创建基准平面"DTM7"。

选择吊耳拉伸特征，选择"DTM7"为镜像面，执行镜像操作，吊耳镜像效果如图 5-43 所示。

（11）箱座上下连接孔绘制　单击"拉伸"图标，选择上下连接板底面为草绘平面，绘制如图 5-44 所示的箱座上下连接孔拉伸面草图（一），单击"拉伸至与所有面相交"图标，并单击"移除材料"图标，箱座上下连接孔移除材料拉伸效果（一）如图 5-45 所示。

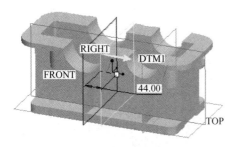

图 5-42　创建"DTM7"基准面

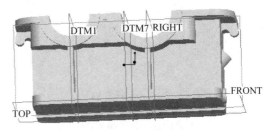

图 5-43　吊耳镜像效果

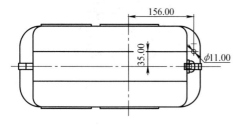

图 5-44　箱座上下连接孔拉伸面草图（一）

图 5-45　箱座上下连接孔移除材料拉伸效果（一）

　　重复上述步骤，单击"放置"选项卡中的 ▭ 定义… 按钮，单击"使用先前的"按钮，进入"草绘"界面，绘制如图 5-46 所示的箱座上下连接孔拉伸面草图（二），设置"深度值"为 3，并单击"移除材料" ▱ 图标，箱座上下连接孔移除材料拉伸效果（二）如图 5-47 所示。

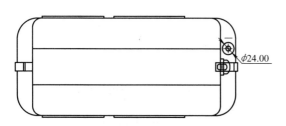

图 5-46　箱座上下连接孔拉伸面草图（二）

图 5-47　箱座上下连接孔移除材料拉伸效果（二）

　　单击"拉伸" ▭ 图标，选择上下连接板底面为草绘平面，绘制如图 5-48 所示的箱座上下连接孔拉伸面草图（三），单击"拉伸至与所有面相交" ▦ 图标，并单击"移除材料" ▱ 图标，完成拉伸特征。

　　再单击"拉伸" ▭ 图标，单击"放置"选项卡中的 ▭ 定义… 按钮，单击"使用先前的"按钮，进入"草绘"界面，绘制如图 5-49 所示的箱座上下连接孔拉伸面草图（四），设置"深度值"为 3，并单击"移除材料" ▱ 图标，箱座上下连接孔移除材料拉伸效果（三）如图 5-50 所示。

　　选择上述连接孔拉伸特征，执行组操作，创建"组 1"特征。选择"组 1"，选择"TOP"面为镜像面，执行镜像操作，箱座上下连接孔镜像效果如图 5-51 所示。

　　（12）箱座锥销孔绘制　单击"拉伸" ▭ 图标，选择上下连接板顶面为草绘平面，绘

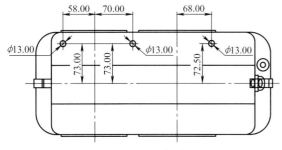

图 5-48　箱座上下连接孔拉伸面草图（三）

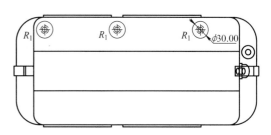

图 5-49　箱座上下连接孔拉伸面草图（四）

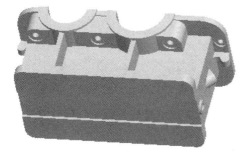

图 5-50　箱座上下连接孔移除材料拉伸效果（三）

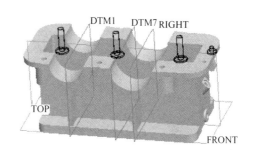

图 5-51　箱座上下连接孔镜像效果

制如图 5-52 所示的箱座锥销孔拉伸面草图，单击"拉伸至与所有面相交" ![icon] 图标，并单击"移除材料" ![icon] 图标，箱座锥销孔移除材料拉伸效果如图 5-53 所示。

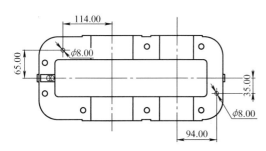

图 5-52　箱座锥销孔拉伸面草图

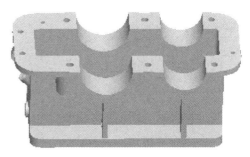

图 5-53　箱座锥销孔移除材料拉伸效果

（13）底板座孔绘制　单击"拉伸" ![icon] 图标，选择底板顶面为草绘平面，绘制如图 5-54 所示的底板座孔拉伸面草图（一），单击"拉伸至选定的曲面、边、顶点、曲线、平面、轴和点" ![icon] 图标，并单击"移除材料" ![icon] 图标，参考面选择底板底面，完成拉伸特征。

再单击"拉伸" ![icon] 图标，单击"使用先前的"，进入"草绘"界面，绘制如图 5-55 所示的底板座孔拉伸面草图（二），设置"深度值"为 3，并单击"移除材料" ![icon] 图标，底板座孔移除材料拉伸效果如图 5-56 所示。

选择上述底板座孔拉伸特征，执行组操作，创建"组 2"特征。选择"组 2"，选择"TOP"面为镜像面，执行镜像操作，底板座孔镜像效果如图 5-57 所示。

（14）润滑油槽绘制　单击"拉伸" ![icon] 图标，选择上下连接板顶面为草绘平面，绘制

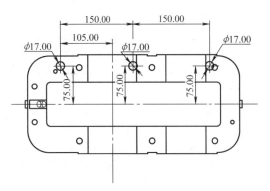

图 5-54 底板座孔拉伸面草图（一）

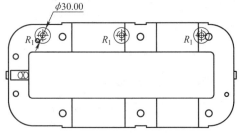

图 5-55 底板座孔拉伸面草图（二）

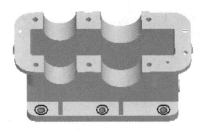

图 5-56 底板座孔移除材料拉伸效果

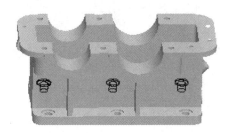

图 5-57 底板座孔镜像效果

如图 5-58 所示的润滑油槽拉伸面草图，设置"深度值"为 3，并单击"移除材料" ◿ 图标，润滑油槽移除材料拉伸效果如图 5-59 所示。

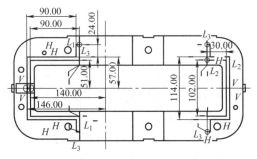

图 5-58 润滑油槽拉伸面草图

图 5-59 润滑油槽移除材料拉伸效果

（15）箱座端盖螺纹孔绘制 单击"孔" 🔟 图标，弹出"孔特征"操控板，单击"创建标准孔" 🔟 图标，按照图 5-60 所示操作，在"螺钉尺寸"栏中选择"M8×1.25"，单击"放置"选项卡，选择轴承支座拉伸外表面"曲面：F14（拉伸_6）"，在弹出的"偏移参考"对话框中选择"曲面：F5（拉伸_1）"和"DTM1"平面，创建箱座端盖螺纹孔，箱座端盖螺纹孔特征效果如图 5-61 所示。

选择孔特征，在编辑特征中选择"阵列" ⊞ 图标，在操控板中选择"轴"，在模型中选择轴承支座中心轴线"A_9"，输入阵列个数"6"，阵列角度范围输入"60.0"，单击"完成"按钮 ✓，箱座端盖螺纹孔阵列效果如图 5-62 所示。

创建其余端盖螺纹孔，所有箱座端盖螺纹孔效果如图 5-63 所示。

图 5-60 箱座端盖螺纹孔生成设置

图 5-61 箱座端盖螺纹孔特征效果

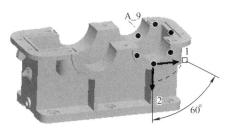

图 5-62 箱座端盖螺纹孔阵列效果

图 5-63 所有箱座端盖螺纹孔效果

3. 保存 "xiangzuo. prt" 文件

单击 "保存" 🖫 , 保存 "xiangzuo. prt" 文件。

5.1.2 减速器箱盖设计

5.1.2.1 设计思路及实现方法

箱盖是一个复杂的箱体零件, 主要使用拉伸、旋转、镜像、阵列、螺纹等命令。在设计过程中, 尽量减少特征数, 多使用阵列和镜像来简化设计过程。

5.1.2.2 箱盖设计过程

1. 新建 "xianggai. prt" 文件

单击 "新建" 🗋 图标, 在弹出的对话框中选中 "零件", 子类型为 "实体", 输入文件名 "xianggai", 取消 "使用默认模板" 复选框, 单击 "确定" 按钮, 在弹出的模板对话框中, 选中 "mmns_part_solid", 单击 "确定" 按钮, 进入零件创建界面。

2. 零件绘制

(1) 箱盖机体绘制 单击 "拉伸" 🗗 图标, 单击 "放置" 选项卡中的 ═══定义═══ 按钮, 选择 "FRONT" 为草绘基准面和 "RIGHT" 为参考平面, "方向" 选择 "右", 单击 "草绘" 按钮, 进入草绘环境, 绘制如图 5-64 所示的箱盖机体拉伸面草图, 单击 "确定" 按钮 ✔ , 进入拉伸设置操控板, 在操控板中的 "深度值" 输入框中输入 "102", 拉伸方式选择 "对称", 单击 "确认" ✔ 按钮, 退出拉伸特征操作, 箱盖机体拉伸特征效果如图 5-65 所示。

(2) 箱盖上下连接板绘制 单击 "拉伸" 🗗 图标, 选择机体底面为草绘平面, 绘制如

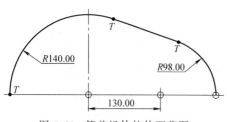

图 5-64　箱盖机体拉伸面草图

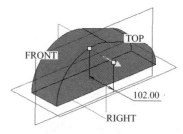

图 5-65　箱盖机体拉伸特征效果

图 5-66 所示的箱盖上下连接板拉伸面草图，设置"深度值"为 12，箱盖上下连接板拉伸特征效果如图 5-67 所示。

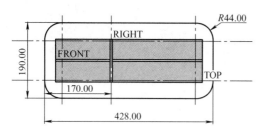

图 5-66　箱盖上下连接板拉伸面草图

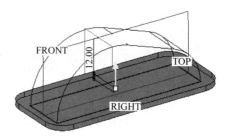

图 5-67　箱盖上下连接板拉伸特征效果

（3）吊环绘制　单击"拉伸" 图标，选择"FRONT"为草绘平面，绘制如图 5-68 所示的吊环拉伸面草图，拉伸方式选择"对称"，设置"深度值"为 15，吊环拉伸特征效果如图 5-69 所示。

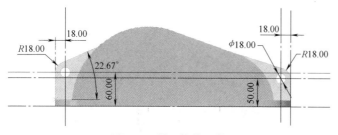

图 5-68　吊环拉伸面草图

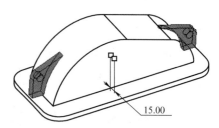

图 5-69　吊环拉伸特征效果

（4）箱盖内腔绘制　单击"拉伸" 图标，选择"FRONT"为草绘平面，绘制如图 5-70 所示的箱盖内腔拉伸面草图，设置"深度值"为 86，并单击"移除材料" 图标，箱盖内腔移除材料拉伸效果如图 5-71 所示。

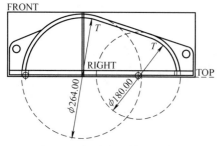

图 5-70　箱盖内腔拉伸面草图

图 5-71　箱盖内腔移除材料拉伸效果

（5）箱盖轴承支座绘制　单击"拉伸" 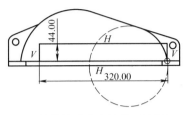图标，选择上下连接板前端面为草绘平面，绘制如图 5-72 所示的箱盖轴承支座拉伸面草图（一），单击"拉伸至选定的点、曲线、平面和曲面"图标，参考面选择机体前端面，完成拉伸特征，箱盖轴承支座拉伸特征效果（一）如图 5-73 所示。

图 5-72　箱盖轴承支座拉伸面草图（一）

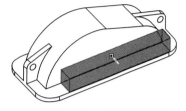

图 5-73　箱盖轴承支座拉伸特征效果（一）

单击"拉伸"图标，选择刚建立的支座上表面为草绘平面，绘制如图 5-74 所示的箱盖轴承支座拉伸面草图（二），单击"拉伸至选定的曲面、边、顶点、曲线、平面、轴和点"图标，参考面选择上下连接板上表面，完成拉伸特征。

再单击"倒圆角"图标，选择图 5-75 所示的箱盖轴承支座倒圆角边线，设置圆角半径为 10，完成倒圆角特征，箱盖轴承支座倒圆角效果如图 5-76 所示。

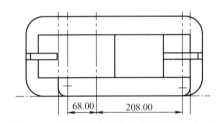

图 5-74　箱盖轴承支座拉伸面草图（二）

图 5-75　箱盖轴承支座倒圆角边线

再次单击"拉伸"图标，选择机体前端面为草绘平面，绘制如图 5-77 所示的箱盖轴承支座拉伸面草图（三），设置"深度值"为 47，箱盖轴承支座拉伸特征效果（二）如图 5-78 所示。

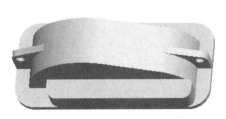

图 5-76　箱盖轴承支座倒圆角效果

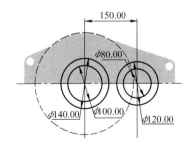

图 5-77　箱盖轴承支座拉伸面草图（三）

将上述四次建立的特征组成一组，选择"镜像"命令，设置"FRONT"面为镜像面，箱盖轴承支座特征镜像效果如图 5-79 所示。

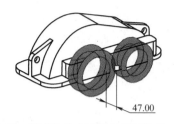

图 5-78　箱盖轴承支座拉伸特征效果（二）

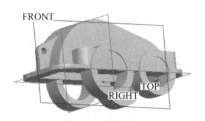

图 5-79　箱盖轴承支座特征镜像效果

单击"拉伸" 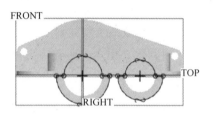 图标，选择圆环外侧面为草绘平面，绘制如图 5-80 所示的箱盖轴承支座拉伸面草图（四），并单击"移除材料" 图标，单击"拉伸至与所有曲面相交" 图标，箱盖轴承支座移除材料拉伸效果如图 5-81 所示。

图 5-80　箱盖轴承支座拉伸面草图（四）

图 5-81　箱盖轴承支座移除材料拉伸效果

（6）检查孔绘制　单击"拉伸" 图标，选择机体斜外表面为草绘平面，绘制如图 5-82 所示的检查孔拉伸面草图（一），设置"深度值"为 5，检查孔拉伸特征效果如图 5-83 所示。

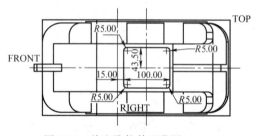

图 5-82　检查孔拉伸面草图（一）

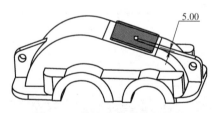

图 5-83　检查孔拉伸特征效果

再单击"倒圆角" 图标，选择图 5-84 所示的检查孔倒圆角边线，设置圆角半径为 5，完成倒圆角特征。

单击"拉伸" 图标，选择上述拉伸特征外表面为草绘平面，绘制如图 5-85 所示的检

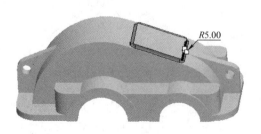

图 5-84　检查孔倒圆角边线

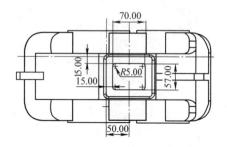

图 5-85　检查孔拉伸面草图（二）

查孔拉伸面草图（二），并单击"移除材料"  图标，单击"拉伸至与所有曲面相交" 图标，检查孔移除材料拉伸效果如图 5-86 所示。

（7）上下连接孔绘制　单击"拉伸" 图标，选择上下连接板底面为草绘平面，绘制如图 5-87 所示的箱盖上下连接孔拉伸面草图（一），单击"拉伸至与所有曲面相交" 图标，并单击"移除材料" 图标，生成螺栓通孔。

图 5-86　检查孔移除材料拉伸效果

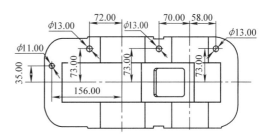

图 5-87　箱盖上下连接孔拉伸面草图（一）

单击"拉伸" 图标，选择轴承座孔上表面为草绘平面，绘制如图 5-88 所示的箱盖上下连接孔拉伸面草图（二），设置"深度值"为 3，并单击"移除材料" 图标，生成轴承座螺栓孔沉孔。

单击"拉伸" 图标，选择上下连接板上表面为草绘平面，绘制如图 5-89 所示的箱盖上下连接孔拉伸面草图（三），设置"深度值"为 3，并单击"移除材料" 图标，生成上下连接板螺栓孔沉孔，箱盖上下连接孔移除材料拉伸效果如图 5-90 所示。

选择上述通孔拉伸特征，执行组操作，创建组特征，选择"FRONT"为镜像面，执行镜像操作，箱盖上下连接孔镜像效果如图 5-91 所示。

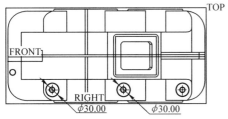

图 5-88　箱盖上下连接孔拉伸面草图（二）

图 5-89　箱盖上下连接孔拉伸面草图（三）

图 5-90　箱盖上下连接孔移除材料拉伸效果

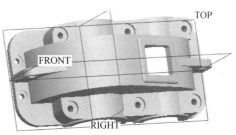

图 5-91　箱盖上下连接孔镜像效果

（8）起盖螺钉孔绘制　单击"孔"  图标，弹出"孔特征"操控板，单击"创建标准孔" 图标，按照图 5-92 所示操作，在"螺钉尺寸"栏中选择"M10×1.5"，单击"放置"选项卡，选择上下连接板上表面"曲面：F6（拉伸_2）"，在弹出的"偏移参考"对话框中选择"FRONT"平面和"RIGHT"平面，创建起盖螺钉孔，起盖螺钉孔特征效果如图 5-93 所示。

图 5-92　起盖螺钉孔生成设置

图 5-93　起盖螺钉孔特征效果

（9）箱盖锥销孔绘制　单击"拉伸"图标，选择上下连接板顶面为草绘平面，绘制如图 5-94 所示的箱盖锥销孔拉伸面草图，单击"拉伸至与所有曲面相交"图标，并单击"移除材料"图标，箱盖锥销孔移除材料拉伸效果如图 5-95 所示。

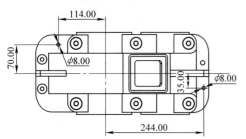

图 5-94　箱盖锥销孔拉伸面草图

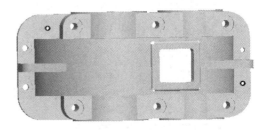

图 5-95　箱盖锥销孔移除材料拉伸效果

（10）检查孔螺钉孔绘制　单击"孔"图标，按照图 5-96 所示操作，创建检查孔螺钉孔特征（图 5-97），检查孔螺钉孔特征效果如图 5-98 所示。重复上述步骤，创建另外一个螺钉孔，将上述两次建立的孔特征组成一组，选择"镜像"命令，设置"FRONT"面为镜像面，检查孔螺钉孔如图 5-99 所示。

图 5-96　检查孔螺钉孔生成设置

图 5-97　创建检查孔螺钉孔特征

（11）箱盖端盖螺纹孔绘制　单击"创建基准平面" 图标，如图 5-100 所示，选择

图 5-98　检查孔螺钉孔特征效果

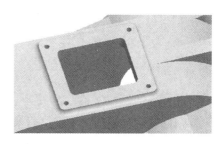

图 5-99　检查孔螺钉孔

"RIGHT" 为基准面，"距离" 输入 "150"，创建基准平面 "DTM1"。

单击 "孔" 　 图标，按照图 5-101 所示操作，创建箱盖端盖螺纹孔特征，箱盖端盖螺纹孔特征效果如图 5-102 所示。

选择孔特征，在编辑特征中选择 "阵列" 　 图标，在操控板中选择 "轴"，在模型中选择轴承支座中心轴线 "A＿22"，输入阵列个数 "6"，阵列角度范围输入 "60"，如图 5-103 所示，单击 "完成" 按钮 　，箱盖端盖螺纹孔特征效果如图 5-104 所示。

创建其余端盖螺纹孔，所有箱盖端盖螺纹孔特征效果如图 5-105 所示。

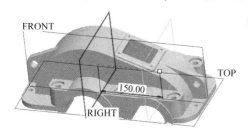

图 5-100　箱盖创建 "DTM1" 基准面

图 5-101　箱盖端盖螺纹孔生成设置

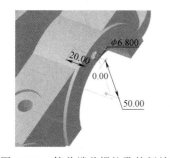

图 5-102　箱盖端盖螺纹孔特征效果

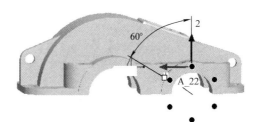

图 5-103　箱盖端盖螺纹孔阵列

图 5-104　箱盖端盖螺纹孔特征效果

图 5-105　所有箱盖端盖螺栓孔特征效果

3. 保存"xianggai. prt"文件

单击"保存"📄，保存"xianggai. prt"文件。

5.1.3　齿轮设计

5.1.3.1　设计思路及实现方法

齿轮设计的基本过程是先绘制渐开线，生成单个齿，后用圆周阵列得到整个齿轮。为提高设计效率，减少设计工作量，缩短产品的开发周期，一般采用 Creo 齿轮零件库（网站下载"CH05/Gear"）。该零件库中齿轮是参数化设计创建的通用模型，通过变更设置参数，生成满足设计需要的齿轮模型。在此基础上设计主要使用拉伸、旋转、镜像、阵列等命令。

5.1.3.2　齿轮设计过程

1. 修改零件库齿轮模型

单击"打开"📂图标，在网站下载"CH05/Gear"文件夹中找到"helical_left_gear. prt"文件，选中该文件后单击"打开"按钮，进入斜齿轮模型界面，如图5-106所示。依次选择菜单"文件"→"管理文件"→"重命名"，将零件命名为"dachilun. prt"。

依次单击"工具"→"参数"，如图5-107所示，在弹出的"参数"对话框中，法向模数 MN 数值修改为3，齿数 Z 修改为79，螺旋角 BETA 修改为11.4783，齿宽 B 修改为60，单击"确定"按钮，此时模型并未发生改变，需单击"模型"→"重新生成"，弹出"菜单管理器"，如图5-108所示，单击"当前值"，齿轮模型发生变更，再生齿轮模型如图5-109所示。

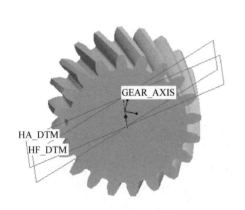

图 5-106　零件库齿轮

图 5-107　齿轮"参数"对话框

图 5-108　菜单管理器

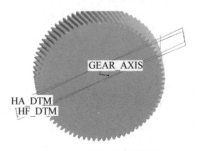

图 5-109　再生齿轮模型

2．创建齿轮对称基准面

单击"创建基准平面" ▱ 图标，如图 5-110 所示，选择齿轮前端面为基准面，"距离"输入"30"，创建基准平面"DTM1"。

3．创建腹板

单击"拉伸" 图标，选择齿轮前端面为草绘平面，绘制如图 5-111 所示的腹板拉伸面草图，在操控板中的"深度值"输入框中输入"22.5"，并单击"移除材料" ◩ 图标，腹板移除材料拉伸效果如图 5-112 所示。

选择上述拉伸特征，选择"DTM1"为镜像面，执行镜像操作，腹板镜像效果如图 5-113 所示。

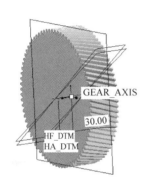

图 5-110　创建齿轮"DTM1"基准面

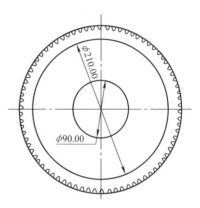

图 5-111　腹板拉伸面草图

图 5-112　腹板移除材料拉伸效果

图 5-113　腹板镜像效果

4．创建腹板圆孔

单击"拉伸" 图标，选择齿轮腹板前端面为草绘平面，绘制如图 5-114 所示的腹板圆孔拉伸面草图，单击"拉伸至与所有曲面相交" 图标，并单击"移除材料" ◩ 图标，腹板圆孔移除材料拉伸效果如图 5-115 所示。

选择拉伸特征，在编辑特征中选择"阵列" ▦ 图标，在操控板中选择"轴"，在模型中选择轴承支座中心轴线"GEAR_AXIS"，输入阵列个数"6"，阵列角度范围输入"60"，单击"完成"按钮 ，腹板圆孔阵列效果如图 5-116 所示。

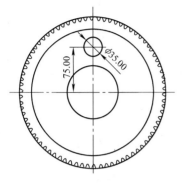
图 5-114　腹板圆孔拉伸面草图

图 5-115　腹板圆孔移除材料拉伸效果

图 5-116　腹板圆孔阵列效果

5. 创建齿轮轴孔

单击"拉伸" 图标，选择齿轮腹板前端面为草绘平面，绘制如图 5-117 所示的齿轮轴孔拉伸面草图，单击"拉伸至与所有曲面相交" 图标，并单击"移除材料" 图标，齿轮轴孔移除材料拉伸效果如图 5-118 所示。

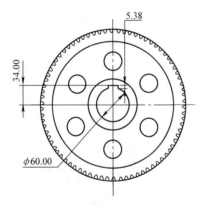
图 5-117　齿轮轴孔拉伸面草图

图 5-118　齿轮轴孔移除材料拉伸效果

6. 保存"dachilun. prt"文件

单击"保存" ，保存"dachilun. prt"文件。

5.1.4　轴设计

5.1.4.1　设计思路及实现方法

减速器低速轴的设计主要使用旋转、拉伸等命令实现。

5.1.4.2　轴的设计过程

1. 新建"disuzhou. prt"文件

单击"新建" 图标，在弹出的对话框中选中"零件"，子类型为"实体"，输入文件名"disuzhou"，取消"使用默认模板"复选框，单击"确定"按钮，在弹出的模板对话框中，选中"mmns_part_solid"，单击"确定"按钮，进入零件创建界面。

2. 创建阶梯轴

单击"旋转" 图标，选择"FRONT"为草绘基准面，绘制如图 5-119 所示的阶梯轴拉伸面草图，单击"确认"按钮 ，阶梯轴旋转效果如图 5-120 所示。

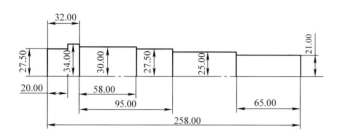

图 5-119　阶梯轴拉伸面草图

图 5-120　阶梯轴旋转效果

3. 创建键槽基准面

单击"创建基准平面" 图标，如图 5-121 所示，选择"FRONT"为基准面，"距离"输入"23"，创建基准平面"DTM1"。同理，创建距离"FRONT"为 16 的基准平面"DTM2"，如图 5-122 所示。

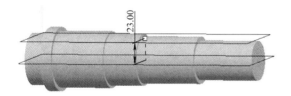

图 5-121　阶梯轴创建"DTM1"基准面

图 5-122　阶梯轴创建"DTM2"基准面

4. 创建大键槽

单击"拉伸" 图标，选择"DTM1"为草绘平面，绘制如图 5-123 所示的大键槽拉伸面草图，在操控板中的"深度值"输入框中输入"10"，并单击"移除材料" 图标，大键槽移除材料拉伸效果如图 5-124 所示。

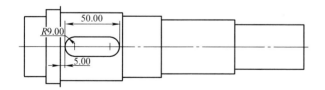

图 5-123　大键槽拉伸面草图

图 5-124　大键槽移除材料拉伸效果

5. 创建小键槽

单击"拉伸" 图标，选择"DTM2"为草绘平面，绘制如图 5-125 所示的小键槽拉伸面草图，在操控板中的"深度值"输入框中输入"10"，并单击"移除材料" 图标，小键槽移除材料拉伸效果如图 5-126 所示。

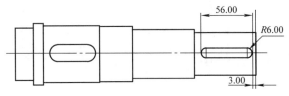

图 5-125　小键槽拉伸面草图

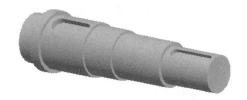

图 5-126　小键槽移除材料拉伸效果

6. 保存"disuzhou. prt"文件

单击"保存" ，保存"disuzhou. prt"文件。

5.1.5　齿轮轴设计

5.1.5.1　设计思路及实现方法

齿轮的设计是采用 Creo 齿轮零件库，通过变更设置参数，生成满足设计需要的齿轮模型。在此基础上使用拉伸、旋转等命令实现齿轮轴的设计。

5.1.5.2　齿轮轴设计过程

1. 修改零件库齿轮模型

单击"打开" 图标，在网站下载"CH05/Gear"文件夹中找到"helical_right_gear. prt"文件，选中该文件后单击"打开"按钮，进入斜齿轮模型界面，如图 5-127 所示。依次选择菜单"文件"→"管理文件"→"重命名"，将零件命名为"chilunzhou. prt"。

依次单击"工具"→"参数"，如图 5-128 所示，在弹出的"参数设置"对话框中，法向模数 MN 数值修改为 3，齿数 Z 修改为 19，螺旋角 BETA 修改为 11.4783，齿宽 B 修改为 65，单击"确定"按钮，此时模型并未发生改变，需单击"模型"→"重新生成"，弹出"菜单管理器"，单击"当前值"，齿轮模型发生变更，如图 5-129 所示。

图 5-127　零件库齿轮

图 5-128　齿轮"参数"对话框

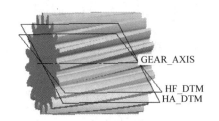

图 5-129　再生斜齿轮模型

2. 创建阶梯轴

单击"旋转" 图标，选择"HA_DTM"为草绘基准面，绘制如图 5-130 所示的齿轮阶梯轴拉伸面草图，单击"确认"按钮 ✓，齿轮阶梯轴旋转效果如图 5-131 所示。

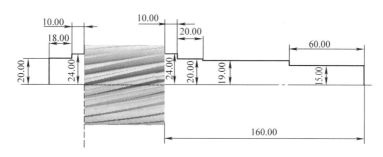

图 5-130　齿轮阶梯轴拉伸面草图

3. 创建键槽基准面

单击"基准平面" ⟋ 图标，选择"HA_DTM"为基准面，"距离"输入"11"，齿轮阶梯轴创建"DTM5"基准面如图 5-132 所示。

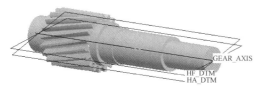

图 5-131　齿轮阶梯轴旋转效果

图 5-132　齿轮阶梯轴创建"DTM5"基准面

4. 创建键槽

单击"拉伸" 图标，选择"DTM5"为草绘平面，绘制如图 5-133 所示的齿轮键槽拉伸面草图，在操控板中的"深度值"输入框中输入"5"，并单击"移除材料" ⟋ 图标，齿轮键槽移除材料拉伸效果如图 5-134 所示。

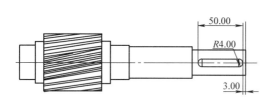

图 5-133　齿轮键槽拉伸面草图

图 5-134　齿轮键槽移除材料拉伸效果

5. 保存"chilunzhou. prt"文件

单击"保存" 🖫，保存"chilunzhou. prt"文件。

5.2　减速器装配设计

零件造型设计完成后就可以着手进行装配设计，装配设计是机械设计中不可缺少的部分，装配的目的在于检查零件间的装配关系是否合理，是否有合适的间隙以及结构是否会干涉等。用三维软件装配零件的顺序与实际装配过程类似，即先将零件装配成小的部件（如轴系部件），小的部件和零件再组装成大的部件（如减速器部件）或机器。这样的装配层次为以后的编辑、修改带来了方便。装配时切忌无层次地把所有零件一次装配成很大的部件。

装配的实质是在零件或部件的面或线等要素之间添加一定的约束，本节以一级圆柱齿轮减速器的装配为例，介绍使用子装配体、坐标系、同心、重合、等距、阵列等不同的装配手段实现复杂零件的装配过程。

5.2.1 低速轴系子装配体设计

1. 新建"disuzhouxi.asm"文件

首先将网站下载"CH05/Gearbox.prt"文件夹复制到计算机新建的某一文件夹下，设置此文件夹为工作文件夹。单击"新建"📄图标，在打开的对话框"类型"中选择"装配"，"子类型"中选择"设计"，在名称栏中输入零件的名称"disuzhouxi"，取消"使用默认模板"选择，单击"确定"按钮，在弹出的对话框中选择"mmns_asm_design"，单击"确定"按钮，完成新建装配文件任务。

2. 置入轴

单击"模型"功能选项卡中的"组装"🖼图标，选择"disuzhou.prt"零件，在操控板中单击"放置"，依次选取"disuzhou.prt"的坐标系和装配系统坐标系，"约束类型"为"重合"，低速轴装配效果如图5-135所示。

3. 置入平键

单击"模型"功能选项卡中的"组装"🖼图标，选择"jian.prt"零件，将平键插入到当前视图。单击"放置"，选择轴上较大的键槽底部平面和平键底部平面，如图5-136中1所示，约束类型为"重合"；选择轴上较大的键槽侧平面和平键侧平面，如图5-136中2所示，约束类型为"重合"；选择轴上较大的键槽圆端面和平键圆端面，如图5-136中3所示，约束类型为"重合"。查看约束状况为"完全约束"，单击"确认"按钮，平键装配效果如图5-137所示。

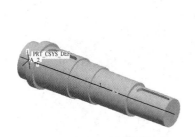

图5-135　低速轴装配效果

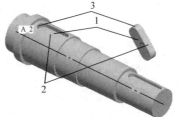

图5-136　键配合设置

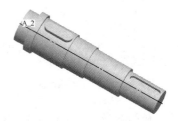

图5-137　平键装配效果

4. 置入齿轮

单击"模型"功能选项卡中的"组装"🖼图标，选择"dachilun.prt"零件，在操控板中单击"放置"。选择轴的中心线和齿轮的中心线，如图5-138中1所示，约束类型为"重合"；选择轴上较大的键槽底部平面和齿轮上的平键顶部平面，如图5-138中2所示，约束类型为"重合"；选择轴上的轴肩面和齿轮上的任一端面，如图5-138中3所示，约束类型为"重合"。查看约束状况为"完全约束"，单击"确认"按钮，齿轮装配效果如

图 5-139 所示。

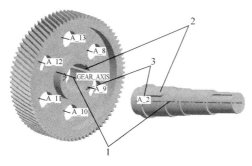

图 5-138　齿轮配合设置　　　　　　　图 5-139　齿轮装配效果

5. 置入轴承

单击 "模型" 功能选项卡中的 "组装"  图标，选择 "30211-1. asm" 子装配体，在操控板中单击 "放置"。选择轴的中心线和轴承的中心线，如图 5-140 中 1 所示，约束类型为 "重合"；选择轴上的轴肩面和轴承内圈上的端面，如图 5-140 中 2 所示，约束类型为 "重合"。查看约束状况为 "完全约束"，单击 "确认" 按钮，低速轴承装配效果如图 5-141 所示。

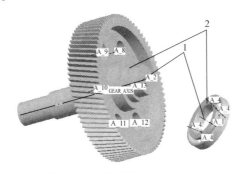

图 5-140　低速轴承配合设置　　　　　　图 5-141　低速轴承装配效果

6. 置入套筒

单击 "模型" 功能选项卡中的 "组装"  图标，选择 "taotong. prt" 零件，在操控板中单击 "放置"。选择轴的中心线和套筒的中心线，如图 5-142 中 1 所示，约束类型为 "重合"；选择齿轮上端面和套筒上的端面，如图 5-142 中 2 所示，约束类型为 "重合"。查看约束状况为 "完全约束"，单击 "确认" 按钮，套筒装配效果如图 5-143 所示。

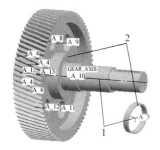

图 5-142　套筒配合设置　　　　　　　图 5-143　套筒装配效果

7. 置入另一端轴承

同理，在轴的另一端装配轴承"30211-2. asm"子装配体，低速轴系装配效果如图 5-144 所示。

8. 保存"disuzhouxi. asm"装配体

单击"保存" 🖫 ，保存"disuzhouxi. asm"文件。

图 5-144　低速轴系装配效果

5.2.2　高速轴系子装配体设计

1. 新建"gaosuzhouxi. asm"文件

工作文件夹的建立与低速轴系子装配体文件夹的建立方法相同。单击"新建" 🗋 图标，在打开的对话框"类型"中选择"装配"，"子类型"中选择"设计"，在名称栏中输入零件的名称"gaosuzhouxi"，取消"使用默认模板"选择，单击"确定"按钮，在弹出的对话框中选择"mmns_asm_design"，单击"确定"按钮，完成新建装配文件任务。

2. 置入齿轮轴

单击"模型"功能选项卡中的"组装" 🖾 图标，选择"chilunzhou. prt"零件，在元件参考装配位置栏中选择"默认" 🖾 图标，高速轴装配效果如图 5-145 所示。

3. 置入轴承

单击"模型"功能选项卡中的"组装" 🖾 图标，选择"30208-1. asm"子装配体，在操控板中单击"放置"。选择轴的中心线和轴承的中心线，如图 5-146 中 1 所示，约束类型为"重合"；选择轴上的轴肩面和轴承内圈上的端面，如图 5-146 中 2 所示，约束类型为"重合"。查看约束状况为"完全约束"，单击"确认"按钮，高速轴承装配效果如图 5-147 所示。

图 5-145　高速轴装配效果

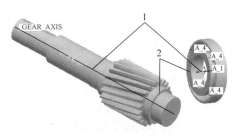

图 5-146　高速轴承配合设置

4. 置入另一端轴承

同理，在轴的另一端装配轴承"30208-2. asm"子装配体，高速轴系装配效果如图 5-148 所示。

图 5-147　高速轴承装配效果

图 5-148　高速轴系装配效果

5. 保存"gaosuzhouxi. asm"装配体

单击"保存" 🖫 ，保存"gaosuzhouxi. asm"文件。

5.2.3　一级圆柱齿轮减速器装配体设计

1. 新建"jiansuqi. asm"文件

工作文件夹的建立与低速轴系子装配体文件夹的建立方法相同。单击"新建" 🗋 图标，在打开的对话框"类型"中选择"装配"，"子类型"中选择"设计"，在名称栏中输入零件的名称"jiansuqi"，取消"使用默认模板"选择，单击"确定"按钮，在弹出的对话框中选择"mmns_asm_design"，单击"确定"按钮，完成新建装配文件任务。

2. 置入箱座零件

单击"模型"功能选项卡中的"组装" 🖳 图标，选择"xiangzuo. prt"零件，在操控板中单击"放置"，依次选取"xiangzuo. prt"的坐标系和装配系统坐标系，"约束类型"为"重合"，箱座装配效果如图 5-149 所示。

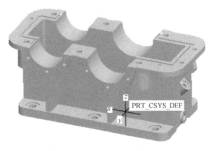

3. 置入"disuzhouxi. asm"子装配体

单击"模型"功能选项卡中的"组装" 🖳 图标，选择"disuzhouxi. asm"子装配体，在操控板中的"用户定义"栏中选取"销"，选择轴的中心线和箱座对应的轴线，如图 5-150 中 1 所示，约束类型为"重合"；选择齿轮对称基准面和箱座对称基准面，如

图 5-149　箱座装配效果

图 5-150 中 2 所示，约束类型为"重合"。查看约束状况为"完全约束"，单击"确认"按钮，低速轴系装配效果如图 5-151 所示。

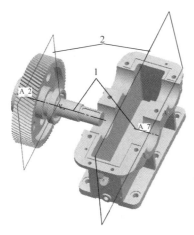

图 5-150　低速轴系配合设置

图 5-151　低速轴系装配效果

4. 置入"gaosuzhouxi. asm"子装配体

单击"模型"功能选项卡中的"组装" 🖳 图标，选择"gaosuzhouxi. asm"子装配体，在操控板中的"用户定义"栏中选取"销"，选择轴的中心线和箱座对应的轴线，如图 5-152 中

1 所示，约束类型为"重合"；选择齿轮对称基准面和箱座对称基准面，如图 5-152 中 2 所示，约束类型为"重合"。选择大齿轮的"HF_DTM"基准面和小齿轮的"HA_DTM"基准面，如图 5-153 所示，约束类型为"重合"。查看约束状况为"完全约束"，单击"确认"按钮，高速轴系装配效果如图 5-154 所示。

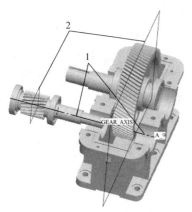

图 5-152　高速轴系配合设置　　图 5-153　大、小齿轮轮齿啮合设置　　图 5-154　高速轴系装配效果

5. 置入低速轴轴承盖

单击"模型"功能选项卡中的"组装" 🖼 图标，选择"fengai_da. prt"，在操控板中单击"放置"。选择箱座大轴孔的中心线和轴承盖的中心线，如图 5-155 中 1 所示，约束类型为"重合"；选择箱座大轴孔支座的螺钉孔的中心线和轴承盖螺钉孔的中心线，如图 5-155中 2 所示，约束类型为"重合"；选择箱座轴承支座端面和轴承盖的内端面，如图 5-155 中3 所示，约束类型为"重合"。查看约束状况为"完全约束"，单击"确认"按钮，低速轴轴承盖装配效果（一）如图 5-156 所示。

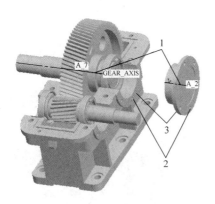

图 5-155　低速轴轴承端盖配合设置（一）　　　　图 5-156　低速轴轴承盖装配效果（一）

6. 置入低速轴另一端轴承盖

单击"模型"功能选项卡中的"组装" 🖼 图标，选择"tougai_da. prt"，在操控板中单击"放置"。选择箱座大轴孔的中心线和轴承盖的中心线，如图 5-157 中 1 所示，约束类型为"重合"；选择箱座大轴孔支座的螺钉孔的中心线和轴承盖螺钉孔的中心线，如图 5-157

中 2 所示，约束类型为"重合"；选择箱座轴承支座端面和轴承盖的内端面，如图 5-157 中 3 所示，约束类型为"重合"。查看约束状况为"完全约束"，单击"确认"按钮，低速轴轴承盖装配效果（二）如图 5-158 所示。

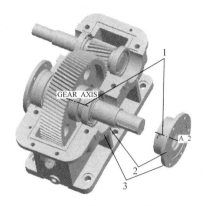

图 5-157　低速轴轴承端盖配合设置（二）　　　　图 5-158　低速轴轴承盖装配效果（二）

7. 置入高速轴两轴承盖

同理，在高速轴两端装配轴承盖，如图 5-159 所示，高速轴轴承盖装配效果如图 5-160 所示。

图 5-159　高速轴轴承盖配合设置　　　　　　图 5-160　高速轴轴承盖装配效果

8. 置入箱盖

单击"模型"功能选项卡中的"组装" 图标，选择"xianggai.prt"，在操控板中单击"放置"。选择箱座小轴孔的中心线和箱盖小轴孔的中心线，如图 5-161 中 1 所示，约束类型为"重合"；选择轴承盖的内面和箱盖的侧面，如图 5-161 中 2 所示，约束类型为"重合"；选择箱座端面和箱盖的端面，如图 5-161 中 3 所示，约束类型为"重合"。查看约束状况为"完全约束"，单击"确认"按钮，箱盖装配效果如图 5-162 所示。

9. 置入垫片

单击"模型"功能选项卡中的"组装" 图标，选择"dianpian.prt"，在操控板中单击"放置"。选择箱盖观察孔螺钉孔的中心线和垫片通孔的中心线，如图 5-163 中 1 所示，约束类型为"重合"；选择箱盖观察孔另一螺钉孔的中心线和垫片相对应另一通孔的中心线，如图 5-163 中 2 所示，约束类型为"重合"；选择箱盖观察孔端面和垫片端面，

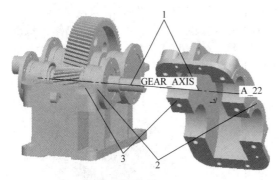

图 5-161　箱盖配合设置

图 5-162　箱盖装配效果

如图 5-163 中 3 所示，约束类型为"重合"。查看约束状况为"完全约束"，单击"确认"按钮，垫片装配效果如图 5-164 所示。

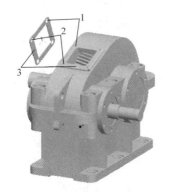

图 5-163　垫片配合设置

图 5-164　垫片装配效果

10. 置入检查孔盖

单击"模型"功能选项卡中的"组装"　图标，选择"jianchakonggai. prt"，在操控板中单击"放置"。选择箱盖观察孔螺钉孔的中心线和检查孔盖螺钉孔的中心线，如图 5-165中 1 所示，约束类型为"重合"；选择箱盖观察孔另一螺钉孔的中心线和检查孔盖相对应另一螺钉孔的中心线，如图 5-165 中 2 所示，约束类型为"重合"；选择箱盖观察孔端面和检查孔盖端面，如图 5-165 中 3 所示，约束类型为"重合"。查看约束状况为"完全约束"，单击"确认"按钮，检查孔盖装配效果如图 5-166 所示。

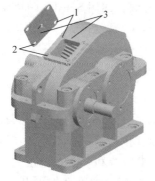

图 5-165　检查孔盖配合设置

图 5-166　检查孔盖装配效果

11. 置入通气器

单击"模型"功能选项卡中的"组装" 图标，选择"tongqiqi. prt"，在操控板中单击"放置"。选择检查孔盖中心孔的中心线和通气器的轴线，如图 5-167 中 1 所示，约束类型为"重合"；选择检查孔盖的上表面和通气器的轴肩，如图 5-167 中 2 所示，约束类型为"重合"。查看约束状况为"完全约束"，单击"确认"按钮，通气器装配效果如图 5-168 所示。

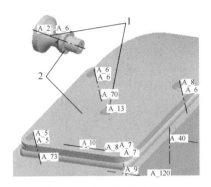

图 5-167　通气器配合设置

图 5-168　通气器装配效果

12. 置入油塞

单击"模型"功能选项卡中的"组装" 图标，选择"fengyoudianquan. prt"，在操控板中单击"放置"。选择箱座放油孔的中心线和封油垫圈的轴线，如图 5-169 中 1 所示，约束类型为"重合"；选择箱座放油孔的端面和封油垫圈的端面，如图 5-169 中 2 所示，约束类型为"重合"。单击"确认"按钮。

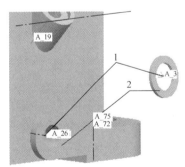

图 5-169　封油垫圈配合设置

单击"模型"功能选项卡中的"组装" 图标，选择"yousai. prt"，在操控板中单击"放置"。选择箱座放油孔的中心线和油塞的轴线，如图 5-170 中 1 所示，约束类型为"重合"；选择封油垫圈的端面和油塞的轴肩，如图 5-170 中 2 所示，约束类型为"重合"。单击"确认"按钮，油塞装配效果如图 5-171 所示。

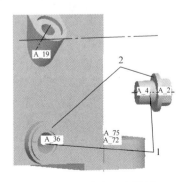

图 5-170　油塞配合设置

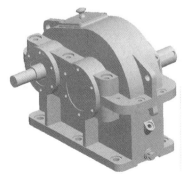

图 5-171　油塞装配效果

13. 置入油标

单击"模型"功能选项卡中的"组装" 图标，选择"youbiao.prt"，在操控板中单击"放置"。选择箱座油标孔的中心线和油标的轴线，如图5-172中1所示，约束类型为"重合"；选择箱座油标孔的端面和油标的轴肩，如图5-172中2所示，约束类型为"重合"。单击"确认"按钮，油标装配效果如图5-173所示。

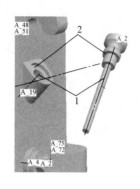

图5-172　油标配合设置

图5-173　油标装配效果

14. 置入螺栓、螺钉

端部有两个M10×35的连接螺栓、垫片和螺母；上箱座有6个M12×125的连接螺栓、垫片和螺母；轴承盖与上箱座有24个M8×25的连接螺钉；检查孔盖与上箱体有4个M6×20的连接螺钉；1个M10×30的起盖螺钉。按照上述装配方法，选择相对应型号螺栓、垫片和螺母零件进行装配设计。减速器装配体的最终效果图如图5-174所示（本例中一级圆柱齿轮减速器装配体的模型，读者可网站下载"CH05\Gearbox_asm"文件夹中的"jiansuqi.asm"文件参考学习），减速器装配体的爆炸图如图5-175所示。

15. 保存"jiansuqi.asm"装配体

单击"保存" ，保存"jiansuqi.asm"文件。

图5-174　减速器装配体的最终效果图

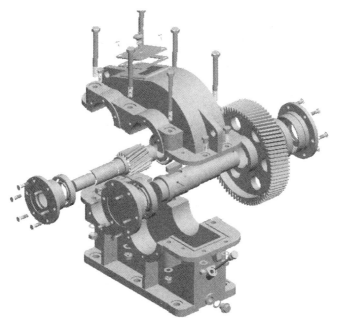

图 5-175　减速器装配体的爆炸图

第6章　编写设计计算说明书和准备答辩

6.1　编写设计计算说明书

设计计算说明书是产品设计的重要技术文件之一，是图样设计的理论依据，是对设计计算的整理和总结，它向审核人员展示设计的合理性，也向设备的使用人员提供技术支持。因此，编写设计计算说明书是设计工作的一个重要组成部分。

在课程设计中，设计计算说明书需要反映设计思想、设计方案、主要设计计算过程以及结果。审阅教师将根据设计计算说明书内容来判断整个设计的质量，学生通过编写设计计算说明书，整理和完善设计并为答辩做好准备。编写课程设计计算说明书可以培养学生整理技术资料、编写技术文件的能力，是一项十分重要的训练环节。

6.1.1　设计计算说明书的内容

设计计算说明书大致包括以下内容：

1）前言（描述设计目的、背景和意义等，便于读者了解）。

2）目录（标题和页码）。

3）正文

① 设计任务书（主要包括设计题目、原始数据、适用条件等）。

② 机械运动方案的拟定（主要从功能原理上分析对比并拟定机构运动简图）。

③ 机械运动和动力设计（如原动机类型及参数的确定，执行机构的尺度综合，机构的运动学及动力学分析，平衡计算，飞轮调速等）。

④ 机械传动系统方案设计（传动比计算及各级传动比分配，各级传动装置的功率和速度参数计算）。

⑤ 传动零件的设计计算（主要包括传动零件的设计与校核计算，轴的设计及校核计算，滚动轴承的选择与计算，联轴器的选择，键连接的设计计算等）。

⑥ 结构设计（根据计算确定主要零、部件形状和尺寸及箱体尺寸，一般结构只需画在图样上，重要的可在说明书中说明）。

⑦ 机器的润滑及密封（包括润滑及密封的方式、润滑剂的牌号及用量）。

⑧ 其他需要说明的内容（包括运输、安装和使用维修要求，本设计的优缺点和改进建议）。

⑨ 附件的选择及说明。

⑩ 设计小结（简要说明课程设计的体会，本设计的优缺点分析，今后改进的意见等）。

⑪ 参考资料及文献（对于著作，应为：作者. 书名［M］. 版次. 出版地：出版者，出版年；对于期刊论文，应为：作者. 文章名［J］. 期刊名，年，卷（期）：起止页）。

其中⑦、⑧、⑨、⑩内容可根据指导教师的要求而定。

6.1.2　设计计算说明书的要求和注意事项

1. 设计计算说明书的要求

编写设计计算说明书，要求设计计算正确、叙述文字简明和通顺、字义准确；书写整齐、清晰。应使用统一的稿纸，并按设计顺序和规定的格式进行编写。

2. 主要内容

设计计算说明书以计算为主要内容，写出整个计算过程并附加必要的说明。对每一处自成单元的内容，都应有大小标题、编写序号，使整个过程条理清晰。

3. 计算内容

对于计算部分，只需写出公式，代入相关数据，省略计算过程，直接写出计算结果并注明单位，在结果栏中写出简短的分析结论并说明计算合理与否（如满足强度、符合要求等）。

4. 引用内容的书写方法

对于引用的数据和公式，应注明来源（如参考资料的编号及页数、图号、表号等），并写在说明书右边的结果栏内，或在该公式或数据的右上角的方括号"［　］"中注出参考文献的编号。

5. 重要数据的书写方法

对所选用的主要参数、尺寸、规格及计算结果等，可写在右边的结果栏内或采用表格形式列出，也可写在相关的计算之中。

6. 附加简图表示法

为了清楚地表示计算内容，设计计算说明书中应附有必要的简图（如机构运动简图、运动件的受力分析图、传动零件结构图、轴的结构图、轴的受力分析图、弯矩图、转矩图等）。在简图中，对主要零件应统一编号，以便在计算中引用或做脚注使用。

7. 参量表示方法

所有计算中用到的参量符号和脚注，必须前后一致，各参量的数值应标明单位并且统一，写法要一致。

8. 说明书的纸张格式

设计计算说明书要用蓝色笔或黑色笔写在规定格式的设计专用纸上，编好目录，标出页码，加好封面并与设计图样一起装订成册或装入技术档案袋内，交由指导教师审定和评阅。设计计算说明书封面格式如图 6-1 所示，设计计算说明书专用纸格式如图 6-2 所示。

图 6-1　设计计算说明书封面格式（供参考）

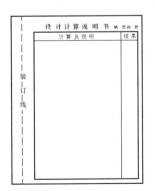

图 6-2　设计计算说明书专用纸格式（供参考）

6.1.3　设计计算说明书书写格式示例

设计计算说明书书写格式见表 6-1。

表 6-1　设计计算说明书书写格式

计算及说明	结果
……	

3) 确定电动机转速 n_d

已知卷筒转速 $n = 70 \text{r/min}$

二级减速器的总传动比合理范围是 $i_a = 9 \sim 25$

因此带式输送机传动装置的电动机转速合理范围为

$$n_d = i_a n = (9 \sim 25) n = 630 \sim 1750 \text{r/min}$$

由附表 A-1 可知,在该范围内的转速有 1000r/min、1500r/min。其主要数据及计算的减速器传动比见表×-×。

表×-×　传动方案比较

方案	电动机型号	功率 P_{ed}/kW	同步转速/(r/min)	减速器传动比 i_a
1	YE3-160M-4	11	1500	21.43
2	YE3-160L-6	11	1000	14.29

通过比较得知:方案 2 选用的电动机转速较低,传动比适中,故选方案 2 较合理。

……

$$\sigma_{F1} = \frac{2KT_1}{bm^2 z_1} Y_F Y_S Y_\varepsilon Y_\beta = \frac{2 \times 1.48 \times 99479}{70 \times 2.5^2 \times 27} \times 2.52 \times 1.625 \times 0.68 \times 0.88 \text{MPa}$$

$$\sigma_{F2} = \sigma_{b1} \frac{Y_{F2} Y_{S2}}{Y_{F1} Y_{S1}} = 61.08 \times \frac{2.17 \times 1.80}{2.52 \times 1.625} \text{MPa}$$

结果:
$\sigma_{F1} = 61.08 \text{MPa}$
$\sigma_{F2} = 58.3 \text{MPa}$
安全

因 $\sigma_{F1} < [\sigma_{F1}]$,$\sigma_{F2} < [\sigma_{F2}]$,故齿根弯曲强度合格。

……

图×-×

6.2　准备答辩

答辩是课程设计的最后环节,通过设计答辩,教师可以了解学生对设计知识掌握的程度，了解学生完成设计的真实情况，也可促使学生对自己的设计能力有全面的认识。通过答辩，找出设计计算和图样中存在的问题，进一步把还不懂或尚未考虑到的问题搞清楚，可以收获更多的知识。因此，指导教师和学生对机械综合课程设计的答辩要予以重视，并积极地做好答辩准备。

6.2.1　设计答辩内容

答辩前，学生可系统地回顾和总结下面的内容：方案确定、材料选择、受力分析、工作能力计算、主要参数及尺寸的确定、主要结构设计、设计资料和标准的运用、工艺性等各方面的知识。

指导教师一般着重考查以下几个方面的问题：

1）机械运动方案的确定是否合理。

2）运动件的速度、受力分析是否正确。

3）设计传动装置的结构、基本理论和基本方法是否正确。

4）设计的结构是否满足装配关系和制造工艺。

5）绘制工程图样的能力。

6）使用设计资料和国家标准的能力。

7）答辩时的语言表达能力。

6.2.2　设计资料的准备

1. 图纸折叠方法

（1）不留装订边　按格式（图6-3）折叠成 A4 幅面大小的图纸，要保证折好的图纸标题栏面位于最上位置，同时确保为 A4 整幅面，以便查阅明细。

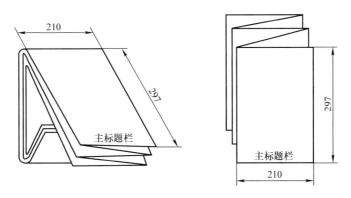

图 6-3　不留装订边图纸折叠方法

（2）留装订边　图 6-4 所示为 A0 幅面图纸的折叠顺序，其目的是方便打开。同样需保证折好的图纸标题栏面位于最上位置以及确保为 A4 整幅面，折叠时需注意装订线不能被上面折好的图纸盖住。具体折叠顺序可以先按竖线折叠，再折斜线，最后横线折叠。

2. 图纸入袋顺序

将图纸放入统一的纸袋中，顺序与装订顺序相同。

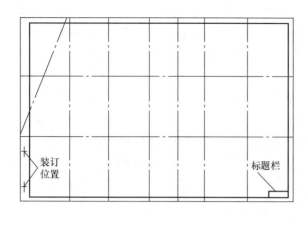

图 6-4　留装订边图纸折叠方法

6.2.3　课程设计成绩的评定

　　课程设计的成绩是按五分制评定的，根据设计图样（或虚拟样机）、设计计算说明书、答辩中回答问题的情况综合而定，一般各有分值，全面评价，课程设计成绩评定考核点及分值权重见表6-2。

　　审核教师会先根据原始设计参数查看设计计算说明书中的计算是否正确，其次根据计算数据查看装配图中的结构是否满足计算要求，各零件的结构和装配关系是否合理，最后根据装配尺寸和设计结构审阅零件图，查看零件图结构和标注是否满足装配和加工要求。

表 6-2　课程设计成绩评定考核点及分值权重

考核点	设计态度	查阅资料及独立设计能力	设计图样(或虚拟样机)质量	设计计算说明书质量	答辩	总评
分值权重	10%	10%	35%	35%	10%	五分制

6.2.4　答辩思考题

1. 机构设计

1）机械一般由哪几部分组成？各部分的功能是什么？

2）可选的总体方案有哪些？各有什么优缺点？

3）实现同一设计任务可选的机械装置有哪些？各有什么特点？

4）机械系统的设计主要包括哪些内容？设计原则是什么？

5）实现同一设计任务可选用的机构有哪些？各有什么特点？

6）传动装置总体设计方案有哪些？各种传动型式有哪些特点？使用范围如何？

7）执行构件的数目是如何确定的？

8）机构组合的方式有哪些？你在进行方案设计时，采用了哪种组合方式？

9）在你所设计的传动系统中，哪些传动型式具有反行程自锁性？其正行程效率为多少？

10）你的设计方案有何特点？有哪些优缺点？

11）计算你所设计的机构的自由度。

12）在你所设计的机械中，是否需要采用飞轮？为什么？

13）哪些构件需要进行静平衡？哪些构件需要进行动平衡？

14）杆件间的铰链结构型式有哪些？设计时要注意哪些问题？

15）凸轮材料如何选择？廓线如何加工？热处理工艺如何确定？

16）连杆机构的结构设计应注意哪些问题？

17）在进行机构组合时，如何保证各构件之间的运动协调？

18）总体布置时，怎样安排各级传动的先后顺序？链传动和带传动各应布置在高速级还是低速级？

2. 机械传动系统方案设计

1）工业生产中哪种类型原动机用得最多？它有何特点？你在设计中是如何选择原动机的？

2）电动机的额定功率与工作功率有何不同？电动机的工作功率如何确定？传动件按哪种功率设计？

3）如何确定电动机的功率和转速？试分析电动机转速对传动方案的结构尺寸的影响。

4）电动机的额定转速和同步转速有什么不同？设计时应按哪种转速计算？

5）传动装置的总传动比如何确定？怎样分配到各级传动中？分配传动比的原则是什么？

6）怎样计算传动装置的总效率？

7）怎样确定减速器各轴的转速、功率和转矩？高速级与低速级所传递的转矩及功率是否相同？

8）你设计的齿轮传动装置的总传动比是如何确定的？分配传动比时要考虑哪些问题？

3. 传动零件的设计计算与结构设计

1）如何选择联轴器的类型？

2）带传动工作时带受到哪些应力？最大应力发生在何处？

3）带传动的松边和紧边应如何布置？

4）带传动失效的形式及设计准则是什么？

5）小带轮直径选大或选小对设计出的带传动有何影响？

6）带（链）传动的设计内容主要有哪些？如何判断带传动的设计结果是否合理？

7）什么是链传动的运动不均匀性？影响链传动运动不均匀性的主要因素有哪些？链传动失效的主要形式是什么？

8）滚子链传动设计中，如何选择链条节距 p、齿数 z？链传动中心距对传动的工作能力有哪些影响？

9）开式齿轮传动的设计与闭式齿轮传动有何不同？你在设计时采用哪种齿轮传动？遵照哪个设计准则？

10）你所设计的齿轮模数 m 和齿数 z 是如何确定的？

11）齿轮减速器两级传动的中心距是如何确定的？

12）齿轮传动中，若配对齿轮都采用软齿面，其材料和热处理方法如何选择？一对齿轮的齿面硬度为什么要有差别？一般硬度差值为多少为宜？

13）齿轮传动中，若配对齿轮都采用硬齿面，其材料和热处理方法如何选择？

14）齿面硬度的选取对设计结果有何影响？

15）你所设计的一对齿轮啮合中，哪个齿轮的接触应力大？哪个齿轮的弯曲应力大？哪个齿轮更容易发生点蚀？哪个齿轮更容易发生轮齿折断？

16）斜齿轮与直齿轮相比较有哪些优点？斜齿轮的螺旋角应取多大为宜？

17）计算斜齿圆柱齿轮传动的中心距时，若不是整数，应该怎样把它调整为整数？

18）在二级圆柱齿轮减速器中，如果其中一级采用斜齿轮，那么它应该放在高速级还是低速级？为什么？如果两级都采用斜齿轮，那么中间轴上两齿轮的轮齿旋向应如何确定？

19）计算齿面接触疲劳强度和齿根弯曲疲劳强度，各应按哪个齿轮所受的转矩计算？为什么小齿轮的宽度比大齿轮要大？强度应按哪个齿轮的齿宽进行计算？

20）你所设计的传动件上哪些参数是标准的？哪些参数应圆整？哪些参数不应该圆整？

21）在二级圆柱齿轮减速器中，主动轴上的小齿轮布置在靠近转矩输入端还是远离转矩输入端为好？为什么？

22）锻造齿轮与铸造齿轮在结构上有何区别？

23）齿轮的结构型式有哪些？在什么情况下设计成齿轮轴？其有什么优缺点？为什么有时要在腹板式齿轮的腹板上打孔（即孔板式）？

24）齿轮传动的精度等级是怎样确定的？所设计的齿轮应根据什么选择其制造方法？

25）如何选择齿轮类零件的误差检验项目？与齿轮精度的关系如何？

26）蜗杆传动有何特点？在什么情况下宜采用蜗杆传动？大功率时为什么一般不采用蜗杆传动？

27）普通圆柱蜗杆传动的主要参数有哪些？与齿轮传动相比较，有哪些不同之处，为什么？

28）蜗杆传动除强度计算外，为什么还要进行传动效率计算及热平衡计算？

29）蜗杆传动有何优缺点？在齿轮和蜗杆组成的多级传动中，为什么多数情况下是将蜗杆传动放在高速级？

30）锥齿轮传动与圆柱齿轮传动组成的多级传动中，为什么尽可能将锥齿轮传动放在高速级？

31）为什么规定锥齿轮的大端模数为标准值？

32）举例说明齿轮传动（蜗杆传动）的啮合点受力方向如何确定，并说明传动件上的力是如何传递到箱体上的。

33）简单归纳轴的一般设计方法与步骤。

34）什么情况下需将齿轮和轴做成一体？这对轴有何影响？

35）谈谈是如何选择轴的材料及热处理的，其合理性何在？常见的轴的失效形式有哪些？设计中如何防止？

36）为什么轴在初步计算后还要精确校核？进行精确校核时，应力集中系数如何查取？

37）轴的结构设计的一般原则是什么？结合轴零件工作图，说明是如何体现这些原则的。

38）如何判断你所设计的轴及轴上零件已轴向定位？

39）试述中间轴上各零件的装配过程。

40）轴上倒角、圆角、退刀槽、越程槽等结构有何作用？其尺寸如何确定？

41）简述减速器低速轴的受力简图、弯矩图、转矩图是如何绘制的。

42）轴的轴向调整有什么意义？所设计的轴如何进行轴向调整？

43）在轴的零件工作图上，如何标注轴的轴向尺寸和径向尺寸？

44）轴的表面粗糙度和几何公差对轴的加工精度和装配质量有何影响？

45）套筒在轴的结构设计中起什么作用？如何正确设计？

46）当轴与轴上零件之间用键连接，若传递转矩较大而键的强度不够时，应如何解决？

47）如果你所设计的齿轮减速器采用圆锥滚子轴承，试说明一对轴承正装和反装两种布置的优缺点。

48）滚动轴承为什么要留有游隙？游隙的大小怎样确定和调整？

49）同一轴上两端的滚动轴承类型和直径是否应一致？为什么？

50）根据什么确定滚动轴承内径？内径确定后怎样使轴承满足预期寿命的要求？

51）比较轴的单支点双向固定和双支点单向固定的结构特点。你所设计的轴属于哪种型式？

52）滚动轴承外圈与箱体的配合、内圈与轴的配合有什么不同？

4．箱体结构设计

1）为什么箱体外壁至凸缘边缘的距离 $l_1 \geq C_1 + C_2$？

2）为什么减速器的箱体在安装轴承处比较厚？加强肋有何作用？

3）减速器箱座和箱盖的尺寸是怎样确定的？为什么把箱体设计成剖分式？

4）确定箱体的中心高度要考虑哪些因素？

5）为什么在上、下箱体连接时，在结合面上不能加垫片？

6）起盖螺钉的作用是什么？它的头部有什么要求？

7）检查孔的作用是什么？如何确定检查孔的布置位置和尺寸？

8）如何确定螺塞的位置？如何保证螺塞的密封性？通气器的作用是什么？

9）简述减速器所用的螺纹连接的应用特点及防松方法。

10）油标（或油池）的作用是什么？如何避免油面波动对测量结果产生的影响？

11）为什么轴承两旁的连接螺栓要尽量靠近轴承孔中心线？如何合理确定螺栓中心线位置及凸台高度？

12）设计铸造箱体时，如何考虑减少加工面？

13）箱盖与箱座的相对位置如何精确保证？

5．机器的润滑、密封及其他

1）输油沟和回油沟如何加工？设计时应注意哪些问题？

2）怎样使杆式油标能正确量出油面高度？油标放在高速轴一侧还是低速轴一侧，为什么？

3）密封的作用是什么？你的设计中有哪些零、部件需要密封？你是采用何种方法来保证？

4）你设计的传动件是如何润滑的？箱体的润滑油面高度如何确定？

5）轴承是如何进行润滑和密封的？怎样计算轴承需用油润滑还是脂润滑形式？

6）装配图中明细栏有何作用？怎样根据明细栏来调取图样？怎样根据明细栏来统计标准件的数量以便采购？

7）在课程设计中，你最大的收获是什么？

第7章　图解法六杆插床机构分析课程设计示例

7.1　六杆插床机构简介与设计数据

六杆插床机构由齿轮、导杆和凸轮等组成，如图 7-1 所示。电动机经过减速装置使曲柄 1 转动，再通过导杆机构使装有刀具的滑块 5 沿导路 y-y 做往复运动，以实现刀具的切削运动。刀具向下运动时切削，在切削行程 H 中，前后各有一段 0.05H 的空刀距离，无刀具阻力，其余位置刀具阻力 Q 为常数；刀具向上运动时为空回行程，无阻力，并要求刀具有急回运动特性。刀具与工作台之间的进给运动，是由固结于轴 O_2 上的凸轮驱动摆动从动杆和其他有关机构（图 7-1 中未画出）来完成的。六杆插床机构设计数据见表 7-1。

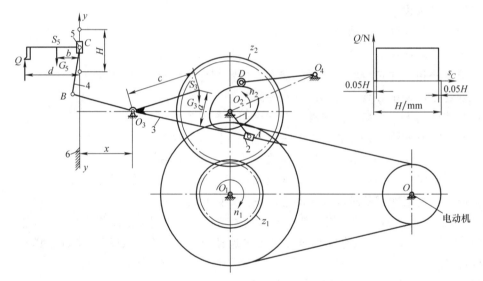

图 7-1　六杆插床机构及其运动简图

1—曲柄　2—滑块　3—导杆　4—连杆　5—滑块（刀具）　6—机架

表 7-1　六杆插床机构设计数据

设计内容	导杆机构的设计及运动分析							
	曲柄转速 n_1/(r/min)	行程速比系数 K	滑块 5 冲程 H/mm	杆长比 l_{BC}/l_{O_3B}	$l_{O_2O_3}$	a	b	c
					mm			
数据	60	2	100	1	150	50	50	125
设计内容	导杆机构的动态静力分析及飞轮转动惯量的确定					
	导杆 3 的重力 G_3/N	滑块 5 的重力 G_5/N	导杆 3 的转动惯量 J_{S_3}/(kg·mm²)	d/mm	阻力 Q/N	运转不均匀系数 δ
数据	160	320	140000	120	1000	1/25

7.2　六杆插床机构的设计内容与步骤

7.2.1　导杆机构的设计与运动分析

已知：行程速比系数 K，滑块冲程 H，中心距 $l_{O_2O_3}$，比值 l_{BC}/l_{O_3B}，各构件重心 S 的位置，曲柄转速 n_1。

要求：设计导杆机构，作机构各个位置的速度和加速度多边形，作滑块的运动线图。以上内容与后面动态静力分析一起画在 2 号图纸上（图 7-10）。

步骤：

（1）设计导杆机构　按已知数据确定导杆机构的各未知参数，其中滑块 5 的导路 y-y 的位置可根据连杆 4 传力给滑块 5 的最有利条件来确定，即 y-y 应位于 B 点所画圆弧高 DF 的平分线上（图 7-2）。

该插床机械的执行机构上极限位置如图 7-2 所示，分析步骤如下。

1）极位夹角 $\theta = 180° \times \dfrac{K-1}{K+1} = 60°$。

2）在导杆机构中，当曲柄两次转到与导杆垂直时，导杆摆到两个极限位置，可推得导杆摆角等于极位夹角 θ，则曲柄长度为

$$l_{O_2A} = l_{O_2A_1} = l_{O_2O_3} \times \sin(\theta/2) = 75\text{mm}$$

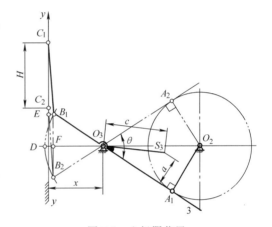

图 7-2　上极限位置

3）确定 l_{O_3B} 的长度。当滑块 5 在上极限位置 C_1 和下极限位置 C_2 时，B_1、B_2 两点是导杆 B 点的两个极限位置，因此 $B_1B_2C_2C_1$ 为平行四边形，且 $C_1C_2 = H$，则

$$B_1B_2 = C_1C_2 = H = 100\text{mm}$$

$$l_{O_3B} = \frac{H/2}{\sin(\theta/2)} = 100\text{mm}$$

$$l_{BC} = l_{O_3B} \times (l_{BC}/l_{O_3B}) = 100\text{mm}$$

$$x = l_{O_3B} - \left[\frac{l_{O_3D} - l_{O_3B_1} \times \cos(\theta/2)}{2}\right] \approx 93.3\text{mm}$$

（2）作机构运动简图　选取长度比例尺 $\mu_l(\text{m/mm})$，按表 7-2 所分配的曲柄位置用粗实线画出机构运动简图。曲柄 1 位置的作法如图 7-3 所示，取滑块 5 在上极限位置时所对应的曲柄位置为起始位置 1，按逆时针转向将曲柄圆周 12 等分，得 12 个曲柄位置，位置 9 对应于滑块 5 处于下极限位置，再作出开始切削和终止切削所对应的 1′和 8′两个位置，共计 14 个曲柄位置（表 7-2），可以 14 个学生为一组，每个学生负责 1 个位置。（注意：该分组只针对本组设计数据。）

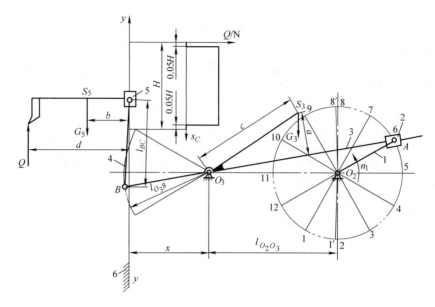

图 7-3　曲柄 1 位置的作法

表 7-2　曲柄位置分配表

学 生 序 号	1	2	3	4	5	6	7	8	9	10	11	12	13	14
速度图（位置）	1	2	3	4	5	6	7	8	9	10	11	12	1'	8'
加速度图（位置）	1	2	3	4	5	6	7	8	9	10	11	12	1'	8'
力分析图（位置）	1	2	3	4	5	6	7	8	9	10	11	12	1'	8'

（3）作滑块的运动线图　为了能直接从机构运动简图上量取滑块位移，取位移比例尺 $\mu_s = \mu_l$（m/mm），根据机构及滑块 5 上 C 点的各对应位置，作出滑块的运动线图 $s_C(t)$（图 7-4a），然后根据 $s_C(t)$ 线图用图解微分法（具体做法参考 7.3 节的弦线法）作滑块的速度 $v_C(t)$ 线图（图 7-4b），并将其结果与相对运动图解法的结果比较。在取点时，考虑到导杆和滑块的急回作用，可以细分若干点，如 9^+、10^+、11^+……点。

（4）用相对运动图解法作速度、加速度多边形　选取速度比例尺 $\boldsymbol{\mu}_v$ [（m/s）/mm] 和加速度比例尺 $\boldsymbol{\mu}_a$ [（m/s²）/mm]，下面以图 7-3 中曲柄在位置 6 时导杆机构其余杆件所处的位置为例，说明用相对运动图解法求机构的速度和加速度的方法，作该位置的速度和加速度多边形（图 7-5），并将结果列入表 7-3 中。

1）求 $\boldsymbol{v}_A$。

$$v_A = r\omega_1$$

其中

$$\omega_1 = 2\pi n_1 / 60$$

2）列出矢量方程，求 $\boldsymbol{v}_{A_3}$ 和 $\boldsymbol{a}_{A_3}$。

$$\boldsymbol{v}_{A_3} = \boldsymbol{v}_{A_2} + \boldsymbol{v}_{A_3 A_2} \qquad\qquad \boldsymbol{a}_{A_3}^n + \boldsymbol{a}_{A_3}^t = \boldsymbol{a}_{A_2} + \boldsymbol{a}_{A_3 A_2}^k + \boldsymbol{a}_{A_3 A_2}^r$$

大小　?　　$\omega_1 l_{O_2 A}$　　?　　　　　大小 $\omega_3^2 l_{O_3 A}$　?　　$\omega_1^2 l_{O_2 A}$　$2\omega_2 v_{A_3 A_2}$　?

方向　$\perp O_3 A$　$\perp O_2 A$　$/\!/ O_3 A$　　　方向 $A \rightarrow O_3$　$\perp O_3 A$　$A \rightarrow O_2$　$\perp O_3 A$　$/\!/ O_3 A$

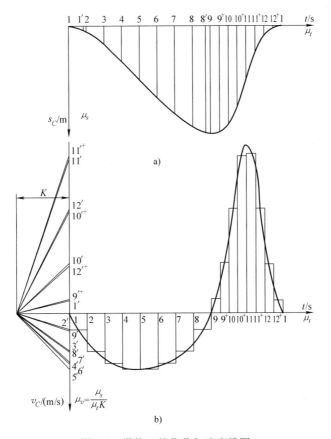

图 7-4　滑块 5 的位移与速度线图

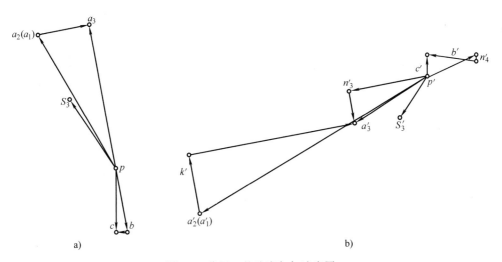

图 7-5　位置 6 的速度与加速度图

a）速度图　b）加速度图

表 7-3　相对运动图解法计算参数汇总

位置	项　目											
	曲柄 1 的 角速度 ω_1 /(rad/s)	各构件及构件间速度关系						导杆 3 的 角速度 ω_3 /(rad/s)		滑块 2 的 加速度 a_{A_2}	哥氏加速度 $a^k_{A_3A_2}$	法向加速度 $a^n_{A_3}$
		v_{A_2}	$v_{A_3A_2}$	v_{A_3}	v_{CB}	v_C	v_{S_3}	大小	方向			
		m/s								m/s²		

位置	项　目					
	切向加速度 $a^t_{A_3}$	法向加速度 a^n_{CB}	滑块 5 的加速度 a_C	导杆 3 质心处的 加速度 a_{S_3}	导杆 3 的角加速度 ε_3/(rad/s²)	
					大小	方向
	m/s²					

用速度影像法求 v_B 和 v_{S_3}，用加速度影像法求 a_B 和 a_{S_3}。

3）列出矢量方程，求 v_C 和 a_C。

$$v_C \;=\; v_B \;+\; v_{CB} \qquad\qquad a_C \;=\; a_B \;+\; a^n_{CB} \;+\; a^t_{CB}$$

大小　?　影像法　　?　　　　　大小　?　　　√　　$\omega_4^2 l_{CB}$　　?

方向　//y-y　⊥O_3B　⊥CB　　　方向　//y-y　影像法　$C{\to}B$　⊥CB

构件 3 的角加速度 $\varepsilon_3 = \dfrac{a^t_{A_3}}{l_{O_3A}}$。

4）绘制滑块 5 的加速度 a_C 线图。汇集同组其余 13 位同学用相对运动图解法求得的各个位置的加速度，列于表 7-4 中，并绘制加速度线图。

表 7-4　滑块 5 的加速度 a_C 数据汇总

位置	1	2	3	4	5	6	7	8	9	10	11	12	1′	8′
a_C														

7.2.2　导杆机构的动态静力分析

已知：各构件重力 G 及其对中心轴的转动惯量 J_S（表中未列出的构件的重量和转动惯量可略去不计）、阻力线图（图 7-1 中 H-Q 曲线）及已得出的机构尺寸、速度和加速度。

要求：确定所分配机构位置的各运动副反力及应加于曲柄上的平衡力矩，作图部分画在运动分析的图样上，整理说明书。

1）绘制阻力线图。选取阻力比例尺 μ_Q(N/mm)，根据给定的切削阻力 Q 和滑块行程 H 绘制阻力线图。

2）确定惯性力和惯性力偶矩。根据各构件重心的加速度及角加速度，确定各构件的惯性力 P_i 和惯性力偶矩 M_i，并将结果列于表 7-5 中。

构件 5 的惯性力 $P_{i5} = -\dfrac{G_5}{g} a_C$。

构件 3 的惯性力 $P_{i3} = -\dfrac{G_3}{g} a_{S_3}$，惯性力偶矩 $M_{i3} = -J_{S_3} \varepsilon_3$，$l_{h3} = \dfrac{M_{i3}}{P_{i3}}$

表 7-5　构件惯性力 P_i 和惯性力偶矩 M_i 及其合力至重心的距离 l_{h3}

位置	项　　　目				
	构件 3 的惯性力 P_{i3}/N	构件 5 的惯性力 P_{i5}/N	构件 3 的惯性力偶矩 M_{i3}/N·m		l_{h3}/m
			大小	方向	

3）如图 7-6 所示，以位置 6 为例，按静定条件将机构分解为两个构件组 5、4 和 3、2 及作用有平衡力的曲柄 1。

① 以构件组 4、5 为示力体，求运动副中的反力 R_{65}、R_{34}。

列矢量方程 $R_{34}+Q+G_5+P_{i5}+R_{65}=0$

取力比例尺作力多边形，可求得 R_{65}、R_{34}。

再由 $\sum M_C=(G_5+P_{i5})b+R_{65}e-Qd=0$，可求得 e。

② 以构件组 2、3 为示力体，求运动副中的反力 R_{63}、R_{23}。

由 $\sum M_{O_3}=R_{43}l_{43}+G_3l_G-P'_{i3}l_{i3}-R_{23}l_{23}=0$，可求得 R_{23}。

列矢量方程 $R_{43}+G_3+P_{i3}+R_{23}+R_{63}=0$

取力比例尺作力多边形，可求得 R_{63}。

③ 以曲柄 1 为示力体，求加在曲柄上的平衡力矩 M_y。

分析曲柄 1 的力平衡关系，有 $R_{61}=-R_{21}$，及 $M_y=R_{21}l_{h1}$。

④ 对于开始切削与终止切削的两个特殊位置，其阻力值有两个（其中一个为零），应分别进行计算。将所求位置的机构阻力、各运动副中的反作用力及平衡力矩 M_y 的结果列于表 7-6 中。

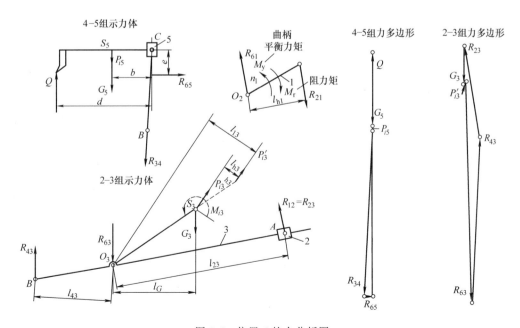

图 7-6　位置 6 的力分析图

表 7-6　　机构阻力、各运动副中的反作用力和平衡力矩 M_y 的结果

位置	项　　　　　目							
	Q/N	$R_{34}=R_{43}$ /N	$R_{65}=R_{56}$ /N	力 R_{65} 作用线 至点 C 距离 e/m	$R_{32}=R_{12}$ /N	$R_{63}=R_{36}$ /N	$M_y/N \cdot m$	
							大小	方向

7.2.3　飞轮设计

已知：机器的运转不均匀系数 δ、平衡力矩 M_y、飞轮安装在曲柄轴上，驱动力矩 M_d 为常数。

要求：用惯性力法求飞轮转动惯量 J_F。以上内容标在 3 号图纸上（图 7-11）。

1）汇集同组其他 13 位同学求得的各机构位置的平衡力矩 M_y（$-M_y$ 即为动态等效阻力矩 M_r）列于表 7-7 中（注意：在切削起点与切削终点等效阻力矩应有双值）。

表 7-7　等效构件 1 的等效阻力矩 M_r 数据汇总

位置	1	2	3	4	5	6	7	8	9	10	11	12	1′	8′
M_r														

2）以力矩比例尺 μ_M [（N·m)/mm] 和角度比例尺 μ_φ（rad/mm）绘制一个运动循环的动态等效阻力矩 $M_r(\varphi)$ 线图（图 7-7a）。

3）对 $M_r(\varphi)$ 用图解积分法求出在一个运动循环中的阻力功 $A_r(\varphi)$ 线图（图 7-7b）。图解积分法为图解微分法的逆过程。

取极距 K（mm），由于 $M = \dfrac{dA}{d\varphi} = \dfrac{\mu_A dy}{\mu_\varphi dx} = \dfrac{\mu_A}{\mu_\varphi K} K \tan\alpha = \mu_M K \tan\alpha$，其中 $\mu_M = \dfrac{\mu_A}{\mu_\varphi K}$，故取 A-φ 曲线纵坐标比例尺 $\mu_A = K\mu_\varphi\mu_M$。

4）绘制驱动力矩 M_d 所做的驱动功 $A_d(\varphi)$ 线图。假设驱动力矩 M_d 恒定，因为插床机构在一个运动循环周期内做功相等，所以驱动力矩在一个周期内的做功曲线为一斜直线，并且与 A_r 曲线的终点相交，如图 7-7b 中 A_d 所示，根据导数关系可以求出 M_d 曲线（为一水平直线），如图 7-7a 所示。

5）求最大动态剩余功 $[A'_{max}]$。取比例尺 $\mu_{A'} = \mu_A$，将图 7-7b 中 A_d 与 A_r 两线段直接相减，即得一个运动循环中的动态剩余功 A' 线图（图 7-7c）。该图的纵坐标最高点与最低点的距离，即表示最大动态剩余功 $[A'_{max}]$。

6）计算飞轮的转动惯量 J_F。由所得的 $[A'_{max}]$，按照式（7-1）确定飞轮的转动惯量，即

$$J_F = \frac{900[A'_{max}]}{\delta\pi^2 n_1^2} \tag{7-1}$$

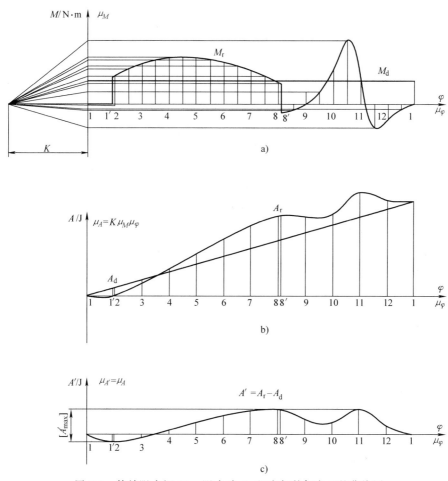

图 7-7　等效阻力矩 M_r、阻力功 A_r 和动态剩余功 A' 的曲线图

7.3　图解微分法简介

下面以图 7-8 为例来说明图解微分法的作图步骤。图 7-8a 所示为某一位移线图，曲线上任一点的速度可表示为

$$v = \frac{\mathrm{d}s}{\mathrm{d}t} = \frac{\mu_s \mathrm{d}y}{\mu_t \mathrm{d}x} = \frac{\mu_s}{\mu_t}\tan\alpha = \frac{\mu_s}{\mu_t K}K\tan\alpha = \mu_v K\tan\alpha \qquad (7\text{-}2)$$

其中 $\mathrm{d}y$ 和 $\mathrm{d}x$ 为 $s=s(t)$ 线图中代表微小位移 $\mathrm{d}s$ 和微小时间 $\mathrm{d}t$ 的线段，α 为曲线 $s=s(t)$ 在所研究位置处切线的倾角。

式（7-2）表明，曲线在每一位置处的速度 v 与曲线在该点处的斜率成正比，即 $v \propto \tan\alpha$。为了用线段表示速度，引入极距 K（mm），式（7-2）中 μ_v 为速度比例尺，则 $\mu_v = \mu_s / (\mu_t K)$[（m/s）/mm]。该式说明，当 K 为直角三角形中 α 角的相邻直角边时，$K\tan\alpha$ 为角 α 的对边。由此可知，在曲线的各个位置，其速度 v 与以 K 为底边、斜边平行于 $s=s(t)$ 曲线在所研究点处切线的直角三角形的对边高度 $K\tan\alpha$ 成正比。式（7-2）是图解微分法的理论依据，因此可由位移线图作得速度线图（$v\text{-}t$ 曲线），其作图过程如下：

先建立速度线图的坐标系 v-t（图 7-8b），其中分别以 μ_v 和 μ_t 作为 v 轴和 t 轴的比例尺，然后沿 μ_t 轴向左延长至点 M，使 $MO = K$（mm），距离 K 称为极距，点 M 为极点。过点 M 作 $s = s(t)$ 曲线（图 7-8a）上各位置切线的平行线 $M1''$、$M2''$、$M3''$……在纵坐标轴上截得线段 $01''$、$02''$、$03''$……由前面分析可知，这些线段分别表示曲线在 $1'$、$2'$、$3'$……位置时的速度，然后将对应坐标点（如 $1''$ 和 1）投影相交，从而很容易画出速度线图（图 7-8b）。

上述图解微分法也称为切线法。该法要求在曲线的任意位置处很准确地作出曲线的切线，这常常是非常困难的，因此实际上常用"弦线"代替"切线"，即采用弦线法，弦线法作图方便且能满足要求。

依次连接图 7-9a 中 $s = s(t)$ 曲线上相邻

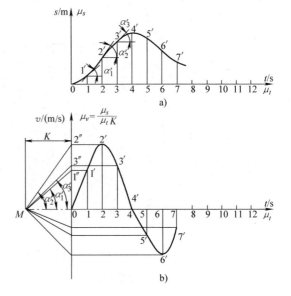

图 7-8　图解微分法（切线法作图）
a）位移线图　b）速度线图

两点，可得弦线 $01'$、$1'2'$、$2'3'$……它们与相应区间位移曲线上某点的切线平行。当区间足够小时，该点可近似认为在该区间中点的垂直线上。因此我们可以这样来作速度线图，如图 7-9b 所示，按上述切线法建立坐标系 v-t，并取定极距 K 及极点 M，从点 M 作辐射线 $M1''$、$M2''$、$M3''$……分别平行于弦线 $01'$、$1'2'$、$2'3'$……并交纵坐标轴于 $1''$、$2''$、$3''$……点。然后将对应坐标点投影相交，得到一个个小矩形（如图 7-9b 中矩形 $2b3'3$、$3c4'4$……），则过各矩形上边中点，如图 7-9b 中点 e、f……的光滑曲线，即为所求的速度线图（v-t 曲线），课程设计参考图 7-10 和图 7-11。

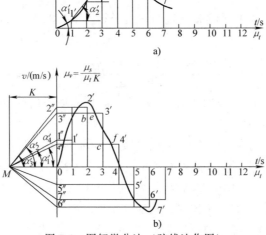

图 7-9　图解微分法（弦线法作图）
a）位移线图　b）速度线图

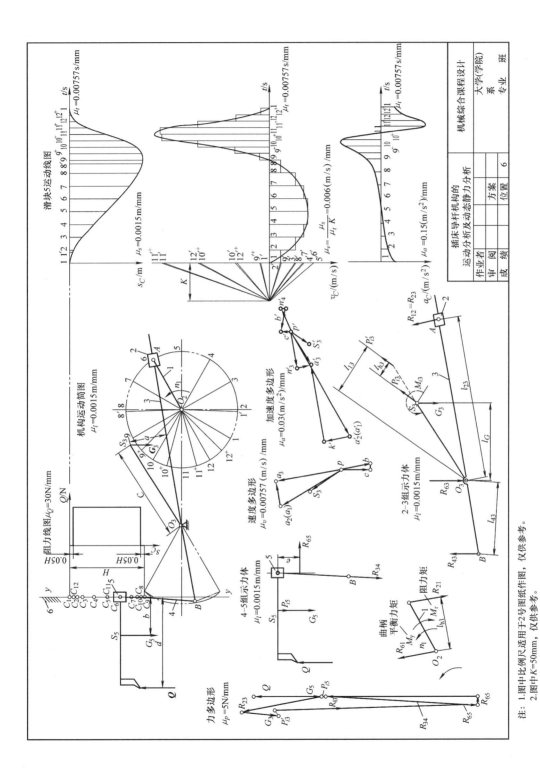

图 7-10　插床导杆机构运动分析及动态静力分析

注：1.图中比例尺适用于2号图纸作图，仅供参考。
　　2.图中 K=50mm。

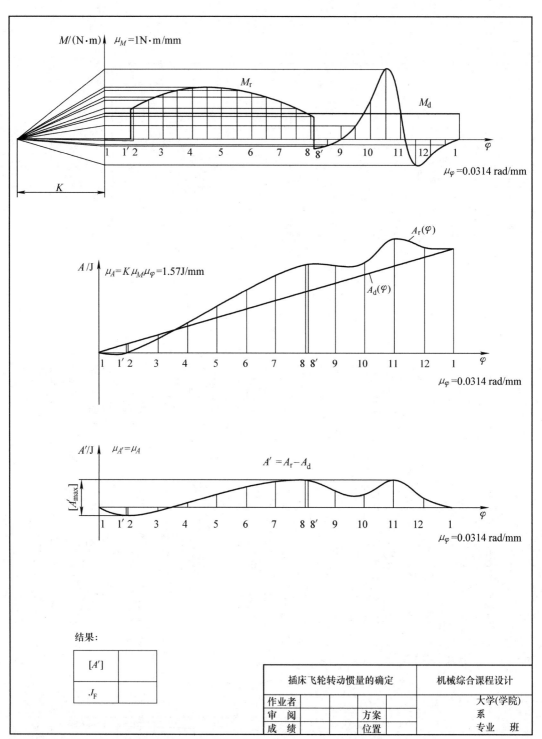

结果:

[A']	
J_F	

插床飞轮转动惯量的确定		机械综合课程设计
作业者		大学(学院)
审 阅	方案	系
成 绩	位置	专业 班

注: 1.图中比例尺适用于3号图纸作图,仅供参考。
   2.图中K=50mm,仅供参考。

图 7-11　插床飞轮转动惯量的确定

第8章 基于虚拟样机的课程设计示例

8.1 基于 Adams 的插床机构综合与传动系统设计

8.1.1 背景

随着计算机技术的发展和各种大型应用软件的开发，机构运动学和动力学分析软件技术已经达到了较高的水平。将刚体动力学分析软件 Adams 应用到机械综合课程设计中，既具有较大的新颖性，又改变了原有相对较为陈旧的技术分析方法（如图解法、解析法）。实现教学创新，实现机械设计的计算机辅助设计，既有利于学生设计能力和创新意识的培养，也使设计手段与现代企业的要求接轨，同时又为机械类后期专业课程如液压、动力学和优化设计等的学习提供了优秀的辅助分析工具。

本节的设计题目采用第 7 章图解法课程设计示例中的六杆插床机构，用 Adams 软件研究该机构的运动学和动力学性能。该机构的示例虚拟样机文件请读者网站下载 "CH08\8.1" 文件夹中的文件参考学习。

8.1.2 设计任务

1. 设计题目

插床是常用的机械加工设备，用于齿轮、花键和槽形零件等的加工。图 8-1 所示为某插床机构运动简图。该插床主要由带传动机构、齿轮传动机构、连杆机构和凸轮机构等组成。

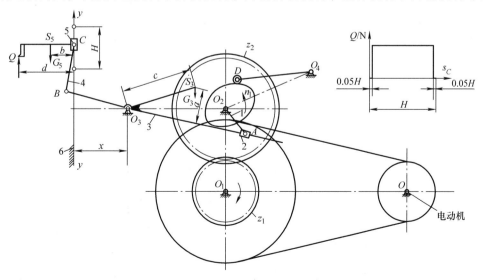

图 8-1 某插床机构运动简图

1—曲柄 2—滑块 3—导杆 4—连杆 5—滑块（刀具） 6—机架

电动机经过带传动、齿轮传动减速后带动曲柄 1 回转，再通过导杆、滑块机构 1—2—3—4—5—6，使装有刀具的滑块 5 沿导路 $y-y$ 做往复运动，以实现刀具的切削运动。刀具向下运动时切削，在切削行程 H 中，前后各有一段 $0.05H$ 的空刀距离，无工作阻力，其余位置刀具阻力 Q 为常数；刀具向上运动时为空回行程，无阻力。为了缩短空程时间，提高生产率，要求刀具具有急回运动特性。刀具与工作台之间的进给运动，是由固结于轴 O_2 上的凸轮驱动摆动从动件 O_4D 和其他有关机构（图 8-1 中未画出）来实现的。

针对图 8-1 所示的插床机构运动简图，进行执行机构的综合与分析，并进行传动系统结构设计。

2. 设计要求

电动机轴与曲柄轴 O_2 平行，使用寿命 10 年，每日一班制工作，有轻微冲击载荷。允许曲柄 1 的转速偏差为 ±5%。要求导杆机构的最小传动角不得小于 60°；凸轮机构的最大压力角应在许用值 [α] 之内。执行构件的传动效率按 0.95 计算，系统有过载保护。按小批量生产规模设计。

3. 设计数据

依据插床工况条件的限制，预先确定有关几何尺寸和力学参数。其中插床导杆机构的设计及运动分析数据、导杆机构的动态静力分析及飞轮转动惯量数据详见第 7 章中表 7-1，插床机构凸轮部分设计数据见表 8-1。要求所设计的插床结构紧凑，机械效率高。

表 8-1　插床机构凸轮部分设计数据

设计内容	凸轮机构的设计										
符号	凸轮摆杆行程角 ψ_{max}	推程许用压力角 [α]	机架长度 $L_{O_2O_4}$	摆杆长度 L_{O_4D}	滚子半径 r_T	基圆半径 R_b	推程运动角 δ_t	远程休止角 δ_s	回程运动角 δ_h	推程运动规律	回程运动规律
单位	(°)		mm				(°)				
数据	15	40	140	125	5	40	60	15	60	等加速等减速	简谐

4. 设计内容和工作量

（1）导杆机构和凸轮机构部分（机械原理部分）

1）针对图 8-1 所示的插床的执行机构（插削机构和送料机构）方案，依据设计要求和已知参数，确定各构件的运动尺寸。用图解法设计，将设计结果和步骤写在设计计算说明书中。

2）导杆机构的运动分析。假设曲柄 1 等速转动，将导杆机构在直角坐标系下，建立参数化数学模型。利用 Adams 软件分析出滑块 5（插刀）的位移、速度、加速度及导杆 3 的角速度和角加速度变化规律曲线。将参数化建模过程详细地写在说明书中。

3）导杆机构的动态静力分析。在不考虑各处摩擦、其他构件所受重力和惯性力的条件下，通过参数化的建模，细化机构仿真模型，并给刀具加阻力，写出外加力的参数化函数语句。利用 Adams 软件分析出各运动副相互作用力的变化规律曲线。取曲柄轴为等效构件，确定应加于曲柄轴上的飞轮转动惯量。

4）凸轮机构设计。根据所给定的已知参数，在直角坐标系下利用 Adams 软件建模，仿真凸轮机构的凸轮实际轮廓线，并将控制从动件运动规律的 IF 函数语句写在设计计算说明书内（步骤 2）、3）、4）也可用图解法求解）。

5）编写设计计算说明书一份。应包括设计计算过程、Adams 软件分析步骤、分析结果等。

以上工作完成后准备机械原理部分的答辩。

（2）结构设计部分（机械设计部分）

1）确定传动装置的类型，画出机械系统传动机构简图。

2）选择电动机，确定电动机的功率与转速，进行传动装置的运动和动力参数计算。

3）减速传动系统中的各零部件设计计算。

4）绘制插床减速传动系统的装配图和齿轮、轴的零件图。利用三维建模软件建模减速器。

5）编写课程设计计算说明书。

完成以上工作后准备机械设计部分的答辩。

8.1.3 执行系统设计

8.1.3.1 导杆机构的设计

1. 设置 Adams 工作环境

在 Windows 环境下，启动 Adams View。将工作界面设置成"经典"界面。即在"设置"菜单中选择"界面风格"项，出现"默认"和"经典"两项选择，选择"经典"界面。

在创建三维模型之前应先确定量的单位。即在主菜单的"设置"中选择"单位"，出现"Units Settings"对话框，单击"MMKS"按钮（选择毫米、千克、秒制），然后单击"确定"按钮。

在"设置"菜单中选择"图标"，会出现"标志设置"对话框，接着在"新的尺寸"文本框中输入"20"，单击"确定"按钮。

2. 建立设计变量

设计时要用到常量和变量，在使用之前必须先定义这些量，即建立设计变量。建立设计变量是参数化建模的基础，当改变设计变量的数值时，模型可以自动改变。

建立设计变量的步骤如下：

1）在主菜单"创建"中，选择"设计变量"→"新建"。

2）在出现的建立设计变量对话框的"名称"栏中输入变量名，如"DV_A_N"代表曲柄的转速 n，如图 8-2 所示。

3）在"标准值"栏中输入变量的数值 60，单击"确定"或"应用"按钮即建立了一个设计变量。

4）同理可定义其他设计变量。建模过程中还会用到其他一些变量，它们可以是已建立设计变量的函数，因此在"标准值"中还可以输入函数的表达式以建立设计变量。表 8-2 列出了插床导杆机构中的滑块 5 处于上极

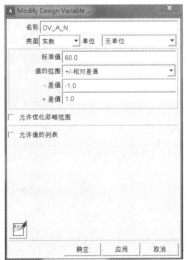

图 8-2 建立设计变量

限位置（图 8-3）时所建立的全部设计变量。

表 8-2　插床机构建立的全部设计变量

变 量 名	变量说明	变量数值或表达式	单位
DV_A_N	曲柄转速	60	r/min
DV_A_H	滑块行程	100	mm
DV_A_K	行程速比系数	2	
DV_A_LO2O3	O_2O_3 距离	150	mm
DV_A_LBC_LO3B	杆长比 l_{BC}/l_{O_3B}	1	
DV_A_a	质心位置	50	mm
DV_A_b	质心位置	50	mm
DV_A_c	质心位置	125	mm
DV_A_d	刀臂长	120	mm
DV_A_F	刀具阻力	1000	N
DV_A_G3	导杆 3 的重力	160	N
DV_A_G5	滑块 5 的重力	320	N
DV_A_JS3	导杆 3 的转动惯量	140000	kg·mm²
DV_A_ANGLE_O2O3A1	$\angle O_2O_3A_1$	90 * (DV_A_K-1) / (DV_A_K+1)	(°)
DV_A_LO2A	O_2A 距离	DV_A_LO2O3 * SIN(DV_A_ANGLE_O2O3A1)	mm
DV_A_LO3B	O_3B 距离	DV_A_H/2/SIN(DV_A_ANGLE_O2O3A1)	mm
DV_A_LBC	BC 距离	DV_A_LO3B * DV_A_LBC_LO3B	mm
DV_A_PO3X	点 O_3 横坐标 x_{O_3}	0	mm
DV_A_PO3Y	点 O_3 纵坐标 y_{O_3}	0	mm
DV_A_PO2X	点 O_2 横坐标 x_{O_2}	DV_A_PO3X+DV_A_LO2O3	mm
DV_A_PO2Y	点 O_2 纵坐标 y_{O_2}	DV_A_PO3Y	mm
DV_A_PAX	点 A 横坐标 x_A	DV_A_PO2X － DV_A_LO2A * SIN(DV_A_ANGLE_O2O3A1)	mm
DV_A_PAY	点 A 纵坐标 y_A	DV_A_PO2Y － DV_A_LO2A * COS(DV_A_ANGLE_O2O3A1)	mm
DV_A_PBX	点 B 横坐标 x_B	DV_A_PO3X－DV_A_LO3B * COS(DV_A_ANGLE_O2O3A1)	mm
DV_A_PBY	点 B 纵坐标 y_B	DV_A_PO3Y+DV_A_LO3B * SIN(DV_A_ANGLE_O2O3A1)	mm
DV_A_PCX	点 C 横坐标 x_C	DV_A_PO3X－DV_A_LO3B * (1+ COS(DV_A_ANGLE_O2O3A1))/2	mm
DV_A_PCY	点 C 纵坐标 y_C	DV_A_PBY+DV_A_LO3B * SQRT(DV_A_LBC_LO3B * * 2－ ((1-COS(DV_A_ANGLE_O2O3A1))/2) * * 2)	mm
DV_A_ANGLE_S3O3A1	$\angle S_3O_3A_1$	ASIN(DV_A_a/DV_A_c)	(°)
DV_A_DX_S3O3	导杆 3 质心 S_3 与 O_3 点 x 向距离 $x_{S_3O_3}$	DV_A_c * COS(DV_A_ANGLE_O2O3A1－ DV_ANGLE_S3O3A1)	mm
DV_A_DY_S3O3	导杆 3 质心 S_3 与 O_3 点 y 向距离 $y_{S_3O_3}$	DV_A_c * SIN(DV_ANGLE_S3O3A1－ DV_A_ANGLE_O2O3A1)	mm
DV_RUNTIME	曲柄 1 的周期 T	60/DV_A_N	s
DV_WORK_TIME	$C_1{\rightarrow}C_2$ 行程时间 T_1	((180+2 * DV_A_ANGLE_O2O3A1) / (DV_A_N/60 * 360))	s

表 8-2 中部分变量表达式说明。如图 8-3 所示，根据第 7 章 7.2 节中部分机构设计参数推导结论，得到

$$\angle O_2O_3A_1 = \frac{\theta}{2} = 90° \frac{K-1}{K+1}$$

$$l_{O_2A_1} = l_{O_2O_3} \sin\frac{\theta}{2}$$

$$l_{O_3B} = \frac{H/2}{\sin(\theta/2)}$$

$$l_{BC} = l_{O_3B}\frac{l_{BC}}{l_{O_3B}}$$

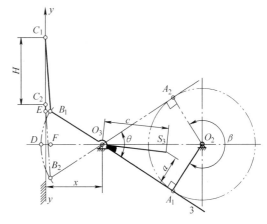

图 8-3　插床机构上极限位置

$$x_{C_1} = x_{O_3} - x = x_{O_3} - l_{O_3D} - \left[\frac{l_{O_3D} - l_{O_3B_1}\cos(\theta/2)}{2}\right] = x_{O_3} - l_{O_3B}\left[\frac{1+\cos(\theta/2)}{2}\right]$$

$$y_{C_1} = y_{B_1} + \sqrt{l_{C_1B_1}^2 - l_{B_1E}^2} = y_{B_1} + l_{O_3B}\sqrt{\left(\frac{l_{BC}}{l_{O_3B}}\right)^2 - \left[\frac{1-\cos(\theta/2)}{2}\right]^2}$$

$$T_1 = T\frac{\beta}{360°} = \frac{60}{n}\frac{180°+\theta}{360°}$$

3. 创建设计点

设计点（铰链点）决定了机构的位置和构件的尺寸，因此要精确创建构件和机构，首先应建立设计点，建立设计点的步骤如下：

1）在"创建"菜单中，选择"物体/形状"则出现"Geometric Modeling"对话框，如图 8-4 所示，单击 ⚒ 图标，或者在主工具箱右击 ⚒ 图标，打开子工具箱，单击 ⚒ 图标。

2）在底部对话框中选择"添加到地面"和"不能附着"。

3）单击"点表格"按钮。

4）在出现的"Table Editor for Points"对话框中，单击"创建"按钮，则出现一个新点的表格。单击相应的"Loc_X"或"Loc_Y"框格，在对话框上面的输入栏中输入设计点坐标的值。如果坐标为变量，则在上面的输入栏中右击，选择"参数化"→"参考设计变量"，出现"Database Navigator"对话框，从中选择代表点坐标的设计变量，如图 8-5 所示，单击"确定"按钮返回。然后在"Table Editor for Points"对话框中单击"应用"按钮。同理，单击"创建"按钮可以创建其他设计点。按此方法创建点 O_2、O_3、A、B，如图 8-6 所示。最后单击"Table Editor for Points"对话框中的"确定"按钮，在工作窗口上可见所建立的设计点。

4. 创建连杆体和滑块

（1）创建曲柄

1）在主工具箱中，单击 ⚒ 图标，在该对话框的底部选择"新建部件"，其余三个选项"长度""宽度"和"深度"不选，在点"POINT_O2"和点"POINT_A"之间拖动鼠标建

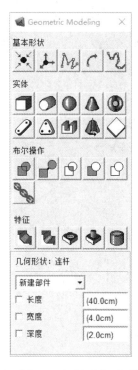

图 8-4 "Geometric Modeling" 对话框

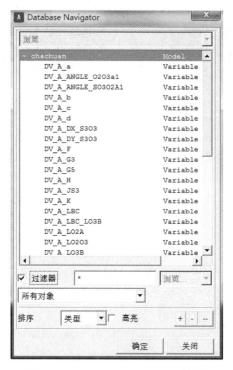

图 8-5 "Database Navigator" 对话框

立连杆体，即曲柄。

2）将鼠标移到所建连杆体上，单击鼠标右键选择"重命名"，将默认零件名"PART2"改为"qubing"。

3）将鼠标移到所建实体"qubing"上单击鼠标右键，选择"--Link：Link6"→"修改"，出现"Geometry Modify Shape Link"对话框，修改曲柄的"宽度"和"深度"值分别为15.0 和 7.5，如图 8-7 所示。

图 8-6 "Table Editor for Points" 对话框

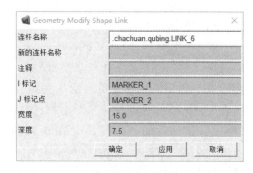

图 8-7 修改曲柄的宽度和深度

（2）创建导杆和连杆 按照创建曲柄的方法，在点 A 和点 B 之间创建导杆"daogan"，在点 B 和点 C 之间创建连杆"liangan"，宽度和厚度尺寸设置与"qubing"相同。

但是导杆的长度应大于图 8-3 所示连杆 AB 的长度，以便滑块 2 始终与导杆"daogan"接触。在主工具箱中，右击 图标，在该对话框的底部选择"添加到现有部件"；选中

"长度"栏，输入"DV_A_LO2A+100"；选中"宽度"栏，输入宽度"15"；选中"深度"栏，输入厚度"7.5"。在屏幕上单击导杆"daogan"，选择"POINT_A"，沿着 O_3A 方向拖动到合适的位置单击即可将导杆延长。

（3）创建滑块 5

1）建立滑块 5 的设计点 G、H、I、J、K、L、M、N、R、S，如图 8-8 所示，滑块 5 设计点坐标见表 8-3，建立设计点的方法同前。

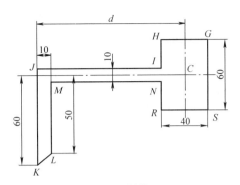

图 8-8　滑块 5

表 8-3　滑块 5 设计点坐标

设　计　点	Loc_X	Loc_Y	Loc_Z
POINT_G	DV_A_PCX+20	DV_A_PCY+30	−15
POINT_H	DV_A_PCX−20	DV_A_PCY+30	−15
POINT_I	DV_A_PCX−20	DV_A_PCY+5	−15
POINT_J	DV_A_PCX−DV_A_d	DV_A_PCY+5	−15
POINT_K	DV_A_PCX−DV_A_d	DV_A_PCY−60	−15
POINT_L	DV_A_PCX−DV_A_d+10	DV_A_PCY−50	−15
POINT_M	DV_A_PCX−DV_A_d+10	DV_A_PCY−5	−15
POINT_N	DV_A_PCX−20	DV_A_PCY−5	−15
POINT_R	DV_A_PCX−20	DV_A_PCY−30	−15
POINT_S	DV_A_PCX+20	DV_A_PCY−30	−15

2）在主工具箱中，右击 ✐ 图标，打开子工具箱，单击 ✸ 图标，在底部对话框"拉伸体"参数设置栏中，选择"新建部件"，在"创建轮廓方式"参数设置栏中选择"点"，在"路径"参数设置栏中选择"向前"，在"长度"文本框中输入"30"。依次在屏幕上选取各点，右击完成创建滑块 5。

图 8-9　滑块 2

3）右击选择滑块 5，将滑块 5 改名为"huakuai_daoju"。

（4）创建滑块 2

1）建立滑块 2 的两个对角设计点 P、Q，如图 8-9 所示，滑块 2 设计点坐标见表 8-4，建立设计点的方法同前。

表 8-4　滑块 2 设计点坐标

设　计　点	Loc_X	Loc_Y	Loc_Z
POINT_P	DV_A_PAX	DV_A_PAY	−15
POINT_Q	DV_A_PAX+60	DV_A_PAY−40	−15

2）在主工具箱中，右击 ✐ 图标，打开子工具箱，单击 ▢ 图标，在 P 和 Q 点之间创建滑块，点 P 与点 A 重合，创建完毕将滑块 2 的厚度也修改为 30mm。

3）选中滑块 2，在"编辑"菜单中，选择"移动"，将出现"Precision Move"对话框，如图 8-10 所示，在"旋转"栏中单击鼠标右键，依次选择"参数化"→"参考设计变量"，在弹出的"Database Navigator"对话框中选择变量"DV_A_ANGLE_O2O3A"，单击 ⚤ 图标，再单击 📦 图标，完成滑块 2 的旋转，以使滑块长边始终与导杆 3 平行。

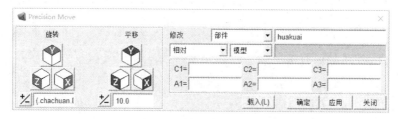

图 8-10　"Precision Move"对话框

4）将鼠标移到所建滑块 2 左上角上，单击鼠标右键选中"Marker"点，单击"修改"，弹出"Marker Modify"对话框，右击"位置"文本框，选择"参数化"，再选择"表达式生成器"，出现图 8-11 所示表达式工具栏。根据图 8-12 所示滑块 2 各点坐标关系，工作区内容表达式内容修改如下：

（LOC_RELATIVE_TO（{−（30 * COS（DV_A_ANGLE_O2O3A1）−20 * SIN（DV_A_ANGLE_O2O3A1）），20 * COS（DV_A_ANGLE_O2O3A1）+30 * SIN（DV_A_ANGLE_O2O3A1），0}，POINT_A））

5）单击"确定"按钮，完成滑块 2 质心位置的移动，使得滑块 2 质心与铰链点 A 重合。

说明：位置函数"LOC_RELATIVE_TO"是指用来返回相对物体参考坐标系中特定点在全面坐标系中的坐标值的函数。格式"LOC_RELATIVE_TO（Location，Frame Object）"，式中，"Frame Object"是指参考对象；"Location"是指相对位置，一般是指坐标值，是一个数列。

图 8-11　"Marker Modify"对话框

图 8-12 中"Marker"点与 A 点 X 向距离 $x = 30\cos(\theta/2) - 20\sin(\theta/2)$，"Marker"点与 A 点 Y 向距离 $y = 20\cos(\theta/2) + 30\sin(\theta/2)$。式中，$\theta/2$ 等于变量"DV_A_ANGLE_O2O3A1"。

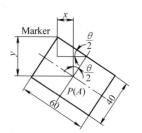

5. 添加运动副

（1）建立转动副

1）在主工具箱中单击 🖱 图标，弹出"旋转副"对话框。

2）在底部"构建方式"的对话框中选择"2 个物体-1 个位置"和"垂直格栅"，分别选择"ground"和"qubing"，再选择铰点"POINT_O2"，建立曲柄与机架之间的固定铰链。

图 8-12　滑块 2 各点坐标关系

3）将鼠标移到刚创建的转动副上，单击鼠标右键选择"重命名"，将默认运动副名"JOINT_1"改为"JOINT_O2"。

4）同理，在点 O_3 "daogan"和"ground"之间、点 A "qubing"和"huakuai"之间、点 B "daogan"和"liangan"之间、点 C "liangan"和"huakuai_daoju"之间分别创建转动

副"JOINT_O3""JOINT_A""JOINT_B""JOINT_C"。

（2）创建移动副

1）在主工具箱中单击 图标，在底部"构建方式"的对话框中选择"2 个物体-1 个位置"和"选取形状特性"。

2）按底部状态栏的提示，分别选择"huakuai_daoju"和"ground"。

3）在视图窗口上拾取"POINT_C"，向下移动鼠标，使出现的箭头竖直向下，该方向决定滑块 5 相对于机架的移动方向，单击创建移动副，修改名称为"POINT_TC"。

4）同理，在点 A 创建移动副"POINT_TA"，并使移动导路方向沿导杆方向。

6. 给机构加驱动，使曲柄按给定的转速转动

1）在主工具箱中单击 图标，然后选择曲柄与机架的固定铰链"JOINT_O2"，铰链处出现转动驱动的图标。

2）此时加在铰链上的驱动默认值为 30°/s，要使曲柄按照给定的转速转动，就要修改驱动的默认值。将鼠标放在驱动的图标处，单击鼠标右键，选择"MOTION_1"→"修改"，出现修改驱动"Joint Motion"对话框，如图 8-13 所示。

3）在"函数（时间）"输入框中，单击鼠标右键，选择"函数生成器"，出现"Function Builder"对话框，将驱动"30.0d * time"改为"DV_A_N * 6d * time"，曲柄转向为逆时针。

4）在"Function Builder"对话框中单击"验证"按钮，如果语法正确，将出现语法正确的信息"函数语法正确"。否则，将出现函数有语法错误的信息"函数语法有错误"，并给出错误所在。改正错误，单击"确定"按钮。

5）在"Joint Motion"对话框中，单击"确定"按钮，则添加驱动完成，如图 8-14 所示。

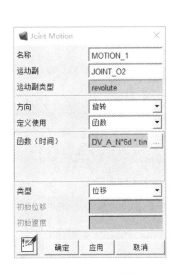

图 8-13　修改曲柄驱动

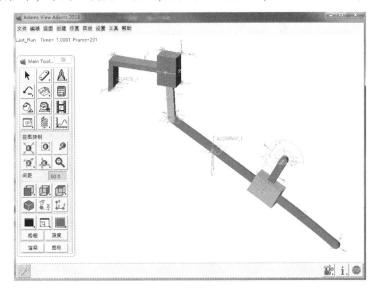

图 8-14　插床主运动机构虚拟样机

7. 设置曲柄转角变量

六杆插床机构的运动规律，是指其位移、速度和加速度随时间 t 变化的规律。又因曲柄

一般为等速转动，所以六杆插床机构的运动规律常表示为该机构的上述运动参数随曲柄 O_2A 转角变化的规律。

曲柄转角变量的设置步骤如下：

（1）创建定标记点

1）在几何模型工具库或几何建模对话框中，选择标记点工具 ⚓ 图标。

2）在底部对话框中选择"添加到地面"和"全局 XY"。

3）在视图窗口上拾取"POINT_O2"点，就建立了标记点。选择该标记点，右击"重命名"，修改名称为"MARKER_O2"。同理，在"POINT_A"点建立"MARKER_A"。

（2）创建动标记点　在曲柄点 A 建立动标记点。选择标记点工具 ⚓ 图标，在底部对话框中选择"添加到现有部件"和"全局 XY"，在屏幕上选择"qubing"，拾取"POINT_A"点，创建标记点。修改标记点名称为"MARKER_DA"。

（3）创建角度测量

1）在"创建"菜单，选择"测量"项，再选择"角度"，最后选择"新建"，弹出"Angle Measure"对话框，如图 8-15 所示。

2）在"测量名称"栏，将测量名称改为"MEA_ANGLE_1"。

3）在"开始标记点"栏，单击鼠标右键选择"标记点"，再单击"选举"，选择在"POINT_A"处的标记"MARKER_DA"。

4）在"中间标记点"栏，单击鼠标右键选择"标记点"，再单击"选举"，选择在"POINT_O2"处的标记"MARKER_O2"。

5）在"最后标记点"栏，单击右键选择"标记点"，再单击"选举"，选择在"POINT_A"处的标记"MARKER_A"。

6）单击"确定"按钮，显示角度测量曲线窗口。

（4）创建弧度测量

1）在"创建"菜单，选择"测量"项，选择"函数"，选择"新建"，弹出"Function Builder"对话框，如图 8-16 所示。

2）在"测量名称"栏，将"测量名称"改为". chachuang. FUNCTION_MEA_1"。

图 8-15　"Angle Measure"对话框

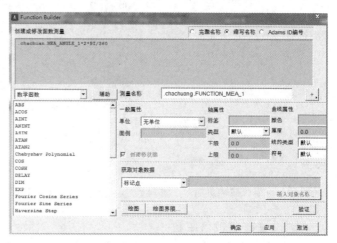

图 8-16　"Function Builder"对话框

3）在对话框里输入".chachuang. MEA_ANGLE_1 * 2 * PI/360"，将曲柄转角变量单位由角度改为弧度。

4）单击"确定"按钮。

8. 机构仿真

对建立的模型进行仿真，可以检查模型是否正确，在创建模型时随时进行仿真，可以及时发现错误。

1）在主工具箱中，单击▦图标，工具箱底部显示内容将有所改变。单击播放▷按钮，机构会运动起来。

2）在对话框中，默认的仿真时间"终止时间"是5.0s，将鼠标放在"终止时间"输入栏中，单击鼠标右键，选择"参数化"→"参考设计变量"，出现"Database Navigator"对话框，从该对话框中选择曲柄的周期"DV_Runtime"，单击"确定"按钮。

3）单击播放▷按钮，曲柄正好仿真一个周期。

9. 修改构件的质量、转动惯量和质心坐标

在建构模型时，Adams默认的材质为钢，并自动给出构件的质心、质量和转动惯量。但这不一定符合具体情况，第7章的表7-1中数据显示该六杆插床机构的动力学分析只需考虑导杆和滑块5的质量及惯性力的影响，其余杆件均不需要考虑。对于按表8-2所示创建的导杆和滑块5的质量、转动惯量和质心坐标设计变量进行修改，其步骤如下：

1）修改导杆的质量、转动惯量和质心坐标

① 修改导杆"daogan"的质量和转动惯量。将鼠标放在导杆"daogan"上，单击鼠标右键，选择"Part：daogan"→"修改"，则出现"Modify Body"对话框，如图8-17所示。在"定义质量方式"选项中选择"用户输入"，将"质量"改为该构件的质量"DV_A_G3/9.8"，"Ixx"改为"0.0"，"Iyy"改为"0.0"，"Izz"输入该构件的转动惯量"DV_A_JS3"，单击"确定"按钮，导杆的质量和转动惯量修改完成。

② 修改导杆"daogan"的质心坐标。将鼠标放在导杆"daogan"上，单击鼠标右键，选择"--Marker：cm"→"修改"，则出现"Marker Modify"对话框，如图8-18所示，右击"位置"文本框，选择"参数化"，再选择"表达式生成器"，出现表达式工具栏，清除工

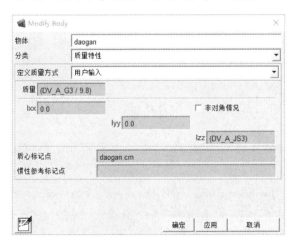

图 8-17 "Modify Body" 对话框

图 8-18 "Marker Modify" 对话框

作区的内容，将函数类型由"数学函数"改为"位置/旋转"，选择"LOC_RELATIVE_
TO"，在表达式工具栏的工作区输入下列内容：

（LOC_RELATIVE_TO（{DV_A_DX_S3O3，DV_A_DY_S3O3，0}，POINT_O3））

在表达式工具栏中，选择"评估"，以核实表达式没有出错，单击"确定"按钮。

在"Marker Modify"对话框中，单击"确定"按钮。

2）修改滑块 5 的质量、转动惯量和质心坐标

① 修改滑块 5"huakuai_daoju"的质量和转动惯量。将鼠标放在滑块 5"huakuai_dao-ju"上，单击鼠标右键，选择"Part：huakuai_daoju"→"修改"，在"ModifyBody"对话框中"定义质量方式"选项中选择"用户输入"，将"质量"改为该构件的质量"DV_A_G5/9.8"，"Ixx"改为"0.0"，"Iyy"改为"0.0"，"Izz"改为"0.0"，单击"确定"按钮，滑块 5 的质量和转动惯量修改完成。

② 修改滑块 5"huakuai_daoju"的质心坐标。将鼠标放在滑块 5"huakuai_daoju"上，单击鼠标右键，选择"--Marker：cm"→"修改"，在"Marker Modify"对话框中右击"位置"文本框，选择"参数化"，再选择"表达式生成器"，选择"LOC_RELATIVE_TO"，在表达式工具栏的工作区输入下列内容：

（LOC_RELATIVE_TO（{-DV_A_b，0，0}，POINT_C））

在"Marker Modify"对话框中，单击"确定"按钮。

3）同理，修改曲柄"qubing"、滑块 2"huakuai"、连杆"liangan"的质量和转动惯量，数值输入"0.0"。

10. 给机构施加力

Adams 软件可以给机构施加各种载荷，可以指定力、力矩的大小、方向和作用点，力的大小可以是常量，也可以是函数表达式。图 8-1 所示插床机构中，刀具阻力是位移参量的函数，给插床机构创建刀具阻力的步骤如下：

1）创建作用点。在主工具箱右击 🖊 图标，打开子工具箱，单击 ✳ 图标，创建设计点"POINT_T"，坐标值为（DV_A_PCX-DV_A_d，DV_A_PCY-60，0），创建设计点的方法同前。

2）在主菜单中选择"创建"→"力"，出现"Create Forces"对话框，如图 8-19a 所示，或在主工具箱中右击 🖊 图标，则出现子工具箱，如图 8-19b 所示，单击 ↗ 图标，对话框底部显示将发生变化，不改变默认设置。

3）根据提示选择滑块 5"huakuai_daoju"，选择点"POINT_T"作为力的作用点，移动鼠标使箭头竖直向上，单击完成力的施加。这时力的大小是一个默认值，按照题目的要求，还需要修改。

因为刀具上的阻力是刀具在 Y 方向上位移的函数，所以应建立一个滑块位移随时间变化的量，以便根据滑块的位置来加载。

4）建立滑块 5 的位移测量。单击滑块 5"huakuai_daoju"的质心"--Marker：cm"，使其高亮显示，单击主菜单中的"创建"→"测量"→"所选对象"→"新建"，弹出"Point Measure"对话框，如图 8-20 所示。在"特性"栏中选择"平移位移"，在"分量"处选择"Y"，将"测量名称"改为"huakuai_daoju_cm_displacement"，然后单击"确定"按钮，出

图 8-19　给机构加力　　　　　　　　图 8-20　"Point Measure" 对话框

现 "huakuai_daoju_cm_displacement" 曲线，如图 8-21 所示。

5）将鼠标放在已建立力的图标上，单击鼠标右键，选择 "Force：SFORCE_1"→"修改"，弹出 "Modify Force" 对话框，如图 8-22 所示。在 "函数" 处单击 ⋯图标，弹出 "Function Builder" 对话框。在该对话框的顶部栏中输入 IF 语句，通过判断滑块 5 的位移对滑块 5 加载：

IF(time-.chachuang.DV_WORK_TIME：IF(.chachuang.DV_A_PCY-.chachuang.huakuai_daoju_cm_displacement-0.05 * .chachuang.DV_A_H：0，.chachuang.DV_A_F，IF(.chachuang.DV_A_PCY-.chachuang.huakuai_daoju_cm_displacement-0.95 * .chachuang.DV_A_H：.chachuang.DV_A_F，.chachuang.DV_A_F，0))，0，0)

说明：IF 语句的用法参考第 4 章 4.1.2 小节中相关内容的介绍。

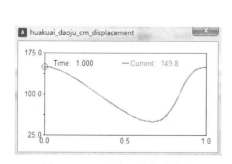

图 8-21　刀具质心的位移曲线　　　　　图 8-22　"Modify Force" 对话框

6）单击 "验证" 按钮，系统将给出检查上述语句正误的提示，如果没有错误，单击

"确定"按钮，返回到"Modify Force"对话框，单击"确定"按钮，完成对施加力的修改。

读者可网站下载"CH08\8.1\ccj_virtual"文件夹中的"chachuang.bin"文件参考学习。

11. 机构的运动学和动力学分析

模型建立后，即可对机构进行运动学和动力学参数分析。分析一般是在后处理模块中进行的。分析前首先应对机构进行仿真，仿真的时间为一个周期，"步数"取 200 步，然后再进入后处理。其主要步骤如下：

（1）机构的运动学参数分析

1）在主工具箱中，单击 ∐ 图标进入后处理器 Adams/PostProcessor。

2）在后处理器底部图表生成器"资源"中选择"测量"，在右下角"独立轴"栏中，单击"数据"，在弹出的对话框中选择曲柄"qubing"的角度测量变量"MEA_ANGLE_1"为定制曲线的 X 轴，单击"确定"按钮。

3）在后处理器底部图表生成器"资源"中选择"对象"，"过滤器"中选择"body"，"对象"中选择"huakuai_daoju"，按住 <Ctrl>键，在"特征"栏中选择"CM_Position""CM_Velocity""CM_Acceleration"，在"分量"栏中选择"Y"，单击图表生成器右上角的"添加曲线"，则所选滑块 5 "huakuai_daoju"随曲柄"qubing"转角变化的位移、速度、加速度线图如图 8-23 所示。

（2）机构的动力学参数分析

1）单击主工具栏上的 ▢ 图标，新建一页。

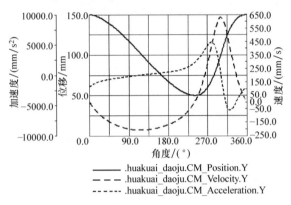

图 8-23　滑块 5 的运动曲线

2）在后处理器底部图表生成器"资源"中选择"测量"，在右下角"独立轴"栏中，单击"数据"，在弹出的对话框中选择曲柄"qubing"的角度测量变量"MEA_ANGLE_1"为定制曲线的 X 轴，单击"确定"按钮。

3）在后处理器底部图表生成器"资源"中选择"对象"，"过滤器"中选择"Constraint"，"对象"中选择"JOINT_A"，在"特征"栏中选择"Element_Force"，在"分量"栏中选择"Mag"，单击图表生成器右上角的"添加曲线"，则所选铰链点 O_2 "JOINT_O2"的合力随曲柄"qubing"转角变化的作用力曲线如图 8-24a 所示。

4）同理，按照上述步骤作出铰链点 O_3、A、B、C 和移动副 TB、TC 作用力（合力）随曲柄转角变化的曲线图（图 8-24b~g）。

5）在后处理器底部图表生成器"资源"中选择"对象"，"过滤器"中选择"Constraint"，"对象"中选择"MOTION_1"，在"特征"栏中选择"Element_Torque"，在"分量"栏中选择"Z"，单击图表生成器右上角的"添加曲线"，则曲柄上"MOTION_1"的平衡力矩随曲柄转角变化的曲线图如图 8-24h 所示。

6）查询曲线数值。单击主工具栏上的 ✄ 图标，显示平衡力矩曲线统计运算工具条（图 8-25），将鼠标移到需要查询的曲线上单击即可查询该曲线上任意点的对应数值。例如，

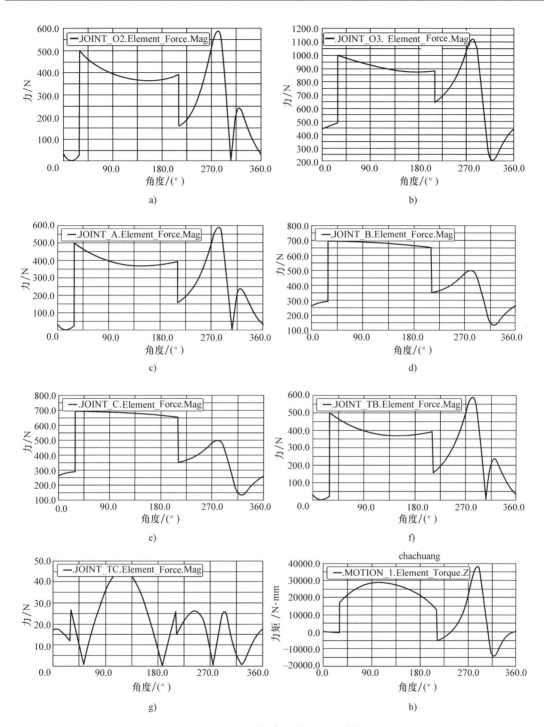

图 8-24　六杆插床机构动力学参数

a）JOINT_O2 作用力曲线　b）JOINT_O3 作用力曲线　c）JOINT_A 作用力曲线　d）JOINT_B 作用力曲线

e）JOINT_C 作用力曲线　f）JOINT_TB 作用力曲线　g）JOINT_TC 作用力曲线　h）曲柄平衡力矩曲线

查询图 8-24h 所示曲柄平衡力矩曲线，由图 8-25 工具条可得曲柄所需的最大平衡力矩
"Max" 为 38171.9826N·mm。

X: 208.8209	Y: 13574.4633	Slope: -318.039	Min: -14265.0353	Max: 38171.9826	Avg: 14324.3041	RMS: 20074.526	# of Points: 200

图8-25　平衡力矩曲线统计运算工具条

12. 飞轮设计

Adams/PostProcessor 提供了许多利用仿真数据曲线进行进一步运算的工具，在"视图"菜单选择"工具条"项，再选择"曲线编辑工具条"，显示曲线编辑和运算工具条，如图8-26所示。

图8-26　曲线编辑和运算工具条

1) 绘制曲柄平衡力矩随曲柄转角（弧度）变化的图线。在后处理器底部图表生成器"资源"中选择"测量"，在右下角"独立轴"栏中，单击"数据"，在弹出的对话框中选择曲柄"qubing"的角度测量变量"FUNCTION_MEA_1"为定制曲线的 X 轴，单击"确定"按钮，再选择"对象"→"Constraint"→"MOTION_1"→"Element_Torque"→"Z"→"添加曲线"，则曲柄的平衡力矩随曲柄转角（弧度）变化的图线如图8-27所示。

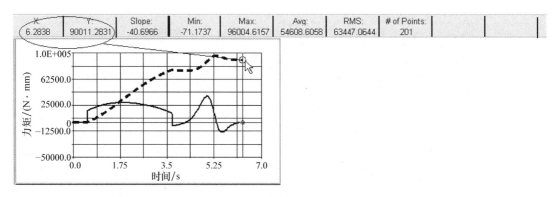

图8-27　阻力功曲线图

2) 阻力功线图分析。单击曲线编辑和运算工具条中的曲线数值积分工具 $\int$，选择图8-27所示窗口中的平衡力矩曲线，则生成一个运动循环中的阻力功曲线（图8-27）。单击主工具栏上的 图标，显示曲线统计运算结果工具条，工具条最左边数据显示当 X = 6.2838 时，Y = 90011.2831N·mm，因此得到一个工作循环中阻力做功为90011.2831N·mm。

说明：由于计算精度的缘故，可能积分操作无法完成，为避免出现这种现象，可将仿真时间（一般是一个周期）延长一点。例如，本例题仿真周期是"DV_RUNTIME"，可以将仿真时间设定为"DV_RUNTIME+0.0001"。

3) 驱动功线图分析。设驱动力矩恒定，则驱动力矩大小 M_d = 90011/2πN·mm ≈ 14326N·mm。记录阻力功曲线首尾的坐标，将坐标保存"x1，y1；x2，y2（0，0；6.2838，90011.2831）"的格式，保存为"a.txt"文件（图8-28）。单击后处理菜单中的"文件"→"导入"→"数值数据"，数据读入后有两组数据，"mea1"为 x1 和 x2，"mea2"为 y1 和 y2。在"独立轴"下定义为"数据"，并在弹出的对话框中选"mea1"为横坐标，再选"mea2"

添加曲线，则驱动功直线出现在窗口中，如图 8-29 所示。为能对该直线进行数值运算，单击曲线编辑和运算工具条中的样条曲线工具 ，在曲线编辑和运算工具条中出现样条曲线类型选择栏，在样条曲线类型选择栏"类型"中选择所需的样条曲线类型，在"#pts"文本栏中输入用于拟合数据的插值点数量，在图 8-29 中单击该直线，则驱动功样条曲线出现在图 8-29 所示窗口中。

图 8-28　阻力功曲线坐标

4）动态剩余功线图分析。单击曲线编辑和运算工具条中的曲线相减工具 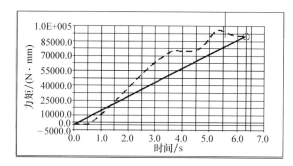，依次选择图 8-29 所示两条曲线，则一个运动循环中的动态剩余功曲线出现在图 8-30 所示窗口中，单击主工具栏上的 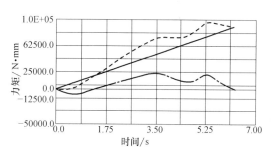 图标，显示曲线统计运算结果工具条，选择该曲线（图 8-31），工具条数据显示最大盈功是 22792.9571N·mm，最大亏功是 7454.1304N·mm，可得最大动态剩余功 $[A'] = (22793 + 7454)$N·mm = 30247N·mm。

图 8-29　驱动功曲线图　　　　　　　　图 8-30　曲线相减工具获取曲线

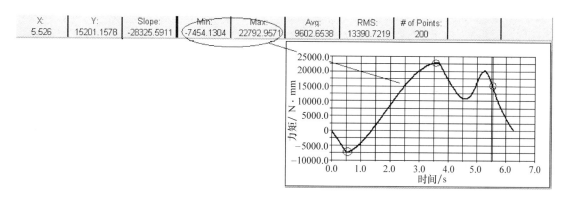

图 8-31　动态剩余功曲线

5）确定飞轮的转动惯量 J_F。由所得的 $[A']$ 按下式确定飞轮的转动惯量，若将飞轮安装在曲柄轴上，则得到

$$J_F = \frac{900[A']}{\pi^2 n^2 \delta} = \frac{900 \times 30.247}{\pi^2 \times 60^2 \times 0.04} kg \cdot m^2 \approx 19.154 kg \cdot m^2$$

8.1.3.2　凸轮机构设计

1. 创建设计变量

根据图 8-1 所示插床机构运动简图及表 8-1 所示插床机构设计数据，创建凸轮机构设计变量，见表 8-5。

表 8-5　凸轮机构建立的部分设计变量

变　量　名	变量说明	变量数值或表达式	单位
DV_A_N	凸轮转速	60	r/min
DV_RUNTIME	凸轮的周期	60/DV_A_N	s
DV_B_LO2O4	O_2O_4 距离	140	mm
DV_B_LO4D	O_4D 距离	125	mm
DV_B_LO2D	O_2D 距离	40	mm
DV_B_angle1	推程运动角	90	(°)
DV_B_angle2	回程运动角	60	(°)
DV_B_angle3	远程休止角	15	(°)
DV_B_angle	摆杆行程角	15	(°)
DV_B_rT	滚子半径 r_T	5	mm
DV_B_angle_DO2O4	$\angle DO_2O_4$	ACOS((DV_B_LO2D＊＊2+DV_B_LO2O4＊＊2-DV_B_LO4D＊＊2)/ (2＊DV_B_LO2D＊DV_B_LO2O4))	(°)
DV_B_PO2X	点 O_2 横坐标 x_{O_2}	0	mm
DV_B_PO2Y	点 O_2 纵坐标 y_{O_2}	0	mm
DV_B_PDX	点 D 横坐标 x_D	DV_B_PO2X+DV_B_LO2D＊COS(DV_B_angle_DO2O4)	mm
DV_B_PDY	点 D 纵坐标 y_D	DV_B_PO2Y+DV_B_LO2D＊SIN(DV_B_angle_DO2O4)	mm
DV_B_PO4X	点 O_4 横坐标 x_{O_4}	DV_B_PO2X+DV_B_LO2O4	mm
DV_B_PO4Y	点 O_4 纵坐标 y_{O_4}	DV_B_PO2Y	mm
DV_B_OMG	凸轮角速度 ω	2π＊DV_A_N/60	°/s
DV_B_TIME_T	摆杆推程时间	DV_RUNTIME＊DV_B_angle1/360	s
DV_B_TIME_S	摆杆远休止时间	DV_RUNTIME＊DV_B_angle3/360	s
DV_B_TIME_H	摆杆回程时间	DV_RUNTIME＊DV_B_angle2/360	s

2. 创建设计点

首先应建立设计点，本例中创建的 O_2、O_4、D 各点如图 8-32 所示。

3. 创建摆杆从动件

1）选择工具"连杆" 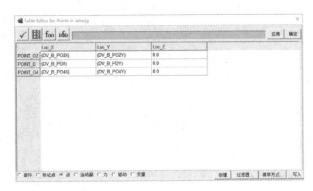 图标，把"宽度"和"厚度"值分别设为 7.5mm 和 10mm，在"POINT_O4"和点"POINT_D"之间建立连杆，即为摆杆从动件。

2）将光标放在连杆上单击鼠标右键，弹出快捷菜单，选择"重命名"，

图 8-32　"Table Editor for Points in. tulunjg"对话框

出现一个对话框，模型名不变，将"PART_2"改名为"follower"。

3）在主工具箱右击 图标，打开子工具箱，单击 图标，在工具箱下端将"新建部件"选项改为"添加到现有部件"，在"半径"栏中填入滚子半径变量"DV_B_rT"，并选中最下端的"圆"项，然后在主窗口中先单击从动件"follower"，再单击其上的需安装滚子中心的"Marker"点，此时在从动件下端生成一个滚子。

4. 创建凸轮

1）在主工具箱右击 图标，打开子工具箱，单击箱体 图标。

2）将鼠标点在"POINT_O2"处向右下角拖动，拉出一任意大小的矩形框。

3）为箱体改名，将"PART_3"改为"cam"。

5. 创建运动副

用转动铰链将凸轮连接于机架上，并加一转动驱动使凸轮绕机架转动。在从动件与机架之间放置一个转动铰链，再加一转动驱动，使从动件绕机架转动。实现这些运动设置的操作步骤如下：

1）在主工具箱中单击 图标，弹出"旋转副"对话框。

2）在底部"构建方式"的对话框中选择"2 个物体-1 个位置"和"垂直格栅"，依次选择"ground"和"follower"，再选择铰点"POINT_O4"，建立摆杆从动件与机架的固定铰链"JOINT_O4"。

3）同理，在"POINT_O2"点创建凸轮"cam"与机架"ground"之间转动副"JOINT_O2"。

6. 加驱动

1）选择主工具箱中的"转动驱动" 图标，选择凸轮与机架的固定铰链"JOINT_2"，铰链处出现转动驱动的图标。

2）此时加在铰链上的驱动默认值为 30°/s，修改驱动的默认值时，将鼠标放在驱动的图标处，单击鼠标右键，选择"MOTION_1"→"修改"，出现修改驱动"Joint Motion"对话框（图 8-33）。

3）在"函数（时间）"输入框中，单击鼠标右键，选择"函数生成器"，出现"Function Builder"对话框，将驱动"30.0d * time"改为变量"DV_B_OMG"。

4）在"类型"下拉列表框中选择"速度"。

5）在"Joint Motion"对话框中，单击"确定"按钮，则添加驱动完成，此处创建完成转动驱动"MOTION_O2"。

6）同理，在"POINT_O4"处创建转动驱动"MOTION_O4"。

7. 修改驱动"MOTION_O4"，使摆杆从动件满足所要求的运动规律

1）右击从动件上的转动驱动"MOTION_O4"，从弹出的快捷菜单中选择"MOTION_O4"，单击"修改"，出现修改驱动"Joint Motion"对话框。

2）打开"类型"下拉列表框，选择"位移"，在"函数"文本框右边图标中单击鼠标左键，弹出快捷菜单"Function Builder"，在最上面的一栏中写入从动件应遵循的运动规律，如图 8-34 所示。本例中从动件的运动规律就可写为：

图 8-33　修改铰链驱动

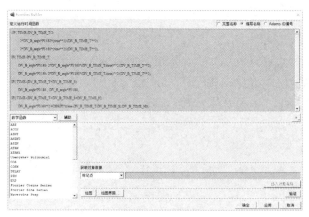

图 8-34　驱动函数对话框

-IF(TIME-DV_B_TIME_T/2：

　　2 * DV_B_angle * PI/180 * (time * * 2)/(DV_B_TIME_T * * 2),

　　2 * DV_B_angle * PI/180 * (time * * 2)/(DV_B_TIME_T * * 2),

IF(TIME-DV_B_TIME_T：

　DV_B_angle * PI/180-2 * DV_B_angle * PI/180 * (DV_B_TIME_T-time) * * 2/
　(DV_B_TIME_T * * 2),

　DV_B_angle * PI/180-2 * DV_B_angle * PI/180 * (DV_B_TIME_T-time) * * 2/
　(DV_B_TIME_T * * 2),

IF(TIME-(DV_B_TIME_T+DV_B_TIME_S)：

　DV_B_angle * PI/180,DV_B_angle * PI/180,

IF(TIME-(DV_B_TIME_T+DV_B_TIME_S+DV_B_TIME_H)：

　DV_B_angle * PI/360 * (1+COS(PI * (time-DV_B_TIME_T-DV_B_TIME_S)/DV
　_B_TIME_H)),

　DV_B_angle * PI/360 * (1+COS(PI * (time-DV_B_TIME_T-DV_B_TIME_S)/DV
　_B_TIME_H)),

　0)

　)

　)

　)

说明：前面的负号表示连杆转向为顺时针，在本例中此函数式表示（time 为仿真时间；
δ 为凸轮转角）：

当 time≤DV_B_TIME_T/2（即 δ≤DV_B_angle1/2 时），从动件做等加速运动，其位
移方程为

$$s = \frac{2ht^2}{t_0^2} = \frac{2 * DV\_B\_angle * \pi/180 * time^2}{DV\_B\_TIME\_T^2}$$

当 DV_B_TIME_T/2<time≤DV_B_TIME_T（即 DV_B_angle1/2<δ≤DV_B_angle1）时，
从动件做等减速运动，位移方程为

$$s = h - \frac{2h(t_0-t)^2}{t_0^2} = DV\_B\_angle * \pi/180 - \frac{2 * DV\_B\_angle * \pi/180 * (DV\_B\_TIME-time)^2}{DV\_B\_TIME\_T^2}$$

当 DV_B_TIME_T<time≤DV_B_TIME_T+DV_B_TIME_S（即 DV_B_angle1<δ≤DV_B_angle1+DV_B_angle3）时，从动件休止。

当 DV_B_TIME_T+DV_B_TIME_S<time≤DV_B_TIME_T+DV_B_TIME_S+DV_B_TIME_H（即 DV_B_angle1+DV_B_angle3<δ≤DV_B_angle1+DV_B_angle3+DV_B_angle2）时，从动件做简谐运动，其位移方程为

$$s = \frac{h}{2}\left[1+\cos\left(\frac{\pi t}{t_0'}\right)\right] = \frac{h}{2}\left[1+\cos\left(\frac{\pi * (time-DV\_B\_TIME\_T-DV\_B\_TIME\_S)}{DV\_B\_TIME\_H}\right)\right]$$

当 DV_B_TIME_T+DV_B_TIME_S+DV_B_TIME_H<time≤DV_RUNTIME（即 DV_B_angle1+DV_B_angle3+DV_B_angle2<δ≤360°）时，从动件休止。

8. 生成凸轮轮廓线

1）模型运动仿真。选择主工具箱中的 🖩 图标，在弹出的对话框中，默认的仿真时间"终止时间"是 5.0s，在"终止时间"输入栏中，单击鼠标右键，选择"参数化"→"参考设计变量"，出现"Database Navigator"对话框，从该对话框中选择曲柄的周期"DV_Runtime"，单击"确定"按钮。输出步数为 100 步，单击"开始仿真" ▶ 按钮。

2）仿真结束，单击 ⏮ 按钮返回到模型的初始状态。

3）在"回放"菜单中选择"创建轨迹曲线"，然后在主窗口中单击摆杆从动件下端的滚子边界"follower：CIRCLE_1"，再单击凸轮"cam"，立刻生成一样条线"--Bspline：GCURVE_1"，即凸轮的轮廓线，生成的样条线与滚子相切。

9. 加高副形成凸轮机构

1）右击打开约束库，选择 🎯 图标，先单击样条线"cam：GCURVE_1"，再单击滚子边界"follower：CIRCLE_1"，视图窗口出现一线线接触的高副"Curve_Curve：CVCV"。

2）去掉摆杆从动件的移动驱动，即右击"MOTION_04"，单击"删除"按钮删除。

注意：若执行此操作后，再进行仿真，就无法恢复"MOTION_04"，即无法查看"MOTION_04"中的函数关系式的建立情况，故通常先不进行此操作，而是在所有工作完成的前一步再做，因此先以下列操作代替。

右击"MOTION_04"，选择"激活/失效"，使"对象激活"复选框不被选中，单击"确定"按钮。此时"MOTION_04"的颜色变暗，说明它已不起作用，但仍可以查看其中的有关信息，若想恢复该驱动，再依次选择"MOTION_04"→"激活/失效"中的"对象激活"即可。

3）删掉"Box"框体。右击主窗口中的"cam"，选择"--Block：Box_1"，单击"删除"按钮删除。

4）模型运动仿真。单击"交互仿真控制"图标，进行时间为"DV_Runtime"，步数为100 步的仿真。

5）拉伸凸轮使其具有一定的厚度。即右击工具箱中 ✏ 图标，打开零件库，选择 📖 图标。在底部对话框"拉伸体"参数设置栏中，选择"添加到现有部件"，在"创建轮廓方式"栏中选择"曲线"，在"路径"参数设置栏中选择"圆心"，在"长度"文本框中输入

10，拉伸参数设置如图 8-35 所示。单击 "cam"，选择 "cam：GCURVE_1"，生成拉伸体。

6）单击工具箱左下方的 <u>渲染</u> 图标，滚子从动件盘形凸轮机构的三维几何模型如图 8-36 所示。

读者可网站下载 "CH08\8.1\ccj_virtual" 文件夹中的 "tulunjg.bin" 文件参考学习。

图 8-35　拉伸参数设置

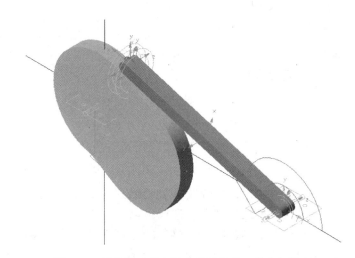

图 8-36　滚子从动件盘形凸轮机构的三维几何模型

8.1.4　传动系统设计

1. 电动机选择

略（详见第 2、3 章）。

2. 总传动比的确定及各级传动比的分配

略（详见第 3 章）。

3. 传动装置中各轴的输入功率、转速和转矩的计算

略（详见第 3 章）。

4. 带传动和齿轮传动设计

略（详见机械设计教材）。

5. 减速装置的设计及其三维设计

略（详见第 3、5 章）。

8.2　基于 Creo 和 Adams 的专用精压机设计

8.2.1　背景

为培养学生的整机设计观念和能力，将原先属于"机械原理""机械设计"两个课程的设计内容进行整合, 从产品设计的全过程出发, 编排课程设计的内容, 做到课程设计的完整性、系统性和综合性。在课程设计中, 用三维数字化设计代替传统的二维设计是课程改革的一个重点, 既有利于学生设计能力和创新意识的培养, 也使设计手段与现代企业的要求接轨。

本节以精压机为例, 采用虚拟样机软件 Adams 和三维建模功能强大的 Creo 软件进行联合仿真技术设计。此外, 采用先分散后集中的教学方式, 解决设计内容多、学习软件时间长而时间紧的矛盾, 且具有较大空间发挥学生的创造性。本节内容虚拟样机文件请读者网站下载 "CH08\8.2" 文件夹中的文件学习。

8.2.2　设计任务

1. 设计题目

设计一冲制薄壁零件精压机的冲压机构、送料机构及其传动系统。

如图 8-37a 所示, 上模先以比较小的速度接近坯料, 然后匀速进行拉延成形工作, 此后上模继续下行将成品推出型腔, 最后快速返回。上模退出下模以后, 送料机构从侧面将坯料送至待加工位置, 完成一个工作循环。

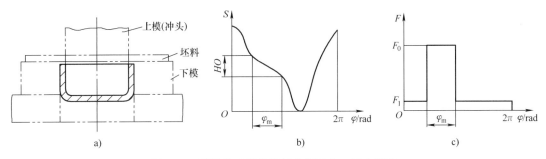

图 8-37　精压机工艺动作与上模运动、受力情况

2. 原始数据与设计要求

1) 动力源是电动机, 下模固定, 上模做上下往复直线运动, 其大致运动规律如图 8-37b 所示, 具有快速接近工件、等速工作进给和快速返回的特性。上模到达工作段之前, 送料机构已将坯料送至待加工位置 (下模上方)。

2) 机构应具有较好的传力性能, 特别是工作段的压力角应尽可能小, 传动角 γ 大于或等于许用传动角 $[\gamma]=40°$。

3) 生产率约每分钟 60 件。

4) 上模的工作段长度 $HO=60\text{mm}$, 对应曲柄转角 $\varphi_m=(1/3\sim1/2)\pi$, 上模总行程长度必须大于工作段长度的两倍。

5) 上模在一个运动循环内的受力情况如图 8-37c 所示, 在工作段所受的阻力 $F_0=12000\text{N}$, 在其他阶段所受的阻力 $F_1=50\text{N}$。

6) 送料机构从侧面推送坯料的阻力为 100N, 在其他阶段所受阻力为 50N。

7) 行程速比系数 $K\geqslant1.5$。

8) 送料距离 $H=60\sim250\text{mm}$。

9) 机器运转不均匀系数 δ 不超过 0.05。

10) 设连杆机构中各构件均为等截面均质杆, 其质心在杆长的中点, 而曲柄的质心则与回转轴线重合。

11）设各构件的质量按每米 40kg 计算，绕质心的转动惯量按每米 $2kg \cdot m^2$ 计算，移动滑块的质量设为 36kg。

3. 设计内容和工作量

（1）冲压机构和送料机构部分（机械原理部分）

1）绘制冲压机构的工作循环图，使送料运动与冲压运动重叠，以缩短工作周期。

2）依据设计要求和已知参数，确定各构件的运动尺寸，用图解法设计，将设计结果和步骤写在设计计算说明书中，并绘制机构运动简图。

3）假设主动件等速转动，利用 Adams 软件分析冲头的位移、速度、加速度变化规律曲线。

4）在不考虑各处摩擦条件下，利用 Adams 分析主动件所需的驱动力矩和功率。

5）取主动件轴为等效构件，确定应加于该轴上的飞轮转动惯量。

6）编写设计计算说明书一份。应包括设计任务、设计参数、设计计算过程等。

以上工作完成后准备机械原理部分的答辩。

（2）结构设计部分（机械设计部分）

1）确定传动装置的类型，画出机械系统传动机构简图。

2）选择电动机，确定电动机的功率与转速，进行传动装置的运动和动力参数计算。

3）减速传动系统中的各零部件设计计算。

4）绘制精压机减速传动系统的装配图和齿轮、轴的零件图。利用三维建模软件建模减速器。

5）编写课程设计计算说明书。

完成以上工作后准备机械设计部分的答辩。

8.2.3　精压机机械系统总体方案设计

根据精压机的功能要求和运动特点，本设计采用"电动机→传动系统→执行系统"的总体方案。其中，传动系统主要是用来减速并增大转矩，考虑到冲击载荷较大、速度低，传动系统拟采用 V 带传动加二级齿轮减速传动；执行系统的作用是将减速传动系统输出的连续单向转动变换为上模的上下往复移动以及送料机构的左右往复移动，考虑到上模执行系统有急回运动要求，选用连杆机构来实现此运动。由此确定精压机机械系统总体方案，如图 8-38 所示。

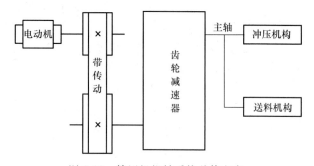

图 8-38　精压机机械系统总体方案

8.2.4　执行系统设计

8.2.4.1　执行机构运动方案设计

该精压机包含两个执行机构，即冲压机构和送料机构。冲压机构的主动件是曲柄，从动件（执行构件）为滑块（上模），行程中有等速运动段（称工作段），并具有急回特性；机构还应有较好的动力特性。送料机构要求做间歇送进运动。

实现上述要求的机构组合方案有多种，在此选择其中两个较为合理的方案，如下所述。

方案 I：齿轮-连杆冲压机构和凸轮-连杆送料机构。在图 8-39a 所示方案中，冲压机构采用了有两个自由度的双曲柄七杆机构，用齿轮副将其封闭为一个自由度。送料机构由凸轮机构和连杆机构串联组成，以便实现工件间歇送进。送料机构的凸轮轴通过齿轮机构与曲柄轴相连。

方案 II：导杆-摇杆滑块冲压机构和凸轮送料机构。在图 8-39b 所示方案中，冲压机构是在导杆机构的基础上串联一个摇杆滑块机构组合而成的。送料机构由凸轮机构担任，以便实现工件间歇送进。送料机构的凸轮轴通过齿轮机构与曲柄轴相连。

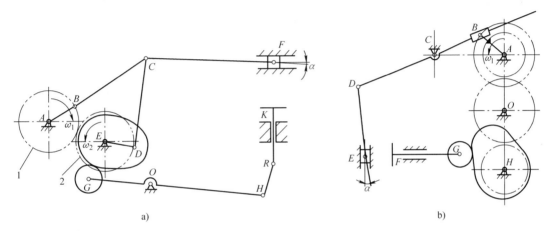

图 8-39　冲压机构方案

a）齿轮-连杆冲压机构和凸轮-连杆送料机构　b）导杆-摇杆滑块冲压机构和凸轮送料机构

经比较选用方案 I，该方案有以下优点：

1）该方案中冲压机构采用了有两个自由度的双曲柄七杆机构，用齿轮副将其封闭为一个自由度。恰当地选择点 C 的轨迹和确定构件尺寸，可保证机构具有急回运动和工作段近于匀速的特性，并使压力角 α 尽可能小。

2）可以根据实际要求对该机构进行优化设计。在运动要求不高时，该机构可采用实验法（样板覆盖法）进行设计；当要求较高时，以实验法得到的结果作为初始值进行计算机辅助优化设计。

3）送料机构是由凸轮机构和连杆机构串联组成的。送料机构的凸轮轴与冲压机构的从动曲柄轴固连，按机构运动循环图可确定凸轮工作角和从动件的运动规律，使其能在预定时间将工件推送至待加工位置。设计时，可利用杠杆原理使 $l_{OG}<l_{OH}$，以减小凸轮尺寸。

8.2.4.2　冲压机构运动设计

由图 8-39a 可知，冲压机构是由七杆机构和齿轮机构组合而成的。由组合机构的设计可知，为了使曲柄 AB 回转一周，点 C 完成一个循环，两齿轮齿数比 z_1/z_2 应等于 1。这样，冲压机构设计就分解为七杆机构和齿轮机构的设计。

（1）七杆机构的设计　根据对执行构件 F 提出的运动特性和动力特性要求选定与执行构件相连的连杆长度 l_{CF}，并确定能实现上述要求的点 C 的轨迹，然后按实验法初步设计

五杆机构 *ABCDE*。如图 8-40 所示，要求 *AB*、*ED* 均为曲柄，两者转速相同，转向相反，当曲柄在角度 φ_m 的范围内转动时，从动滑块在 *HO* 范围内做等速运动。设计步骤简述如下：

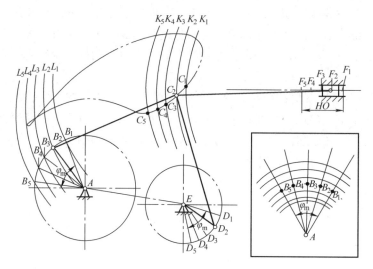

图 8-40　实验法设计七杆机构

1）任作一直线，作为滑块导路，在其上取线段 *HO* = 60mm，并将其等分，得等分点 F_1、F_2、F_3、F_4、F_5。

2）选取 l_{CF} 为半径，以 F_i 各点为圆心作弧得 K_1、K_2、K_3、K_4、K_5。

3）选取 l_{DE} 为半径，在适当位置上作圆，在圆上取圆心角为 φ_m 的弧长，将其与 *HO* 对应等分，得等分点 D_1、D_2、D_3、D_4、D_5。

4）选取 l_{DC} 为半径，以 D_i 为圆心作弧，与 K_1、K_2、K_3、K_4、K_5 对应交于 C_1、C_2、C_3、C_4、C_5。

5）取 l_{BC} 为半径，以 C_i 为圆心作弧，得 L_1、L_2、L_3、L_4、L_5。

6）在透明白纸上作适量同心圆弧。在其上取圆心角 φ_m，将其与 *HO* 对应等分，并由圆心引相应条射线。

7）将作好圆弧的透明纸覆在 L_i 曲线簇上移动，使得该射线簇与 L_i 曲线簇对应的交点 B_1、B_2、B_3、B_4、B_5 正好位于同一圆周上，便得曲柄长 l_{AB} 及铰链中心 *A* 的位置。

8）检查是否存在曲柄及两曲柄转向是否相反。同样，可以先选定 l_{AB} 长度，确定 l_{DE} 和铰链中心 *E* 的位置。也可以先选定 l_{AB}、l_{DE} 和点 *A*、*E* 的位置，其方法与上述相同。

由以上设计过程得机构基本尺寸如下：

$l_{AB} = 73.3$mm，$l_{DE} = 67.2$mm，$l_{AE} = 186.8$mm，$l_{BC} = 247.8$mm，$l_{DC} = 256.4$mm，$l_{CF} = 441$mm，点 *A* 与导路的垂直距离为 182mm，点 *E* 与导路的垂直距离为 224mm。

测量图解法设计七杆机构中的 *A*、B_1、C_1、D_1、*E*、F_1 各点坐标，各点坐标值详见表 8-6，在 Adams 中创建七杆机构虚拟样机如图 8-41 所示，操作步骤如下。（操作细节参阅 4.1 节连杆机构建模与仿真有关内容。）

① 创建设计点。按照表 8-6 所列数据创建点 "POINT_A" "POINT_B1" "POINT_C1" "POINT_D1" "POINT_E" "POINT_F1"。

表 8-6　七杆机构设计点坐标

设计点	Loc_X	Loc_Y	Loc_Z
POINT_A	0	0	0
POINT_B1	−32	66	0
POINT_C1	187	182	0
POINT_D1	244	−68	0
POINT_E	182	−42	0
POINT_F1	628	182	0

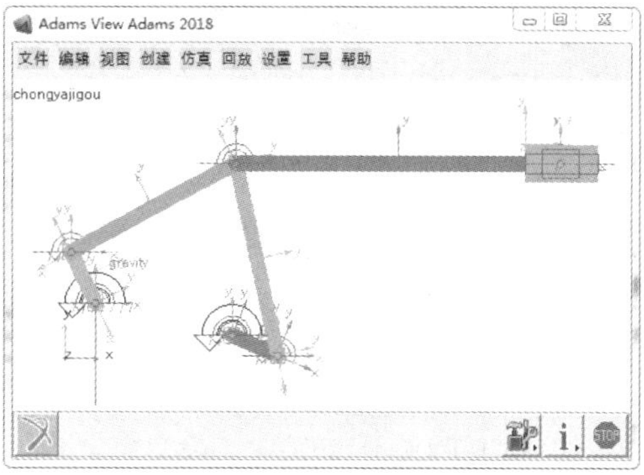

图 8-41　七杆机构 $AB_1C_1D_1EF_1$

② 创建运动件。在 "POINT_A" 和 "POINT_B1" 之间创建连杆 "liangan_AB"，在 "POINT_B1" 和 "POINT_C1" 之间创建连杆 "liangan_BC"，在 "POINT_C1" 和 "POINT_D1" 之间创建连杆 "liangan_CD"，在 "POINT_D1" 和 "POINT_E" 之间创建连杆 "liangan_DE"，在 "POINT_C1" 和 "POINT_F1" 之间创建连杆 "liangan_CF"。将 "宽度" 设置为20，"厚度" 设置为7.5。

在点 "POINT_F1" 创建 "长度" 为100、"高度" 为50、"深度" 为10的滑块 "chongtou"。

③ 创建运动副。在点 A "liangan_AB" 和 "ground" 之间、点 B_1 "liangan_AB" 和 "liangan_BC" 之间、点 C_1 "liangan_BC" 和 "liangan_CF" 之间、点 C_1 "liangan_CD" 和 "liangan_CF" 之间、点 D_1 "liangan_CD" 和 "liangan_ED" 之间、点 E "liangan_ED" 和 "ground" 之间、点 F_1 "liangan_CF" 和 "chongtou" 之间分别创建转动副 "JOINT_A" "JOINT_B" "JOINT_C1" "JOINT_C2" "JOINT_D" "JOINT_E" "JOINT_F"，在点 F_1 "chongtou" 和 "ground" 之间创建移动副 "JOINT_YF"。

④ 创建驱动。在转动副 "JOINT_A" 上创建驱动 "MOTION_A"，将驱动 "30.0d * time" 改为 "−360d * time"，曲柄转向为顺时针。在转动副 "JOINT_E" 上创建驱动 "MOTION_E"，将驱动 "30.0d * time" 改为 "360d * time"，曲柄转向为逆时针。设置仿真时间为1s（1个周期），步数为360步。

为便于对机构进行运动学和动力学分析，需要建立当上模位于上极限位置时的七杆机构虚拟样机模型，即需要知道上模处于上极限位置时的七杆机构中 B、C、D、F 各点坐标（点 A、E 是固定点）。首先在 B_1、C_1、D_1、F_1 各点创建属于各活动构件的 "Marker_B" "Marker_C" "Marker_D" "Marker_F" 点，对上述建立的七杆机构在后处理模块中进行分析，分别得到各 "Marker" 点在一个运动周期中的 X、Y 坐标位移曲线，如图8-42 和图8-43所示。图8-44所示为七杆机构点 F 的位移与速度曲线，在速度曲线接近平行线的一段是上模处于冲压坯料阶段，经搜索得到对应位移曲线 X 坐标介于 560～620mm 之间。

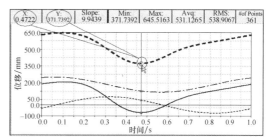

图 8-42　A、B、C、D、E、F 各点 X 坐标位移曲线

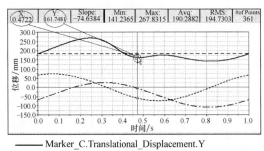

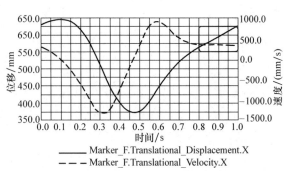

图 8-43　*A*、*B*、*C*、*D*、*E*、*F* 各点 *Y* 坐标位移曲线　　　　图 8-44　七杆机构点 *F* 的位移与速度曲线

　　上模（点 *F*）处于上极限位置，即图 8-42 中点 *F* 位移曲线 *X* 坐标为最低点时，相对应的点 *B*、*C*、*D* 曲线 *X* 坐标即为所求。在 Adams/PostProcessor 中可以显示曲线上点的坐标值、最大值、最小值和平均值。单击图表控制工具栏中的 🐛 图标，显示曲线数值统计工具栏。使用左右箭头在同一条曲线上移动，同时在曲线数值统计工具栏中显示统计数据。按下 <Ctrl> 键，可使用左右箭头在不同的局部最小点之间切换。在图 8-42 中得到点 *F* 处于上极限位置时 *X* 坐标为 371.7392mm，对应时间为 0.4722s，在图 8-43 中搜寻对应时间为 0.4722s 时的 *B*、*C*、*D*、*F* 各 "Marker" 点的 *Y* 坐标，如点 *C* 坐标为 161.7481mm。经搜寻得到 *B*、*C*、*D*、*F* 坐标值见表 8-7（点 *A*、*E* 坐标值不变）。

表 8-7　七杆机构上极限位置各点坐标

设计点	Loc_X	Loc_Y	Loc_Z
POINT_A	0	0	0
POINT_B	43	−59.5	0
POINT_C	−68.8	161.7	0
POINT_D	125.5	−5.6	0
POINT_E	182	−42	0
POINT_F	371.7	182	0

　　读者可网站下载 "CH08\8.2\七杆机构 Adams 模型" 文件夹中的 "chongyajg. bin" 文件参考学习。

　　（2）齿轮机构的设计　该齿轮机构的中心距 $a = 186.8$mm，模数 $m_n = 5$mm，采用标准斜齿圆柱齿轮传动，$z_1 = z_2 = 36$，$h_a^* = 1.0$，$c^* = 0.25$、$\beta = 15.5°$。

8.2.4.3　机构运动循环图

　　依据冲压机构分析结果以及对送料机构的要求，可绘制机构运动循环图，如图 8-45 所示。当主动件 *AB* 由初始位置（上模位于上极限点）转过角 φ_b 时，上模快速接近坯料；又当曲柄 *AB* 由 φ_b 转到 φ_d 时，上模近似等速向下冲压坯料；当曲柄 *AB* 由 φ_d 转到 φ_e 时，上模继续向下运动，将工件推出型腔；当曲

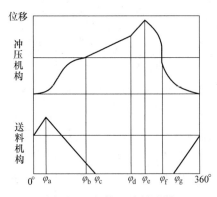

图 8-45　机构运动循环图

柄 AB 由 φ_e 转到 φ_f 时，上模向上运动，恰好退出下模，最后回到初始位置，完成一个循环。送料机构的送料动作只能在上模退出下模到上模又一次接触工件的范围内进行，故送料凸轮在曲柄 AB 由 φ_g 转到 $360°+\varphi_a$ 时完成升程，在曲柄 AB 由 $360°+\varphi_a$ 转到 $360°+\varphi_c$ 时送料凸轮完成回程。

8.2.4.4　送料机构的摇杆滑块机构设计

图 8-39a 所示的送料机构是由摆动从动件盘形凸轮机构与摇杆滑块机构串联而成的。设计时，应先确定摇杆滑块机构的尺寸，然后再设计凸轮机构。为了保证有足够的送料距离，取 $l_{OG}<l_{OH}$，使整个结构紧凑利于制造。依据滑块的行程要求以及冲压机构的尺寸限制，选取此机构尺寸如下：$l_{OG}=80\text{mm}$，$l_{OH}=332\text{mm}$，$l_{RH}=140\text{mm}$，$l_{RK}=93\text{mm}$，考虑到上模的形状尺寸，送料滑块导路与点 A 的垂直距离为 595mm，摆杆中心点 O 到送料滑块导路 RK 的垂直距离为 355mm，送料距离取为 150mm，滚子半径 $r_T=15\text{mm}$，测量摆杆中心点 O 与点 E 距离为 110mm，经测量得到点 O、H、R 坐标值见表 8-8。

表 8-8　摇杆滑块机构各点坐标

设　计　点	Loc_X	Loc_Y	Loc_Z
POINT_O	240	−136	0
POINT_H	569	−179	0
POINT_R	595	41	0

8.2.4.5　创建执行机构三维模型

Adams 实体建模能力相对薄弱，尤其是复杂机械系统的建模要花费大量的时间，这对于更注重系统动力学特性分析的设计人员来说显得效率低下。PTC 公司的三维实体建模软件 Creo 可以方便地实现机械系统中各部件的建模及系统的整体装配。

1. 基于 Creo 的执行机构零件三维造型

在 Creo 环境下，依据表 8-9 统计的测量数据建立精压机的主要零件的模型，如图 8-46 所示。齿轮 1 和齿轮 2 参数相同（螺旋角方向相反），建模过程参考第 5 章 5.1.3.2 中相关内容；其余杆件建模较为简单，读者可自行完成。由于精压机执行机构杆件较多，装配较为困难，因此创建机架零件时，将精压机执行机构各个构件装配位置关系在 "jijia.prt" 中用基准线和基准点标示，以便于零件的装配。零件 "jijia.prt" 中基准线和基准点的创建以及其他零件的创建可网站下载 "CH08\8.2\jyj_prt" 文件夹中的相应文件参考。

执行机构中送料机构的凸轮需在 Adams 中反求以获得轮廓。

表 8-9　精压机执行构件尺寸

杆件名称	齿轮 1				齿轮 2				l_{BC}	l_{CF}	l_{DC}	l_{OG}	l_{OH}	l_{RH}	l_{RK}
	齿数	模数	螺旋角	齿宽	齿数	模数	螺旋角	齿宽							
单位		mm	(°)	mm		mm	(°)	mm	mm						
数据	36	5	15.5	70	36	5	15.5	70	247.8	441	256.4	80	332	140	93

2. 基于 Creo 的执行机构装配设计

1）单击 "新建" 图标，在 "新建" 对话框中的 "类型" 单选框中选取 "装配"，在 "子类型" 单选框中选取 "设计" 子类型，在 "文件名" 文本框中输入装配件名称 "jingyaji"，单击 "确定" 按钮，进入装配环境。

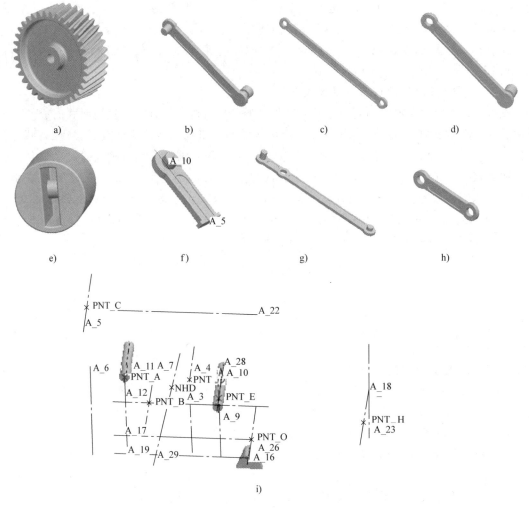

图 8-46　精压机部分零件三维造型

a）chilun_1. prt（chilun_2. prt）　b）gan_BC. prt　c）gan_CF. prt　d）gan_DC. prt

e）huakuai. prt　f）gan_RK. prt　g）gan_GOH. prt　h）gan_RH. prt　i）jijia. prt

A_22—上模导路　A_23—推杆导路　A_29—齿轮啮合点切线方向　NHD—啮合点

2）在 Creo 的装配环境下单击命令菜单栏中的 "文件"→"准备"→"模型属性" 命令，弹出 "模型属性" 对话框，单击 "材料" 模块中 "单位" 行最右侧的 "更改" 选项，弹出 "单位管理器" 对话框，单击 "毫米千克秒（mmks）" 单位制，单击 "单位管理器" 对话框中的 "设置" 按钮，弹出 "更改模型单位" 对话框，选择 "解释尺寸"，单击 "确定" 按钮，完成单位的转换。

注意：此步骤之前在 Creo 中创建精压机执行机构每个零件的时候都需要进行单位的转换，方法同上。

3）单击 "模型" 功能选项卡中的 图标，此时系统弹出 "打开" 对话框，选取网站下载 "CH08\8.2\jyj_prt" 文件夹中的文件 "jijia. prt"，单击 "打开" 按钮。在操控板的 "约束类型" 下拉列表框中选取 "默认"，然后单击操控板上的 按钮，完成机架的定位。

4）单击"模型"功能选项卡中的 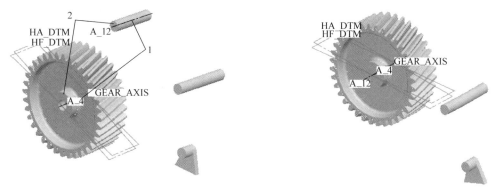 图标，选取上述文件夹中的文件"chilun_1. prt"，在操控板中"用户定义"栏中选取"销"，选择齿轮轴孔的中心线和机架轴对应的轴线，如图 8-47 中 1 所示，约束类型为"重合"；选择齿轮前端面和机架轴端面，如图 8-47 中 2 所示，约束类型为"重合"，单击 ✓ 按钮。装配效果如图 8-48 所示。

图 8-47　"chilun_1. prt"配合设置　　　　　图 8-48　"chilun_1. prt"装配效果

5）单击"模型"功能选项卡中的 图标，选取上述文件夹中的文件"chilun_2. prt"，在操控板中单击"放置"；选择齿轮轴孔的中心线和机架轴的中心线，如图 8-49 中 1 所示，约束类型为"重合"；选择齿轮 1 前端面和齿轮 2 的前端面，如图 8-49 中 2 所示，约束类型为"重合"；选择齿轮 1 的"HA_DTM"基准面和齿轮 2 的"HA_DTM"的基准面，如图 8-49 中 3 所示，约束类型为"重合"，单击 ✓ 按钮。装配效果如图 8-50 所示。

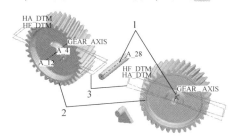

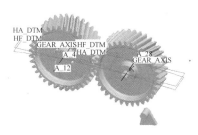

图 8-49　"chilun_2. prt"配合设置　　　　　图 8-50　"chilun_1. prt"与"chilun_2. prt"装配效果

6）单击"模型"功能选项卡中的 图标，选取上述文件夹中的文件"gan_BC. prt"，在操控板中单击"放置"；选择杆 BC 一端中心线与机架 C 点中心线，如图 8-51 中 1 所示，约束类型为"重合"；选择杆 BC 另一端中心线与机架 B 点中心线，如图 8-51 中 2 所示，约束类型为"重合"；选择杆 BC 侧平面与齿轮前端面，如图 8-51 中 3 所示，约束类型为"距离"，"偏移"框中输入"5"，单击 ✓ 按钮。装配效果如图 8-52 所示。

7）单击"模型"功能选项卡中的 图标，选取上述文件夹中的文件"gan_DC. prt"，在操控板中单击"放置"；选择杆 DC 一端中心线与机架 D 点中心线，如图 8-53 中 1 所示，约束类型为"重合"；选择杆 DC 另一端中心线与机架 B 点中心线，如图 8-53 中 2 所示，约束类型为"重合"；选择杆 DC 侧平面与杆 BC 侧平面，如图 8-53 中 3 所示，约束类型为

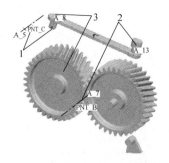

图 8-51　"gan_BC. prt"配合设置

图 8-52　"gan_BC. prt"装配效果

"距离","偏移"框中输入"2",单击 ✓ 按钮。装配效果如图 8-54 所示。

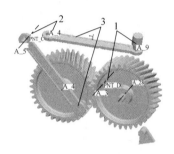

图 8-53　"gan_DC. prt"配合设置

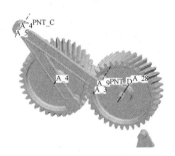

图 8-54　"gan_DC. prt"装配效果

8）单击"模型"功能选项卡中的 📇 图标,选取上述文件夹中的文件"huakuai. prt",在操控板中"用户定义"栏中选取"滑块";选择上模滑块轴线与机架轨道基准线,如图 8-55 中 1 所示;选择滑块内侧平面与齿轮前端面,如图 8-55 中 2 所示,单击 ✓ 按钮。装配效果如图 8-56 所示。

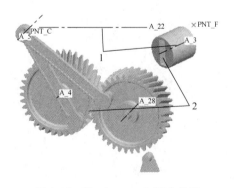

图 8-55　"huakuai. prt"配合设置

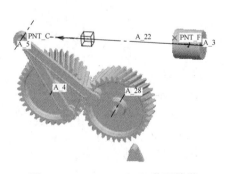

图 8-56　"huakuai. prt"装配效果

9）单击"模型"功能选项卡中的 📇 图标,选取上述文件夹中的文件"gan_CF. prt",在操控板中单击"放置";选择杆 CF 一端中心线与机架 D 点中心线,如图 8-57 中 1 所示,约束类型为"重合";选择杆 CF 另一端中心线与滑块销轴轴线,如图 8-57 中 2 所示,约束类型为"重合";选择杆 CF 侧平面与杆 DC 侧平面,如图 8-57 中 3 所示,约束类型为"距离","偏移"框中输入"2",单击 ✓ 按钮。装配效果如图 8-58 所示。

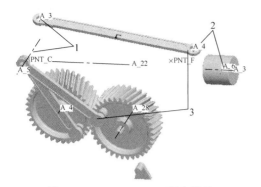

图 8-57　"gan_CF. prt"配合设置

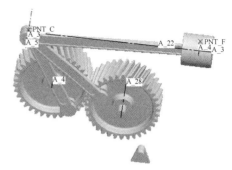

图 8-58　"gan_CF. prt"装配效果

10）单击"模型"功能选项卡中的 图标，选取上述文件夹中的文件"tulunjy. prt"，在操控板中单击"放置"；选择基圆的中心轴线与机架的中心线，如图 8-59 中 1 所示，约束类型为"重合"；选择基圆的端面与机架轴端面，如图 8-59 中 2 所示，约束类型为"重合"，单击 ✓ 按钮。装配效果如图 8-60 所示。

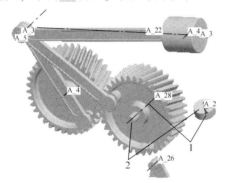

图 8-59　"tulunjy. prt"配合设置

图 8-60　"tulunjy. prt"装配效果

11）单击"模型"功能选项卡中的 图标，选取上述文件夹中的文件"gan_GOH. prt"，在操控板中单击"放置"；选择杆 GOH 中间孔 O 点中心轴线与机架 O 点基准线，如图 8-61 中 1 所示，约束类型为"重合"；选择杆 GOH 另一端中心轴线与机架 H 点基准轴线，如图 8-61 中 2 所示，约束类型为"重合"；选择杆 GOH 侧平面与机架轴端面，如图 8-61 中 3 所示，约束类型为"重合"，单击 ✓ 按钮。装配效果如图 8-62 所示。

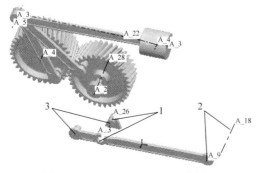

图 8-61　"gan_GOH. prt"配合设置

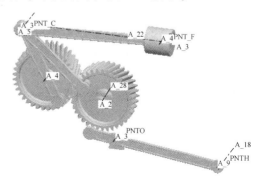

图 8-62　"gan_GOH. prt"装配效果

12）单击"模型"功能选项卡中的 ![icon] 图标，选取上述文件夹中的文件"gan_RK. prt"，在操控板中"用户定义"栏中选取"滑块"；选择杆中心线与机架轨道基准线，如图 8-63 中 1 所示；选择杆侧平面与杆 GOH 侧面，如图 8-63 中 2 所示，单击 ![check] 按钮。装配效果如图 8-64 所示。

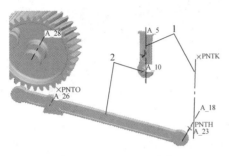

图 8-63　"gan_RK. prt"配合设置

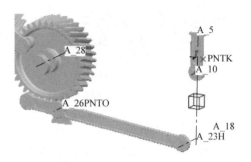

图 8-64　"gan_RK. prt"装配效果

13）单击"模型"功能选项卡中的 ![icon] 图标，选取上述文件夹中的文件"gan_RH. prt"，在操控板中单击"放置"；选择杆 RH 一端中心轴线与杆 RK 中心轴线，如图 8-65 中 1 所示，约束类型为"重合"；选择杆 RH 另一端中心轴线与杆 GOH 一端中心轴线，如图 8-65 中 2 所示，约束类型为"重合"；选择杆 RH 侧平面与杆 RK 侧平面，如图 8-65 中 3 所示，约束类型为"距离"，"偏移"框中输入"2"，单击 ![check] 按钮。装配效果如图 8-66 所示。

读者可网站下载"CH08\8.2\jyj_asm"文件夹中的"jyj. asm"文件参考学习。

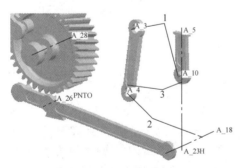

图 8-65　"gan_RH. prt"配合设置

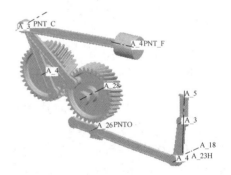

图 8-66　"gan_RH. prt"装配效果

8.2.4.6　Creo 模型导入到 Adams 中

Creo 模型导入到 Adams 中不再提供 MECH/Pro 中间接口软件，导入方法将通过 Creo 软件保存模型为". x_t"格式类型文件，再通过在 Adams 软件中直接打开该文件进行。

在 Creo 软件装配状态下，单击"文件"选项，选择"另存为"，选择所要保存的路径后，在"类型"选项框中选择"Parasolid（ * . x_t）"，单击"确定"按钮，将上述执行机构装配体保存为"jyj. x_t"。

进入 Adams 软件界面，单击左上角"文件"，选择"导入"选项，出现"File Import"对话框，如图 8-67 所示。在"文件类型"一栏选择"Parasolid（ * . xmt_txt， * . x_t， * . xmt_bin， * . x_b）"，在"读取文件"一栏浏览对应文件夹选取"jyj. x_t"文件，选择"模型名称”，在其右边的文本框右击选择“模型”→“创建”，在出现的“Creat Model”对话框的“模型名称”中输入“.jyj”。

8.2.4.7　精压机执行机构虚拟样机的建立

在 Adams 环境下可充分利用 Adams 提供的各种工具，加入诸如运动副、碰撞力、特殊力、函数、子过程等较复杂的模型特性，使仿真模型中必要的元素完备起来。

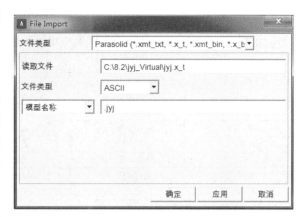

图 8-67　Creo 模型导入到 Adams 中

1. 添加重力

将精压机执行机构三维模型导入到 Adams 后，单击命令菜单栏中的“设置”→“重力”命令，弹出“Gravity Settings”对话框。勾选“重力”复选框，并单击“+X∗”按钮，设置在+X 方向的重力加速度。

2. 创建标记点

在 Adams 中创建 17 个标记点，如图 8-68 所示，标记点“Marker”的创建请读者参考第 4 章 4.3.3 和 4.4.3 中相关内容操作步骤。

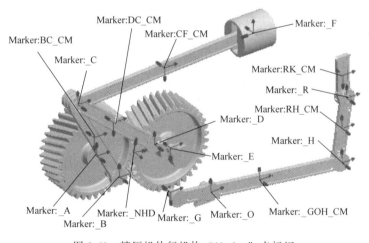

图 8-68　精压机执行机构“Marker”点标记

需要说明的是，其中标记点 Marker：_A、Marker：_B、Marker：_C、Marker：_D、Marker：_E、Marker：_F、Marker：_G、Marker：_H、Marker：_O、Marker：_R 创建的过程中，选择有关零件的圆弧曲线“center”生成标记点；标记点 Marker：BC_CM、Marker：DC_CM、Marker：CF_CM、Marker：_GOH_CM、Marker：RH_CM、Marker：RK_CM 的建立与上述不同，选择对应杆件的质心点“cm”即可；标记点 Marker：_NHD 的创建请读者参考第 4 章 4.4.3 中相关齿轮啮合点方向坐系的创建步骤，需注意的是，该标记点、齿轮 1 和齿轮 2 的共同体需是同一对象，此例中将“jijia. prt”取做共同体。

3. 创建运动副

在 Adams 环境下按照表 8-10 所列创建精压机执行机构运动副，具体操作步骤请读者参考第4章4.4.3中相关内容，创建完成的运动副标记如图8-69所示。

表8-10　精压机运动副

运动副名称	第1个物体	第2个物体	运动副类型	位置
JOINT_A	chilun_1. prt	jijia. prt	旋转副	_A
JOINT_B	gan_BC. prt	chilun_1. prt	旋转副	_B
JOINT_C1	gan_BC. prt	gan_CF. prt	旋转副	_C
JOINT_C2	gan_DC. prt	gan_CF. prt	旋转副	_C
JOINT_D	gan_DC. prt	gan_CF. prt	旋转副	_D
JOINT_E	chilun_2. prt	jijia. prt	旋转副	_E
JOINT_F	gan_CF. prt	huakuai. prt	旋转副	_F
JOINT_YF	huakuai. prt	jijia. prt	平移副	_F
JOINT_O	gan_GOH. prt	jijia. prt	旋转副	_O
JOINT_H	gan_GOH. prt	gan_RH. prt	旋转副	_H
JOINT_R	gan_RH. prt	gan_RK. prt	旋转副	_R
JOINT_K	gan_RK. prt	jijia. prt	平移副	RK_CM
JOINT_FixedE	tulunjy. prt	chilun_2. prt	固定副	_E
JOINT_FixedO	jijia. prt	ground	固定副	_O
GEAR	JOINT_A	JOINT_E	齿轮副	_NHD

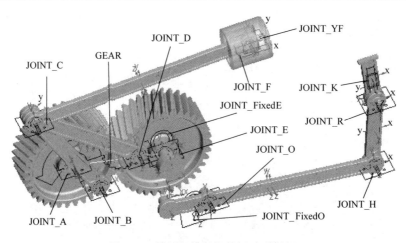

图 8-69　精压机执行机构运动副标记

4. 修改构件的质量和转动惯量

Creo环境中建模构件时没有对每一零部件具体设定密度，系统自动给出的构件的质心、质量和转动惯量不一定符合具体情况，因此需要按给定数据加以修改，表8-11中所列出的执行机构杆件质量、转动惯量和质心位置（图8-68）是根据设计题目要求和计算得到的。

表 8-11　执行机构数据

杆件名称	质量/kg	转动惯量/kg·mm²	质心位置
GAN_BC	9.912	495600	Marker:BC_CM
GAN_DC	10.256	512800	Marker:DC_CM
GAN_CF	17.64	882000	Marker:CF_CM
GAN_RH	5.6	280000	Marker:HR_CM
GAN_GOH	16.48	824000	Marker:GOH_CM
HUAKUAI	36	—	—
GAN_RK	4	—	—

以修改杆件 *BC* 质量、转动惯量和质心位置为例，在 Adams 环境中的操作步骤如下：

在构件"GAN_BC"上，单击鼠标右键，选择"Part：GAN_BC"→"修改"，则出现"Modify Body"对话框，如图 8-70 所示，在"定义质量方式"选项中选择"用户输入"，在"质量"栏和"Izz"栏输入表 8-11 中"GAN_BC"栏所列的数据，在"质心标记点"栏中选择"BC_CM"，单击"确定"按钮。构件 *BC* 的质量、转动惯量和质心坐标即修改完成。

同理，修改表 8-11 中其他构件的质心、质量和转动惯量，齿轮 1 和齿轮 2 的质量和转动惯量忽略不计。

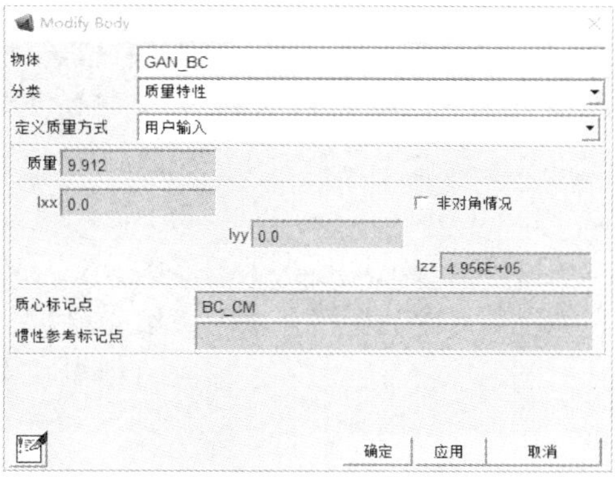

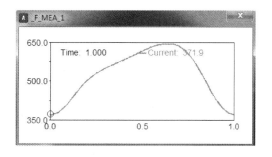

图 8-70　修改"GAN_BC"质量、转动惯量和质心位置

5. 给机构加力

首先对机构进行仿真，单击 图标，单击铰链"JOINT_A"，此时加在机构上的驱动是默认值"30.0d * time"，将其修改为"-360d * time"，单击"确定"按钮，仿真的时间为一个周期 1s，"步数"取 100 步。

1）在主工具箱中右击 图标，在出现的子工具箱中单击 图标，对话框底部显示将发生变化，不改变默认设置。

2）根据提示选择"HUAKUAI"，然后选择"HUAKUAI"上的标记"Marker：_F"作为力的作用点，移动鼠标使箭头沿"HUAKUAI._F.Z"方向，单击完成力的施加。这时力的大小是一个默认值，按照题目的要求，还需要修改。

因为上模上的阻力是上模（滑块）在 *X* 方向上位移的函数，所以应建立一个滑块位移随时间变化的量，以便根据滑块的位置来加载。

3）建立上模（滑块）的位移测量。右击"HUAKUAI"，选择"--Marker：_F"→"测量"，出现"Point Measure"对话框，如图 8-71 所示。在"特性"栏中选择"平移位移"，在"分量"处选择"X"，将"测量名称"改为"_F_MEA_1"，然后单击"确定"按钮，出现"_F_MEA_1"曲线，如图 8-72 所示。

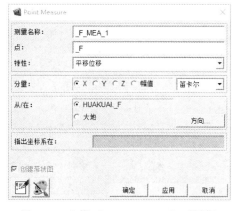

图 8-71　上模"Point Measure"对话框

图 8-72　上模（滑块）质心的位移曲线

4）将鼠标放在已建立力的图标上，单击鼠标右键，选择"Force：SFORCE_1"→"修改"，出现"Modify Force"对话框。在"函数"处单击鼠标右键，选择"函数生成器"。在出现的对话框的顶部栏中输入 IF 语句，通过判断滑块的位移对滑块加载（冲压坯料对应上模位移曲线 X 坐标为 560~620mm）：

IF（time-0.635：IF（_F_MEA_1-560：50，12000，

IF（_F_MEA_1-620：12000，50，50）），-50，-50）

说明：IF 语句的用法参考第 4 章 4.1.2 中相关内容的介绍。

单击"验证"按钮，系统将给出检查上述语句正误的提示，如果没有错误，单击"确定"按钮，返回到"Modify Force"对话框，单击"确定"按钮，完成对施加力的修改。

6. 设置曲柄转角变量

1）在几何模型工具库或几何建模对话框中，选择标记点工具 图标。

2）在底部对话框中选择"添加到现有部件"和"全局 XY"。

3）在屏幕上拾取"chilun_1"，再拾取"_B"点，建立定标记点。选择该标记点，右击"重命名"，修改名称为"Marker_fixedB"。另外一个定标记点直接选择"_A"，不需再创建。

4）动标记点选择"chilun_1"上标记"_B"点，也无须创建。

5）在"创建"菜单，选择"测量"项，再选择"角度"，最后选择"新建"，弹出"Angle Measure"对话框，如图 8-73 所示。

6）在"测量名称"栏，将测量名称改为"MEA_ANGLE_2"。

7）在"开始标记点"栏，选择标记"_B"；在"中间标记点"栏，选择标记"_A"；在"最后标记点"栏，选择标记"Marker_fixedB"。

8）单击"确定"按钮，显示角度测量曲线窗口。

9）在"创建"菜单，再选择"测量"项，选择"函数"，最后选择"新建"，弹出"Function Builder"对话框，如图 8-74 所示。

10）在"测量名称"栏，将测量名称改为"FUNCTION_MEA_1"。

11）在对话框里输入". jingyaji. MEA_ANGLE_2 * 2 * PI/360"，使得曲柄转角变量单位由角度改为弧度。

12）单击"确定"按钮。

图 8-73　曲柄"Angle Measure"对话框

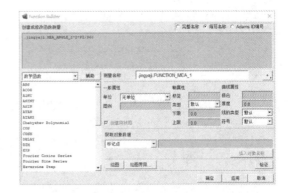

图 8-74　曲柄"Function Builder"对话框

8.2.4.8　送料机构的凸轮机构设计

1. 凸轮轮廓曲线设计

1）首先使用"平移驱动"工具 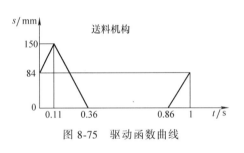 图标，在"gan_RK"和"jijia.prt"导路的约束副上应用约束副驱动"MOTION_2"，以使它的位移符合图 8-75 中的曲线（三个 STEP 函数相加）。

STEP（time，0，0，0.11，66）+STEP（time，0.11，0，0.36，-150）+STEP（time，0.86，0，1，84）

STEP 函数说明：

格式：STEP（x，x0，h0，x1，h1）

参数说明（图 8-76）：

x——自变量，可以是时间或时间的任一函数；

x0——自变量的 STEP 函数开始值，可以是常数或函数表达式或设计变量；

x1——自变量的 STEP 函数结束值，可以是常数、函数表达式或设计变量；

h0——STEP 函数的初始值，可以是常数、设计变量或其他函数表达式；

h1——STEP 函数的最终值，可以是常数、设计变量或其他函数表达式。

图 8-75　驱动函数曲线

图 8-76　STEP 函数

2）在主工具箱中，右击 图标，打开子工具箱，单击 图标。在该对话框的底部选择"添加到现有部件"；选中"半径"，在数值栏中输入 10；选中"圆"。将鼠标移到"gan_GOH.prt"上单击，再选中"Marker：_G"标记点，圆周线创建成功，将圆周线名称修改为"Circle_GZ"。

3）运行一个 1s 和 100 步的仿真，验证在约束副驱动作用下送料机构的运动。

4）使用点的轨迹创建凸轮剖面。从"回放"菜单中选择"创建轨迹曲线"选项，依次选择"gan_GOH.prt"上的"Circle_GZ"，然后选择"tulunjy.prt"，系统自动生成从动件圆弧线相对凸轮板的轨迹，也即凸轮的轮廓曲线，如图 8-77 所示。

2. 凸轮实体生成

1）选择主工具箱零件库中的拉伸实体 图标。

2）在底部对话框中选择"添加到现有部件"和"曲线"，"长度"框中输入 20。

3）首先选择"tulunjy.prt"，再选择凸轮的轮廓曲线，系统自动生成与"tulunjy.prt"装配在一起的凸轮实体，得到比较真实的凸轮机构模型，如图 8-78 所示。

3. 创建凸轮副，将摆杆滚子约束到凸轮上

1）删除"gan_RK.prt"和"jijia.prt"导路之间约束副上的约束副驱动，即右击"MO-TION_2"，单击"删除"按钮删除。

注意：若执行此操作后，再进行仿真，就无法恢复"MOTION_2"，即无法查看"MO-

图 8-77　凸轮的轮廓曲线

图 8-78　凸轮实体

TION_2"中的函数关系式的建立情况，故通常先不进行此操作，而是在所有工作完成的前一步再做，因此先以下列操作代替。

右击"MOTION_2"，选择"激活/失效"，出现如图 8-79 所示的对话框。选中"对象关联激活"复选框，单击"确定"按钮。此时"MOTION_2"的颜色变暗，说明它已不起作用，但仍可以查看其中的有关信息，若想恢复该驱动，再依次选择"MO-TION_2"→"激活/失效"中的"对象激活"即可。

图 8-79　取消或激活驱动

2）在主工具箱中右击图标，则出现子工具箱，如图 8-80 所示，单击图标，对话框底部显示将发生变化，在"第一选择"和"第二选择"栏中均选择"曲线"。

3）首先选择摆杆滚子上的曲线"Circle_GZ"，再选择先前生成的凸轮轮廓曲线，然后出现一线线接触的高副"Curve_Curve：CVCV_1"，如图 8-81所示。

4）运行一个仿真，验证新约束副的工作情况。

4. 给送料机构施加力

1）在主工具箱中右击图标，则出现子工具箱，单击图标，对话框底部显示将发生变化，不改变默认设置。

2）根据提示选择"gan_RK"，然后选择"gan_RK"上的标记"Marker：RK_CM"作为力的作用点，移动鼠标使箭头沿"RK_CM.Y"方向，单击即完成力的施加。这时力的大小是一个默认值，按照题目的要求，还需要修改。

图 8-80　凸轮副工具箱

3）将鼠标放在已建立力的图标上，单击鼠标右键，选择"Force：SFORCE_2"→"修改"，出现"Modify Force"对话框。在"函数"处单击鼠标右键，选择"函数生成器"。在

出现的对话框的顶部栏中输入语句，以使它的作用力符合图 8-82 中的曲线（两个 STEP 函数相加），即

STEP（time，0.11，100，0.11001，-50）+STEP（time，0.86，0，0.86001，150）

说明：STEP 函数曲线与图 8-82 曲线不同，原因是实际阻力总是和运动方向相反。

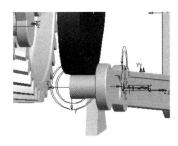

图 8-81　凸轮高副

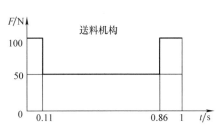

图 8-82　送料机构阻力线图

8.2.4.9　机构的运动学和动力学分析

模型建立后，即可对机构进行运动学和动力学参数分析。分析一般是在后处理模块中进行的。分析前首先应对机构进行仿真，仿真的时间为一个周期 1s，"步数"取 100 步以上，然后再进行后处理。其主要步骤如下：

1. 机构的运动学参数分析

在主工具箱中，单击 ![icon] 图标进入后处理器 Adams/PostProcessor。在后处理器底部图表生成器"资源"中选择"测量"，在"独立轴"栏中，单击"数据"，在弹出的对话框中选择测量变量"FUNCTION_MEA_1"为定制曲线的 X 轴，单击"确定"按钮。在后处理器底部图表生成器"资源"中选择"对象"，"过滤器"中选择"body"，"对象"中选择"HUAKUAI"，按住<Ctrl>键，在"特征"栏中选择"CM_Position""CM_Velocity""CM_Acceleration"，在"分量"栏中选择"X"，单击图表生成器右上角的"添加曲线"，则所选上模"huakuai"随齿轮"chilun_1"转角（弧度）变化的位移、速度、加速度图线如图 8-83 所示。

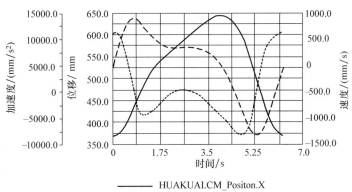

　　　　HUAKUAI.CM_Positon.X
　- - - 　HUAKUAI.CM_Velocity.X
　- - - - 　HUAKUAI.CM_Acceleration.X

图 8-83　上模运动曲线

2. 机构的动力学参数分析

选择曲柄弧度转角为 X 轴，在底部图表生成器"资源"中选择"对象"→"CON-

STRAINT"→"MOTION_1"→"Element_Torque"→"Z"→"添加曲线",则齿轮 1 上 "MOTION_1"
的平衡力矩曲线出现在图线窗口中,如图 8-84 所示。单击主工具栏上的 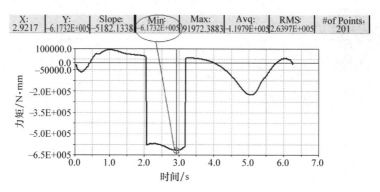 图标,显示曲线
统计运算结果工具条,由图 8-84 可得曲柄所需的最大平衡力矩为 $6.1732 \times 10^5 \mathrm{N} \cdot \mathrm{mm}$。据此
可作为确定构件截面尺寸、不安装飞轮时电动机容量等的依据。

图 8-84　齿轮 1 的平衡力矩曲线

8.2.4.10　调速飞轮设计

在后处理器 Adams/PostProcessor "视图" 菜单中,选择 "工具栏" 项,再选择 "曲线
编辑工具栏",显示曲线编辑和运算工具条。

1. 阻力功线图分析

单击曲线编辑和运算工具条中的曲线数值积分工具 $\int$,选择图 8-84 所示窗口中的平衡
力矩曲线,则生成一个运动循环中的阻力功曲线(图 8-85)。单击主工具栏上的 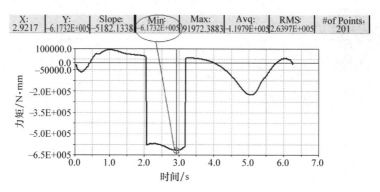 图标,显
示曲线统计运算结果工具条,工具条最左边数据显示当 X = 6.2838 时,Y = -755890N · mm,因
此得到一个工作循环中阻力做功为 755890N · mm。

说明:由于计算精度的缘故,可能积分操作无法完成,为避免出现这种现象,可将仿真
时间(一般是一个周期)延长一点。例如,本例题仿真周期是 1s,可以将仿真时间设定
为 1.0001s。

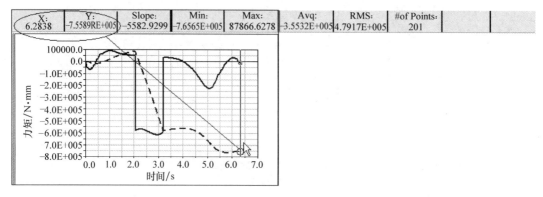

图 8-85　飞轮阻力功曲线

2. 驱动功线图分析

设驱动力矩恒定,则驱动力矩大小 $M_{\mathrm{d}} = 755890 \mathrm{N} \cdot \mathrm{mm}/2\pi = 120304 \mathrm{N} \cdot \mathrm{mm}$。记录阻力功曲线

首尾的坐标，将坐标保存"x1，y1；x2，y2（0，0；6.2838，–755890）"的格式，保存为"a.txt"文件（图8-86）。单击后处理菜单中的"文件"→"导入"→"数值数据"，数据读入后有两组数据，"mea1"为x1和x2，"mea2"为y1和y2。在"独立轴"下定义为"数据"，并在弹出的对话框中选"mea1"为横坐标，再选"mea2"添加曲线，则驱动功直线出现在视图窗口中，如图8-87所示。为能对该直线进行数值运算，单击曲线编辑和运算工具条中的样条曲线工具

图 8-86　飞轮阻力功曲线坐标

图标，在曲线编辑和运算工具条中出现样条曲线类型选择栏，在样条曲线类型选择栏"类型"中选择所需的样条曲线类型，在"#pts"文本栏中输入用于拟合数据的插值点数量，在图8-87中单击该直线，则驱动功样条曲线出现在图8-87所示窗口中。

3. 动态剩余功线图分析

单击曲线编辑和运算工具条中的曲线相减工具 图标，依次选择图8-87所示的两条曲线，则一个运动循环中的动态剩余功曲线出现在图8-88所示窗口中。单击主工具栏上的 图标，显示曲线统计运算结果工具条，选择该曲线（图8-89），工具条数据显示最大盈功是334170N·mm，最大亏功是198040N·mm，可得最大动态剩余功 $[A'] = (334170+198040)$ N·mm = 532210N·mm。

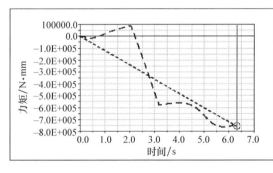

图 8-87　飞轮驱动功曲线

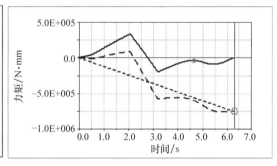

图 8-88　曲线相减工具获取曲线

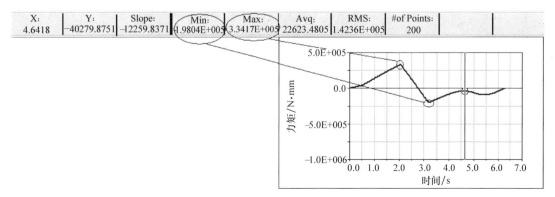

图 8-89　飞轮动态剩余功曲线

4. 确定飞轮的转动惯量 J_F

由所得的 $[A']$，按下式确定飞轮的转动惯量，其中 n 为需安装飞轮构件的转速。为减少飞轮的转动惯量，最好将飞轮安装在电动机轴上，因此 n 可取为电动机的转速。

$$J_F = \frac{900[A']}{\pi^2 n^2 \delta}$$

读者可网站下载 "CH08\8.2\jyj_virtual" 文件夹中的 "jingyaji.bin" 文件参考学习。

8.2.5　传动系统设计

8.2.5.1　传动系统方案设计

传动系统采用 V 带传动和二级圆柱齿轮传动进行减速。传动系统布置方案如图 8-90 所示。

8.2.5.2　选择电动机

1）通过安装具有储能作用的飞轮，以选用较小功率的电动机。精压机输出功率为加于齿轮 "chilun_1" 上的平衡力矩 120304N·mm 与齿轮角速度的乘积，即

$$P_r = M_d\omega = 120304\times10^{-3}\times2\pi W \approx 755.89W$$

考虑冲压机构和送料机构的效率（取 0.7），则扩大为 0.75589kW/0.7 ≈ 1.08kW。

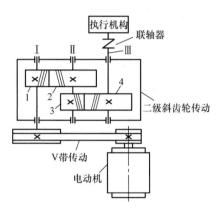

图 8-90　传动系统布置方案

由电动机至执行机构的总传动效率为

$$\eta = \eta_{带}\ \eta_{轴承}^3\ \eta_{齿轮}^2\ \eta_{联轴器} = 0.96\times0.99^3\times0.97^2\times0.99 \approx 0.868$$

则电动机所需功率为

$$P_d = P_w/\eta = 1.08/0.868kW \approx 1.244kW$$

综合考虑电动机和传动装置的尺寸、重量、价格和带传动、减速器的传动比，选用 YE3-90L-4 电动机，额定功率为 1.5kW，同步转速为 1500r/min。

2）不安装飞轮时电动机容量的确定，也是据此作为设计构件尺寸的依据。曲柄所需的最大平衡力矩为 6.1732×10^5N·mm，则精压机输出功率为

$$P_r = M_{er}\omega = 6.1732\times10^5\times10^{-3}\times2\pi W \approx 3878.7W$$

电动机所需功率为

$$P_d = P_w/(0.7\eta) = 3.8787kW/(0.7\times0.868) \approx 6.384kW$$

选用 YE3×-132M-4 电动机，额定功率为 7.5kW，同步转速为 1500r/min。

8.2.5.3　传动比分配及各级传动运动、动力参数计算

设 V 带传动和二级齿轮传动的传动比分别为 $i_{带}$、$i_{齿轮}$，则传动系统总传动比为 $i_{总} = i_{带}$ $i_{齿轮}$，由电动机转速和冲压机构的往复次数可求得 $i_{总} = n_m/n = 1500/60 = 25$。初选 V 带传动的传动比为 $i_{带} = 2$，则二级齿轮传动的传动比为 $i_{齿轮} = 25/2 = 12.5$。传动比按 "前大后小" 的原则进行分配，取 $i_{高速级} = 1.3i_{低速级}$，得到低速级传动比为 $i_{低速级} = 3.1$，则高速级传动比为 $i_{高速级} = 4.03$。

选用安装飞轮的较小功率电动机，根据电动机输入参数和上述传动比分配以及传动效率，可求得图 8-90 中各传动轴的运动、动力参数，见表 8-12。

表 8-12　传动系统各传动轴的运动、动力参数

轴　号	转速/(r/min)	功率/kW	转矩/N·m
电动机轴	1500	6.384	40.65
Ⅰ轴	750	6.129	78.04
Ⅱ轴	186	5.885	302.16
Ⅲ轴	60	5.652	899.61

8.2.5.4　带传动设计

采用窄 V 带传动，传动比 $i=2$，一班制工作。

1) 确定计算功率 P_{ca}。经查得工作情况系数 $K_A=1.3$。

$$P_{ca}=K_A P=1.3\times6.384kW\approx8.3kW$$

2) 选择 V 带型号。由 P_{ca} 及主动轮转速 n_1，由有关线图初步选用 SPZ 型带。

3) 选取带轮基准直径。经查选取小带轮基准直径：$d_{d1}=75mm$。大带轮基准直径：$d_{d2}=id_{d1}=2\times75mm=150mm$。

4) 验算带速 v

$$v=\frac{\pi d_{d1}n_1}{60\times1000}=\frac{\pi\times75\times1400}{60\times1000}m/s\approx5.5m/s$$

v 在 $5\sim25m/s$ 范围内，带速合适。

5) 确定中心距 a 和带长 L_d。在 $0.7(d_{d1}+d_{d2})\leqslant a_0\leqslant2(d_{d1}+d_{d2})$ 范围内初选中心距 $a_0=300mm$。

初定带长

$$L_0=2a_0+\frac{\pi}{2}(d_{d_1}+d_{d_2})+\frac{(d_{d_2}-d_{d_1})^2}{4a_0}$$

$$=2\times300mm+\frac{\pi}{2}(75+150)mm+\frac{(150-75)^2}{4\times300}mm\approx958mm$$

经查选取 SPZ 型带的标准基准长度 $L_d=1000mm$。

计算中心距

$$a=a_0+\frac{L_d-L_0}{2}=300mm+\frac{1000-958}{2}mm=321mm$$

6) 验算小带轮包角

$$\alpha_1\approx180°-\frac{d_{d_2}-d_{d_1}}{a}\times60°=180°-\frac{150-75}{321}\times60°\approx166°>120°$$

因此，包角合适。

7) 确定 V 带根数。

查表得：$P_0=1.361kW$，$\Delta P_0=0.211kW$，$K_\alpha=0.958$，$K_L=0.9$，故

$$z=\frac{P_{ca}}{(P_0+\Delta P_0)K_\alpha K_L}=\frac{8.3}{(1.361+0.211)\times0.958\times0.9}\approx6.12$$

取 7 根。

8）确定初拉力。经查得 $q = 0.07\mathrm{kg/m}$，得单根窄V带的初拉力为

$$F_0 = \frac{500P_{ca}}{zv}\left(\frac{2.5}{K_\alpha}-1\right)+qv^2 = \frac{500\times8.3}{7\times5.5}\times\left(\frac{2.5}{0.958}-1\right)\mathrm{N}+0.07\times5.5^2\mathrm{N} \approx 175.62\mathrm{N}$$

9）计算带轮轴所受压力

$$F_Q = 2zF_0\sin\frac{\alpha_1}{2} = 2\times7\times175.62\times\sin\frac{166°}{2}\mathrm{N} \approx 2380.99\mathrm{N}$$

10）带轮结构设计（略）。

8.2.5.5　齿轮传动设计

略（详见第3章及机械设计教材）。

8.2.5.6　齿轮减速器三维设计

略（详见第5章）。

8.3　基于 Creo 和 Adams 的冲压式蜂窝煤成形机设计

8.3.1　背景

使用虚拟样机技术验证机械运动方案和机械传动系统的合理性，是现代化设计方法在机械综合课程设计中应用的重要体现。

冲压式蜂窝煤成形机结构简单，包含常见的连杆机构、间歇运动机构、凸轮机构、齿轮机构和带传动等，通过选型搭配完成蜂窝煤从加料到成形煤输出的各项功能，本节着重于机械整机的运动仿真，虚拟样机文件可参考网站下载"CH08\8.3"文件夹中的文件。

8.3.2　机器的功能和设计要求

1. 机器的功能

冲压式蜂窝煤成形机是我国城镇蜂窝煤生产厂的主要生产设备，这种设备因具有结构合理、成形性能好、经久耐用、维修方便等优点而被广泛采用。它将粉煤加入转盘的模筒内，经冲头冲压成蜂窝煤。为了实现将蜂窝煤压制成形，冲压式蜂窝煤成形机必须完成五个动作：粉煤加料；冲头将蜂窝煤压制成形；将在模筒内冲压后的蜂窝煤脱模；将冲压成形的蜂窝煤输送装箱；清除冲头和脱模盘的积屑。

2. 设计条件和要求

1）以电动机为动力源。驱动电动机采用 Y180L-8 型，其功率 $P = 11\mathrm{kW}$，转速 $n = 730\mathrm{r/min}$。

2）蜂窝煤尺寸为 $\phi\times h = 100\mathrm{mm}\times75\mathrm{mm}$，生产率为每分钟40个。

3）机构应具有较好的传力性能，工作段的传动角应大于或等于40°。

4）由于冲头压力较大，希望冲压机构具有增力功能，以增大有效作用，减少原动机的功率。

8.3.3　工作原理和工艺动作分解

图8-91所示为冲压式蜂窝煤成形机冲头3、脱模盘5、扫屑刷4、模筒转盘1的相互位

置关系。冲头 3 与脱模盘 5 都与上、下移动的滑梁 2 连成一体，当滑梁 2 下冲时冲头 3 将粉煤冲压成蜂窝煤，脱模盘 5 将已压成的蜂窝煤脱模。在滑梁 2 上升过程中扫屑刷 4 将刷除冲头 3 和脱模盘 5 上粘着的粉煤。模筒转盘 1 上均布 5 个模筒，转盘的间歇运动使加料后的模筒进入冲压位置，成形后的模筒进入脱模位置，空的模筒进入加料位置。

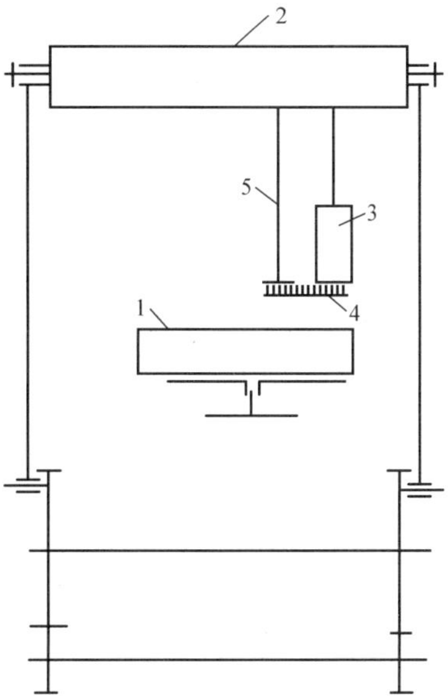

根据上述分析，冲压式蜂窝煤成形机要求完成的工艺动作有以下六个动作：

1）加料。这一动作可利用粉煤重力自动加料。

2）冲压成形。要求冲头上、下往复移动，在冲头行程的后 1/2 进行冲压成形。

3）脱模。要求脱模盘上、下往复移动，将已冲压成形的蜂窝煤压下去而脱离模筒。一般可将它与冲头一起固结在上、下往复移动的滑梁上。

4）扫屑。要求在冲头、脱模盘向上移动过程中用扫屑刷将粉煤扫除。

5）模筒转模间歇运动。以完成冲压、脱模、加料三个工位的转换。

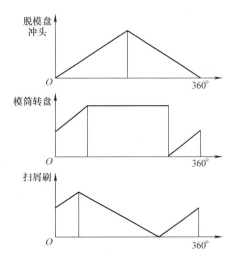

图 8-91　冲压式蜂窝煤成形机各部分位置示意

1—模筒转盘　2—滑梁　3—冲头
4—扫屑刷　5—脱模盘

6）输送。将成形的蜂窝煤脱模后落在输送带上送出成品，以便装箱待用。

8.3.4　根据工艺动作顺序和协调要求拟订运动循环图

冲压式蜂窝煤成形机的机构运动循环图主要是确定冲头和脱模盘、扫屑刷、模筒转盘三个执行构件的先后顺序、相位，以利于各执行机构的设计、装配和调试。

冲压式蜂窝煤成形机的冲压机构为主机构，以它的主动件的零位角为横坐标的起点，纵坐标表示各执行机构的位移起止位置。图 8-92 所示为冲压式蜂窝煤成形机的其中三个执行机构的运动循环图。冲头和脱模盘由工作行程和回程两部分组成。模筒转盘的工作行程在冲头的回程后半段和工作行程的前半段完成，使间歇转动在冲压以前完成。扫屑刷要求在冲头回程后半段至工作行程前半段完成扫屑动作。

8.3.5　执行机构的选型

根据冲头和脱模盘、模筒转盘、扫屑刷这三个执行机构的动作要求和结构特点，可以选择表 8-13 中所列的常用机构。

图 8-92　冲压式蜂窝煤成形机运动循环图

表 8-13　常用冲压式蜂窝煤成形机的执行机构选型

冲头和脱模盘机构	对心曲柄滑块机构	偏置曲柄滑块机构	六杆冲压机构
扫屑刷机构	摇杆滑块机构	固定凸轮移动从动机构	
模筒转盘间歇运动机构	槽轮机构	不完全齿轮机构	凸轮式间歇运动机构

图 8-93a 所示为固定移动凸轮利用滑梁 1 上、下移动使带有扫屑刷的移动从动件顶出而扫除冲头和脱模盘 2 底上的粉煤屑。图 8-93b 所示为摇杆滑块机构，利用滑梁 1 的上、下移动使连杆上的扫屑刷摆动而扫除冲头和脱模盘 2 底上的粉煤屑。

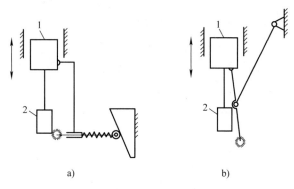

a)　　　　　　　　b)

图 8-93　两种机构运动形式比较
1—滑梁　2—脱模盘

8.3.6　机械运动方案的选择和评定

根据表 8-13 所示的三个执行机构形态学矩阵，可以求出冲压式蜂窝煤成形机的机械运动方案数为

$$N = 3 \times 2 \times 3 = 18$$

现在可以按给定条件、各机构的相容性和尽量使机构简单等要求来选择运动方案。在此可选定两个结构比较简单的方案，如下所述：

方案 I：冲压机构为对心曲柄滑块机构，模筒转盘机构为槽轮机构，扫屑刷机构为摇杆滑块机构。

方案 II：冲压机构为偏置曲柄滑块机构，模筒转盘机构为不完全齿轮机构，扫屑刷机构为固定凸轮移动从动件机构。

两个方案可用模糊综合评价方法来进行评估优选，也可以按设计需求直接比较方案的优劣。例如，由于没有急回要求，冲压机构可以选为对心曲柄滑块机构；模筒转盘机构可以选为槽轮机构，这样工作效率高、定位精确且加工方便；扫屑刷机构可选为摇杆滑块四杆机构，设计加工简单方便。最后，选取方案 I 为冲压式蜂窝煤成形机机构的机械运动方案。

方案 I 的传动系统如图 8-94 所示。

方案 I 的传动路线如下：

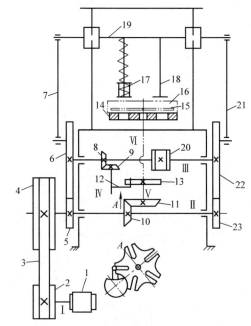

图 8-94　冲压式蜂窝煤成形机方案 I （扫屑刷机构略）
1—电动机　2—小带轮　3—带　4—大带轮　5、23—齿轮 z_5
6、22—齿轮 z_6　7、21—连杆　8—锥齿轮 z_8　9—锥齿轮 z_9
10—锥齿轮 z_{10}　11—锥齿轮 z_{11}　12—拨盘　13—槽轮
14—模筒转盘　15—煤料搅拌器　16—煤料盘
17—冲头　18—脱模盘　19—滑梁　20—输送带

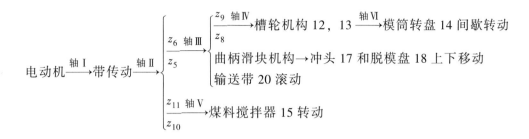

8.3.7　总体布局

按已选定的三个执行机构的型式及机械传动系统，加上加料机构和输送机构，画出冲压式蜂窝煤成形机的总体布局图，如图 8-95 所示。冲压式蜂窝煤成形机的特点如下：

1) 槽轮机构布置在轴Ⅲ的下方，可以有效避免与蜂窝煤从模筒脱落时产生的干涉；同时拨盘（锥齿轮 z_8）安装在轴Ⅲ靠右侧，使得蜂窝煤输送带轮有充裕的空间装在轴Ⅲ上，简化了机构。

2) 齿轮 z_5 布置在齿轮 z_6 的左上方，抬高大带轮轴Ⅱ的位置，有效降低煤料盘的高度，便于煤料的添加，也降低了整机高度。

3) 蜂窝煤输送装置与大带轮和高速齿轮布置在支承体两侧。

4) 电动机单向运转。

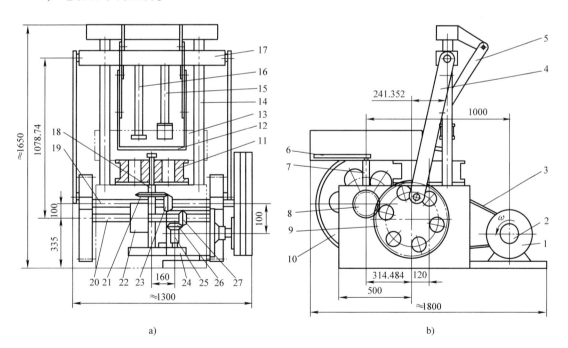

a)　　　　　　　　　　　　　　　　b)

图 8-95　冲压式蜂窝煤成形机总体布局图

1—电动机　2—小带轮　3—带　4—连杆　5—清扫机构摇杆　6—煤料搅拌器　7—轴 V　8—齿轮 z_5　9—齿轮 z_6

10—大带轮　11—模筒转盘　12—扫屑连杆　13—煤料盘　14—立柱　15—冲头　16—脱模盘　17—滑梁

18—轴Ⅵ　19—轴Ⅱ　20—轴Ⅲ　21——锥齿轮 z_{11}　22—带轮　23—锥齿轮 z_{10}

24—拨盘　25—轴Ⅳ　26—锥齿轮 z_9　27—锥齿轮 z_8

8.3.8 技术设计

1. 确定各传动机构的传动比

冲压式蜂窝煤成形机的传动路线分为外传动路线和内传动路线。

1）外传动路线由电动机、带传动、直齿圆柱齿轮 z_5 和 z_6、曲柄（偏心轮）滑块（滑梁）机构组成。根据选定的驱动电动机的转速 $n_{电动机} = 730\text{r/min}$ 和冲压式蜂窝煤成形机的生产能力 $n_偏 = 40\text{r/min}$，其传动比为 $n_{电动机}/n_偏 = 730/40 = 18.25$，第一级采用带传动，其传动比为 $i_带 = 3.65$；第二级采用直齿圆柱齿轮传动，其传动比为 $i_{5-6} = z_6/z_5 = 5$。

2）内传动路线由偏心轮、锥齿轮 z_8 和 z_9、槽轮机构和模筒转盘组成。模筒转盘的间歇运动应与冲头的往复运动协调配合。模筒转盘上均匀分布着 5 个模筒，冲头每做一次往复运动，模筒转盘转 1/5 圈，其运动参数 $n_{IV} = 40\text{r/min}$，取锥齿轮 8、9 的传动比 $z_9/z_8 = 1$。

蜂窝煤输送带轮与偏心轮装在同一根轴上。蜂窝煤输出运动的传送带速度要保证前一块煤运走后，后一块煤才能卸落在传送带上。设煤块的间距为 $l \geqslant 2\phi = 0.2\text{m}$，则传送带速度 $v >$ $\dfrac{n_{III} \times l}{60} = \dfrac{40 \times 0.2}{60} \text{m/s} \approx 0.133\text{m/s}$ 即可。传送带需从工作台下方通过，尺寸受限制，取主动带轮直径 $D = 200\text{mm}$，则传送带速度 $v = \dfrac{\pi D n_{III}}{60 \times 1000} = \dfrac{\pi \times 200 \times 40}{60 \times 1000} \text{m/s} \approx 0.42\text{m/s}$，满足要求。

对于煤料搅拌器的转速没有严格要求，取煤料搅拌器的转速 $n_V = 100\text{r/min}$，路线由电动机，经带传动、锥齿轮 z_{10} 和 z_{11}，至煤料搅拌器，则电动机至搅拌器的总传动比 $n_{电动机}/n_V = 730/100 = 7.3$，带传动传动比为 3.65，因此取锥齿轮传动比 $i_{10-11} = z_{11}/z_{10} = 2$。

2. 结构尺寸设计

（1）模筒转盘的结构和尺寸 模筒转盘上有 5 个均匀分布的模筒，根据蜂窝煤的规格，确定模筒的高度为 150mm，孔径为 100mm。在决定模筒转盘尺寸时，需考虑模筒转盘外径为 500mm，模筒分布圆直径为 300mm。

（2）齿轮 z_5 和 z_6 的结构和尺寸（强度计算略） 取齿轮的压力角 $\alpha = 20°$，$z_5 = 22$，$z_6 = i \times 22 = 5 \times 22 = 110$，按钢制齿轮进行强度计算，其模数 $m = 5\text{mm}$，则分度圆直径分别为 $d_5 = z_5 m = 110\text{mm}$，$d_6 = z_6 m = 550\text{mm}$。标准中心距为 $a = m(z_5 + z_6)/2 = 5 \times (22 + 110)/2\text{mm} = 330\text{mm}$，齿宽 B 取 60mm。

（3）锥齿轮 z_8 和 z_9 的结构和尺寸（强度计算略） 取齿轮的压力角 $\alpha = 20°$，$z_8 = 20$，$z_9 = 20$，按钢制齿轮进行强度计算，其模数 $m = 6\text{mm}$，齿宽 B 取 40mm。

（4）锥齿轮 z_{10} 和 z_{11} 的结构和尺寸（强度计算略） 取齿轮的压力角 $\alpha = 20°$，$z_{10} = 20$，$z_{11} = i \times 20 = 2 \times 20 = 40$，按钢制齿轮进行强度计算，其模数 $m = 6\text{mm}$，齿宽 B 取 40mm。

（5）曲柄滑块机构计算 取冲压式蜂窝煤成形机滑梁的行程 $s \approx 300\text{mm}$，取连杆系数 $\lambda = R/L = 0.157$，曲柄半径 $R = 0.5s = 150\text{mm}$，则连杆长度 $L = R/\lambda = 955.41\text{mm}$。

（6）带传动计算（强度计算略） 取带轮节圆直径 $d_1 = 200\text{mm}$，$d_2 = 3.65d_1 = 730\text{mm}$，取中心距 $a_0 = 1005\text{mm}$。

（7）槽轮机构计算 按工位数要求选定槽数 $z = 5$，按结构情况确定中心距 $a = 200\text{mm}$，圆销半径 $r = 30\text{mm}$，槽间角 $2\beta = 360°/z = 72°$，主动件圆销中心半径 $R_1 = a\sin\beta = 117.56\text{mm}$。

（8）扫屑刷机构设计 图 8-96 所示为冲压式蜂窝煤成形机的扫屑刷机构设计。图 8-96

中粗实线位置代表滑梁 2 处于上极限位置时扫屑杆 AC 的位置，细双点画线位置代表滑梁 2 处于下极限位置时扫屑杆 $A'C'$ 的位置，AA' 的距离为冲头（滑梁 2）的行程 292.8mm。设计步骤如下：

1）根据结构条件，绘出扫屑杆 AC 的两个位置 AC 和 $A'C'$。

2）以扫屑杆 AC 上点 B（该点根据结构确定，可取中点）为圆心在适当位置作圆弧 K_1。

3）以扫屑杆 $A'C'$ 上点 B' 为圆心以同等半径作圆弧 L_1，得到两圆弧的交点 D_1。

4）同理，分别作圆弧 K_2、L_2 和圆弧 K_3、L_3，得到交点 D_2、D_3，直至点 D 距离机架 1 结构合适即可。

5）取 D_2 为设计点，连接 D_2B 和 D_2E，得摇杆 BD 长度和铰链 D 的位置。

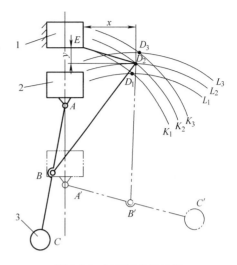

图 8-96　扫屑刷机构设计
1—机架　2—滑梁　3—扫屑刷

由以上设计步骤结合结构特点可得扫屑刷机构相关尺寸如下：

取 $l_{AC}=510$mm，$l_{EA}=231.26$mm，点 B 取为 AC 中点，得 $l_{DB}=525$mm，$x=176.01$mm，$y=42.19$mm。

8.3.9　蜂窝煤成形机三维造型

1. 基于 Creo 的零件三维造型与装配设计

（1）零件的三维造型　在 Creo 环境下根据各个零件尺寸数据建立的模型如图 8-97 所示，在不影响虚拟样机仿真的前提下，机构做了一些简化，省略了轴承等部件。齿轮建模参

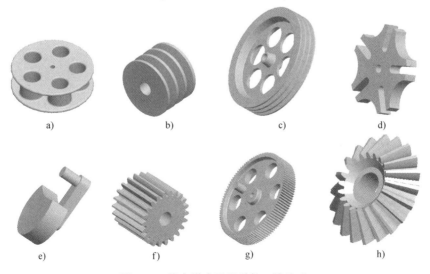

图 8-97　蜂窝煤成形机零件三维造型

a）模筒转盘（MT. prt）　b）小带轮（XDL. prt）　c）大带轮（DDL. prt）　d）槽轮（CL. prt）　e）拨盘（BP. prt）
f）齿轮 z_5（CL5. prt）、（CL5_1. prt）　g）齿轮 z_6（CL6. prt）、（CL6_1. prt）　h）齿轮 z_8（CL8. prt）、齿轮 z_9（CL9. prt）

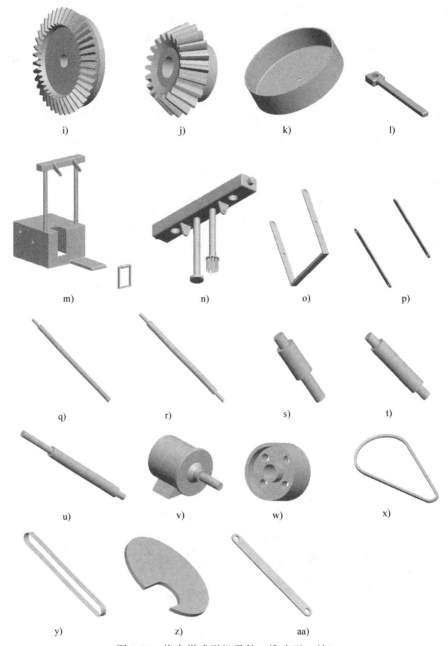

图 8-97　蜂窝煤成形机零件三维造型（续）

i）齿轮 z_{11}（CL11. prt）　j）齿轮 z_{10}（CL10. prt）　k）煤料盘（MLP. prt）　l）搅拌器（JBQ. prt）　m）机架（JJ. prt）

n）滑梁（HL. prt）　o）扫屑杆（SXG. prt）　p）摇杆（YG. prt）　q）轴Ⅱ（z_2. prt）　r）轴Ⅲ（z_3. prt）

s）轴Ⅳ（z_4. prt）　t）轴Ⅴ（z_5. prt）　u）轴Ⅵ（z_6. prt）　v）电机（DJ. prt）

w）输煤带轮（SMDL. prt）、（SMDL_1. prt）　x）带（NXD. prt）、（NXD_1. prt）、

（NXD_2. prt）　y）输送带（SSD. prt）　z）垫板（DB. prt）

aa）连杆（LG. prt）、（LG_1. prt）

考第 5 章 5.1.3.2 中相关内容；槽轮机构的建模参考第 4 章 4.3.1 中相关内容；其余构件建模较为简单，读者可自行完成。

读者可网站下载 "CH08\8.3\fwm_prt" 文件夹中的相应文件参考建模过程。

（2）机构的装配设计　零件造型完毕后就可以着手装配，冲压式蜂窝煤成形机三维装配效果如图 8-98 所示。读者可网站下载 "CH08\8.3\fwm_asm" 文件夹中的 "fwmcxj.asm" 文件参考装配步骤。为能清楚地表达工作台内部传动系统，通过设置机架透明度，可得到如图 8-99 所示的装配效果。

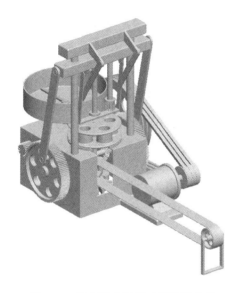

图 8-98　蜂窝煤成形机三维装配效果

图 8-99　蜂窝煤成形机三维装配图（透视）

2. Creo 模型导入到 Adams 中

在 Creo 软件装配状态下，单击 "文件" 选项，选择 "另存为"，选择所要保存的路径后，在 "类型" 选项框中选择 "Parasolid（*.x_t）"，单击 "确定" 按钮，将上述冲压式蜂窝煤成形机装配体保存为 "fwmcxj.x_t"。

进入 Adams 软件界面，单击左上角 "文件"，选择 "导入" 选项，出现 "FileImport" 对话框。在 "文件类型" 一栏选择 "Parasolid（*.xmt_txt，*.x_t，*.xmt_bin，*.x_b）"，在 "读取文件" 一栏浏览对应文件夹选取 "fwmcxj.x_t" 文件，选择 "模型名称"，在其右边的文本框右击选择 "模型" →"创建"，在新出现的 "Creat model" 对话框中的 "模型名称" 中输入 ".fwmcxj"，结果如图 8-100 所示。

8.3.10　蜂窝煤成形机虚拟样机的建立

1. 检查重力设置

在 "设置" 菜单中选择 "重力" 命令，

图 8-100　Creo 模型导入到 Adams 中

显示设置重力加速度对话框；当前的重力设置应该为 X = 0，Y = -9.80665，Z = 0，勾选 "重力" 选项；单击 "确定" 按钮。

2. 创建标记点

在 Adams 中创建 23 个标记点，如图 8-101 所示。

说明：标记点 B、S、L 的创建步骤请读者参考第 4 章 4.4.3 中相关齿轮啮合点方向坐标系创建步骤，此例中将 "JJ. prt" 取做共同体；其余标记点的创建，选择有关零件的圆弧曲线 "center" 生成标记点，具体操作步骤请读者参考第 4 章 4.3.3 中相关内容。

3. 创建运动副

在 Adams 环境下按照表 8-14 所列创建蜂窝煤成形机运动副。

齿轮 z_5 和 z_6 之间齿轮副 "GEAR_1"、齿轮 z_{10} 和 z_{11} 之间齿轮副 "GEAR_2"、齿轮 z_8 和 z_9 之间齿轮副 "GEAR_3" 的具体操作步骤，请读者参考第 4 章 4.4.3 中相关内容。

带传动采用耦合副实现。预先在大、小带轮回转中心处创建转动副

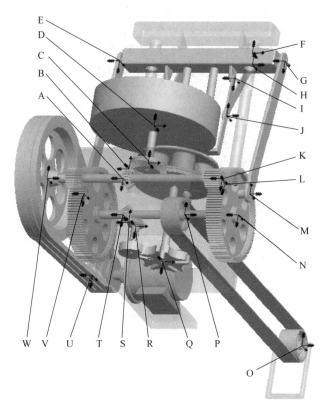

图 8-101　蜂窝煤成形机 "Marker" 点标记

"JOINT_U1" 和 "JOINT_W1"，在约束工具库中选择耦合副 图标，依次选择这两个运动副（先选择主动运动副 "JOINT_U1"，再选择从动运动副 "JOINT_W1"），创建耦合副 "COUPLER_1"。完成后需对耦合副予以设置，在耦合副修改 "Modify Coupler" 对话框（图 8-102）中修改 "JOINT_W1" 的 "比例"，比例值为 3.65。同理，创建输送带传动耦合副 "COUPLER_2"。

表 8-14　蜂窝煤成形机运动副

运动副名称	第 1 个物体	第 2 个物体	运动副类型	位置
JOINT_A1	CL10. prt	JJ. prt	旋转副	A
JOINT_A2	CL10. prt	z_2. prt	固定副	A
JOINT_C1	CL11. prt	JJ. prt	旋转副	C
JOINT_C2	CL11. prt	z_5. prt	固定副	C
JOINT_D1	JBQ. prt	z_5. prt	固定副	D
JOINT_D2	MLP. prt	JJ. prt	固定副	D
JOINT_E	LG_1. prt	HL. prt	旋转副	E
JOINT_F	HL. prt	JJ. prt	平移副	F
JOINT_G	LG. prt	HL. prt	旋转副	G
JOINT_H	YG. prt	JJ. prt	旋转副	H

（续）

运动副名称	第 1 个物体	第 2 个物体	运动副类型	位置
JOINT_I	SXG. prt	HL. prt	旋转副	I
JOINT_J	SXG. prt	YG. prt	旋转副	J
JOINT_K1	CL5. prt	JJ. prt	旋转副	K
JOINT_K2	CL5. prt	z_2. prt	固定副	K
JOINT_M	LG. prt	CL6. prt	旋转副	M
JOINT_N1	CL6. prt	JJ. prt	旋转副	N
JOINT_N2	CL6. prt	z_3. prt	固定副	N
JOINT_O1	SMDL_1. prt	JJ. prt	旋转副	O
JOINT_O2	SSD. prt	JJ. prt	固定副	O
JOINT_P1	SMDL. prt	JJ. prt	旋转副	P
JOINT_P2	SMDL. prt	z_3. prt	固定副	P
JOINT_Q1	CL. prt	JJ. prt	旋转副	Q
JOINT_Q2	CL. prt	z_6. prt	固定副	Q
JOINT_Q3	CL. prt	MT. prt	固定副	Q
JOINT_Q4	DB. prt	JJ. prt	固定副	Q
JOINT_R1	CL9. prt	JJ. prt	旋转副	R
JOINT_R2	CL9. prt	z_4. prt	固定副	R
JOINT_R3	BP. prt	z_4. prt	固定副	R
JOINT_T1	CL8. prt	JJ. prt	旋转副	T
JOINT_T2	CL8. prt	z_3. prt	固定副	T
JOINT_T3	CL6_1. prt	z_3. prt	固定副	T
JOINT_U1	XDL. prt	JJ. prt	旋转副	U
JOINT_U2	JJ. prt	ground	固定副	U
JOINT_U3	JJ. prt	DJ. prt	固定副	U
JOINT_U4	NXD. prt	JJ. prt	固定副	U
JOINT_U5	NXD_1. prt	JJ. prt	固定副	U
JOINT_U6	NXD_2. prt	JJ. prt	固定副	U
JOINT_V	LG_1. prt	CL6_1. prt	旋转副	V
JOINT_W1	DDL. prt	JJ. prt	旋转副	W
JOINT_W2	DDL. prt	z_2. prt	固定副	W
JOINT_W3	CL5_1. prt	z_2. prt	固定副	W
GEAR_1	JOINT_K1	JOINT_N1	GEAR	L
GEAR_2	JOINT_A1	JOINT_C1	GEAR	B
GEAR_3	JOINT_R1	JOINT_T1	GEAR	S
COUPLER_1	JOINT_U1	JOINT_W1	COUPLER	
COUPLER_2	JOINT_P1	JOINT_O1	COUPLER	

蜂窝煤成形机中创建完成的运动副标记如图 8-103 所示。

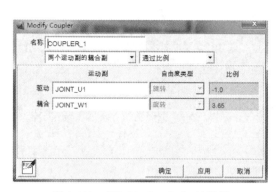

图 8-102　"Modify Coupler" 对话框

图 8-103　蜂窝煤成形机运动副标记

4. 创建接触力

拨盘和槽轮之间相互作用的运动采用碰撞力 "CONTACT_1" 来实现，接触类型选择 "实体对实体"，具体操作步骤请读者参考第 4 章 4.3.3 中相关内容。

5. 添加驱动

在主工具栏中单击旋转驱动图标，在 "类型" 输入栏中选择 "速度"，"函数（时间）" 栏中旋转速度值为 "4380d"，在图形区用鼠标选择旋转副 "JOINT_U1"，创建旋转驱动 "MOTION_1"，确保旋转方向如图 8-95 所示。

6. 运行仿真

单击主工具栏中的仿真图标，将仿真时间设置为 3s（模筒转盘 2 个周期），仿真步数设置成 500，再单击 ▷ 按钮进行仿真。

7. 分析结果

在主工具箱中，单击图标进入后处理器 Adams/PostProcessor。在后处理器底部图表生成器 "资源" 中选择 "对象"，"过滤器" 中选择 "body"，"对象" 中选择 "HL"，"特征" 中选择 "CM_Velocity"，"分量" 中选择 "Y"，单击图表生成器右上角的 "添加曲线"，则滑梁 Y 向速度曲线如图 8-104 所示。由于槽轮机构有冲击，X 向时间坐标值取第 2 个周期 1.5~3s。

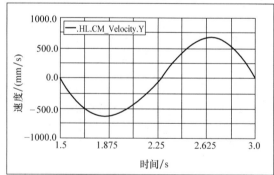

图 8-104　滑梁 Y 向速度曲线

同理，创建模筒转盘角速度曲线（图 8-105）、煤料搅拌器角速度曲线（图 8-106）、输煤带轮角速度曲线（图 8-107）、扫屑杆 X 向速度曲线（图 8-108）、小带轮角速度曲线（图 8-109）。

读者可网站下载 "CH08\8.3\fwm_virtual" 文件夹中的 "fwmcxj.bin" 文件或 "fwmcxj_ color. bin"（彩色模型）文件参考学习。

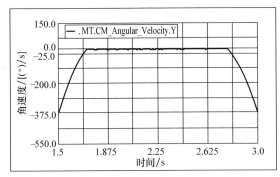

图 8-105　模筒转盘角速度曲线

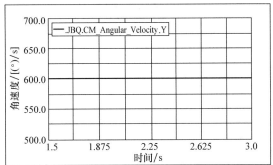

图 8-106　煤料搅拌器角速度曲线

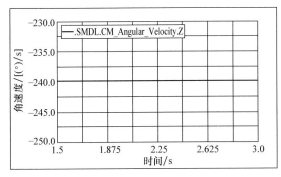

图 8-107　输煤带轮角速度曲线

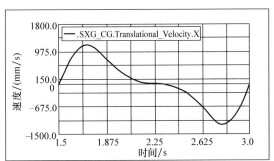

图 8-108　扫屑杆 *X* 向速度曲线

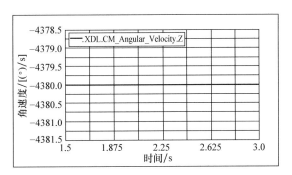

图 8-109　小带轮角速度曲线

第2篇 设计题目与参考图例

第9章 课程设计题选

第1题 旋转型灌装机机构综合设计

1. 工作原理

在转动工作台上对容器（如玻璃瓶）连续灌装流体（如饮料、酒、冷霜等），转台有多个工位停歇，以实现灌装、封口等工序。为保证在这些工位上能够准确地灌装、封口，机器应有定位装置。如图 9-1 所示，工位 1：输入空瓶；工位 2：灌装；工位 3：封口；工位 4：输出灌装好的容器。

2. 设计参数与要求

原动机为三相交流电动机，单向转动，工作载荷平稳，传动方式为机械传动。旋转型灌装机设计数据见表 9-1。

灌装工序采用灌瓶泵灌装流体，假设泵固定在灌装工位上方。封口工序时，假设木塞或灌盖事先已由气泵吸在压盖机构上，压盖机构只需做直线往复运动。工位转换自动实现，需间歇送料，即压盖或灌装时送料机构静止不动，当压盖或灌装停止时送料机构送料。

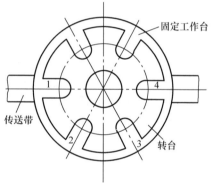

图 9-1 旋转型灌装机工艺过程示意图

表 9-1 旋转型灌装机设计数据

名　　称	符　号	单　　位	题　号		
			Ⅰ	Ⅱ	Ⅲ
转台直径	D	mm	600	550	500
电动机转速	n_1	r/min	1440	1440	960
灌装速度	n_2	r/min	10	12	10

3. 设计任务

1）根据功能要求，确定工作原理和绘制系统功能图。

2）按工艺动作过程拟订运动循环图。

3）构思系统运动方案（至少 3 个以上），进行方案评价，选出较优方案。

4）确定电动机的功率。

5）对传动机构和执行机构进行运动尺寸设计。

6）用 Adams 软件对机构进行运动仿真，进行运动学分析，分析执行机构的位移、速度和加速度线图。

7）编写设计计算说明书。

第 2 题　干粉自动压片成形机机构综合设计

1．工作原理

干粉自动压片成形机将具有一定湿度的粉状原料（如陶瓷干粉、药粉）定量送入压形位置，经压制成形后脱离该位置。机器的整个工作过程（送料、压形、脱离）均自动完成。该机器可以压制陶瓷圆形片坯、药剂（片）等。干粉自动压片成形机工艺过程示意图如图 9-2 所示。

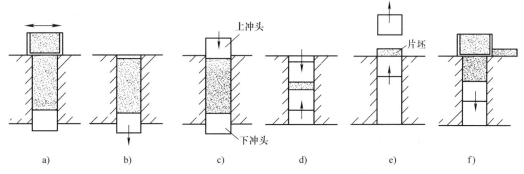

图 9-2　干粉自动压片成形机工艺过程示意图

工艺过程：

1）粉状原料均匀筛入圆筒形型腔内（图 9-2a）。

2）下冲头下沉 3mm，以预防上冲头进入型腔时粉料扑出（图 9-2b）。

3）上、下冲头同时加压并保持一段时间（图 9-2c、d）。

4）上冲头退出，下冲头随后顶出压好的片坯（图 9-2e）。

5）送料筛推出片坯（图 9-2f）。

2．设计参数与要求

上冲头、下冲头、送料筛的设计要求如下：

1）上冲头完成往复直线运动，下移至终点后有短时间的停歇，起保压作用，保压时间为 0.4s 左右。因上冲头上升后要留有送料筛进入的空间，故上冲头的行程为 90~100mm。因为上冲头压力较大，所以加压机构应有增力功能（图 9-3a）。

2）下冲头先下沉 3mm，然后上升 8mm，加压后停歇保压，继而上升 16mm，将成形片坯顶到与工作台平齐后停歇，待送料筛将片坯推离下冲头

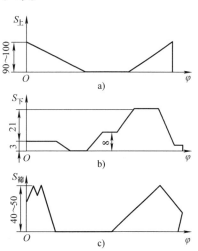

图 9-3　干粉自动压片成形机运动关联图

后，下冲头再下移 21mm，到待料位置（图 9-3b）。

3）送料筛在模具型腔上方往复振动筛料，然后向左退回。待粉状原料成形并被推出型腔后，送料筛在台面上右移 40~50mm，推卸片坯（图 9-3c）。

干粉自动压片成形机设计数据见表 9-2。

表 9-2　干粉自动压片成形机设计数据

名　称	符号	单位	题　号		
			I	II	III
成品直径和厚度	$D \times h$	mm×mm	100×60	60×35	40×20
电动机转速	n_1	r/min	1450	970	970
生产速度	e	片/min	10	15	20
冲头压力	P	N	150	100	100
机器运转不均匀系数	δ	—	0.10	0.08	0.05
冲头质量	$m_{冲}$	kg	12	10	9
各杆质量	$m_{杆}$	kg	5	4	3

3. 设计任务

1）根据功能要求，确定工作原理和绘制系统功能图。

2）按工艺动作过程拟订运动循环图。

3）构思系统运动方案（至少 3 个以上），进行方案评价，选出较优方案。

4）确定电动机的功率。

5）对传动机构和执行机构进行运动尺寸设计。

6）用 Adams 软件对机构进行运动仿真，进行运动学分析，并画出输出机构的位移、速度和加速度线图。

7）在不考虑各处摩擦条件下，利用 Adams 分析主动件所需的驱动力矩和功率。

8）取主动件轴为等效构件，确定应加于该轴上的飞轮转动惯量。

9）编写设计计算说明书。

第 3 题　电动葫芦综合设计

1. 工作原理

电动葫芦是一种轻小型起重设备，具有体积小、自重轻、操作简单、使用方便等特点，用于工矿企业、仓储码头等场所。一般由电动机、传动装置（减速器）和卷筒组成，图 9-4 为电动葫芦结构示意图。电动机利用联轴器将动力传输给减速器输入轴（z_1 所在轴），减速器通过三级外啮合直齿轮或斜齿轮（图 9-4 中虚线表示 z_5 与 z_6 啮合）传动实现减速，将动力传给与输入轴同轴线的

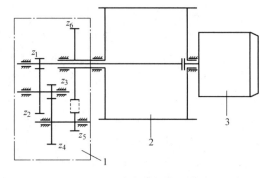

图 9-4　电动葫芦结构示意图

1—减速器　2—卷筒　3—电动机

输出轴（z_6 所在空心轴），从而驱动卷筒转动，提升重物。

2. 设计参数与要求

电动葫芦设计数据见表 9-3。原动机为电动机，三相交流电源，电压为 380/220V。工作条件：两班制，常温下连续工作；空载起动，工作载荷平稳，双向运转。设计寿命为 10 年。

3. 设计任务

1）确定传动方案，绘制机构运动简图。

2）确定电动机的功率和转速。

3）设计减速传动装置。

4）设计卷筒结构。

5）绘制电动葫芦装配图。

6）绘制全部零件图。

7）利用 Creo 软件和 Adams 软件创建电动葫芦虚拟样机。

8）编写设计计算说明书。

表 9-3 电动葫芦设计数据

题目	直齿轮/斜齿轮	型号规格	起升重量/t	起升高度/m	起升速度/(m/min)
1	直	HCD-0.5	0.5	6	6
2	斜	HCD-1	1	6	6
3	直	HCD-2	2	6	6
4	斜	HCD-2	2	18	6
5	直	HCD-3	3	6	6
6	斜	HCD-3	3	30	10
7	直	HCD-4	4	24	8
8	斜	HCD-4	4	30	10
9	直	HCD-5	5	9	6
10	直	HCD-5	5	30	8
11	直	HCD-6	6	24	6
12	斜	HCD-6	6	30	8
13	直	HCD-8	8	9	6
14	直	HCD-8	8	30	8
15	斜	HCD-10	10	9	6

第 4 题 爬坡加料机综合设计

1. 工作原理

图 9-5 为爬坡加料机工作示意图。电动机通过传动装置实现减速后驱动卷扬机工作，卷扬机通过钢丝绳拖动小车沿斜导轨做往复运动。传动装置由一级齿轮减速器或二级齿轮减速器组成。

2. 设计参数与要求

爬坡加料机设计数据见表 9-4。原动机为三相交流电动机，一班制间歇运转，有轻微振动，较大灰

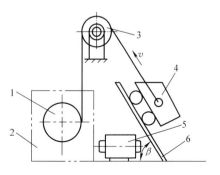

图 9-5 爬坡加料机工作示意图

1—卷扬机 2—传动装置 3—滑轮

4—小车 5—电动机 6—导轨

尘，寿命为 6 年，小批量生产。

表 9-4　爬坡加料机设计数据

内容	名称	符号	单位	题　　号				
				I	II	III	IV	V
已知数据	装料重量	G	N	3000	3500	4000	4500	5000
	轨距	L	mm	660	660	660	660	660
	运行速度	v	m/s	0.4	0.4	0.4	0.4	0.4
	轮距	l	mm	500	500	500	500	500

3. 设计任务

1）确定传动方案，绘制机构运动简图。

2）确定电动机的功率和转速。

3）设计减速传动装置。

4）设计卷扬机结构。

5）绘制减速传动装置装配图。

6）绘制全部零件图。

7）利用 Creo 软件和 Adams 软件创建爬坡加料机虚拟样机。

8）编写设计计算说明书。

第 5 题　　自动推料机执行机构与传动装置综合设计

1. 工作原理

图 9-6 为自动推料机结构示意图与对应执行机构的机构运动简图。电动机通过传动装置实现减速并驱动执行机构运动，运动输出件推爪做往复运动，将物料向前推动一个步长。传动装置由一级齿轮减速器和开式齿轮组成。执行机构采用平面连杆机构。

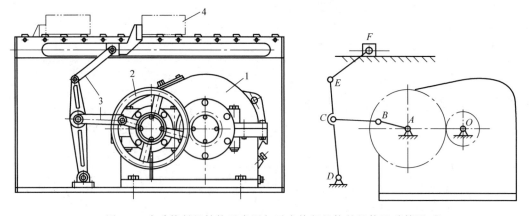

图 9-6　自动推料机结构示意图与对应执行机构的机构运动简图

1—减速器　2—开式齿轮传动　3—平面连杆机构　4—工件

2. 设计参数与要求

自动推料机设计数据见表 9-5。原动机为三相交流电动机，单向转动，工作载荷平稳，转速误差≤5%；使用寿命为 10 年，每年工作 300 天，两班制；工作阻力视为常数。

表 9-5　自动推料机设计数据

设计内容		平面连杆机构设计与运动分析						动力分析与飞轮转动惯量	
		滑块运动行程 H/mm	往复频率/（次/min）	行程速比系数 K	DC 杆长 l_{DC}/mm	CE 杆长 l_{CE}/mm	许用压力角	滑块工作行程阻力 F_N/N	滑块空行程阻力 F_{kN}/N
数据	1	160	45	1.85	960	190	30°	320	100
	2	170	40	1.70	970	180	30°	340	100
	3	180	35	1.55	980	170	30°	360	100
	4	190	30	1.40	990	160	30°	380	100
	5	200	25	1.25	1000	150	30°	400	100

3. 设计任务

1）按照图 9-6 所示方案，根据设计参数与要求，确定各构件尺寸，绘制机构运动简图。

2）令曲柄 AB 等速转动，利用 Adams 软件分析滑块的位移、速度、加速度变化规律曲线图。

3）不计各处摩擦、各个构件重力和惯性力，利用 Adams 软件分析主动件所需的驱动力矩。

4）取曲柄为等效构件，要求其速度波动系数小于 3%，在不考虑其他构件转动惯量的条件下，确定安装在曲柄轴上飞轮的转动惯量。

5）根据曲柄的驱动力矩和角速度，确定减速装置的传动参数。

6）设计一级齿轮减速器结构，并绘制装配图和齿轮、轴的零件图。

7）整机设计，绘制自动推料机整机装配图。

8）利用三维建模软件建模整机。

9）编写课程设计计算说明书。

第 6 题　颚式破碎机执行机构与传动装置综合设计

1. 工作原理

图 9-7 为颚式破碎机结构示意图与对应执行机构的机构运动简图。工作时，大块石料从上面的进料口进入，同时电动机通过带传动 1 实现减速并驱动偏心轴 2 转动，动颚板 3 上部悬挂铰接在偏心轴上，下部与做定轴摆动的推杆 4 铰接，因此颚式破碎机做周期性往复的复杂平面运动。在动颚板 3 摆向固定颚板 5 的过程中将石料夹碎，远离时，破碎的小粒石料靠自重落下，由出料口排出。

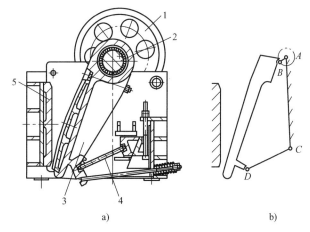

a)　　　　　　　　　　　　b)

图 9-7　颚式破碎机结构示意图与对应执行机构的机构运动简图
1—带传动　2—偏心轴　3—动颚板　4—推杆　5—固定颚板

2. 设计参数与要求

颚式破碎机设计数据见表 9-6。原动机为三相交流电动机，单向转动，工作载荷有较强烈的冲击振动，转速误差≤5%；使用寿命为 10 年，每年工作 300 天，两班制。

表 9-6　颚式破碎机设计数据

设计内容		平面连杆机构设计与运动分析					动力分析与飞轮转动惯量	
		进料口尺寸 宽度×长度 /mm×mm	出料口尺寸 /mm	最大进料粒度 /mm	动颚下端点 水平行程 /mm	最小传动角	最大挤压压强 /MPa	曲柄转速 /(r/min)
数据	1	150×250	10～40	125	10.5	45°	180	300
	2	250×400	20～60	210	12.8	45°	185	300
	3	250×500	20～80	210	12.8	45°	185	300
	4	400×600	40～100	340	17.6	45°	190	275
	5	430×600	90～140	400	30	45°	190	275

3. 设计任务

1）按照图 9-7 所示方案，根据设计参数与要求，确定各构件尺寸，绘制机构运动简图。

2）令曲柄 AB 等速转动，利用 Adams 软件分析颚板的角位移、角速度、角加速度变化规律曲线图。

3）不计各处摩擦、各个构件重力和惯性力，假设石料对颚板的压强为一常值，均匀垂直作用于颚板的有效工作平面上，破碎过程中颚板诸点都按动颚板下端点水平行程做位移，利用 Adams 软件分析曲柄驱动力矩。

4）取曲柄为等效构件，要求其速度波动系数小于 3%，确定安装在曲柄轴上飞轮的转动惯量。

5）根据曲柄的驱动力矩和角速度，确定减速传动装置的传动参数。

6）设计一级齿轮减速器结构，并绘制装配图和齿轮、轴的零件图。

7）整机设计，绘制颚式破碎机整机装配图。

8）利用 Creo 软件和 Adams 软件创建颚式破碎机虚拟样机。

9）编写课程设计计算说明书。

第 7 题　抽油机执行机构与传动装置综合设计

1. 工作原理

抽油机是将原油从井下抽升到地面的主要采油设备之一。图 9-8 为抽油机结构示意图与对应执行机构的机构运动简图。工作时，电动机通过传动装置实现减速并驱动执行机构运动，运动输出件驴头（即曲柄摇杆机构中的摇杆右端）做往复摆动，通过钢丝绳提拉抽油杆在泵体内做直线运动，将原油抽出地面。传动装置由二级齿轮减速器和带传动组成。执行机构采用平面连杆机构。

2. 设计参数与要求

抽油机设计数据见表 9-7。原动机为三相交流电动机，单向转动，工作载荷有轻微振

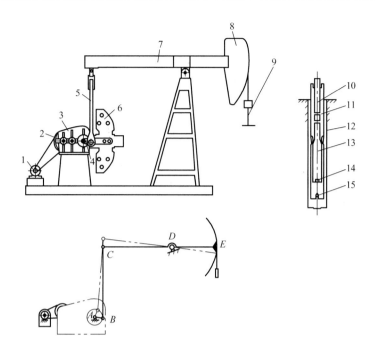

图 9-8　抽油机结构示意图与对应执行机构的机构运动简图

1—电动机　2—大带轮　3—减速器　4—曲柄　5—拉杆　6—平衡块　7—杠杆　8—驴头

9—钢丝绳　10—抽油杆　11—油管　12—套管　13—活塞　14—排出阀　15—吸入阀

动，转速误差≤5%；使用寿命为 10 年，每年工作 300 天，两班制。

表 9-7　抽油机设计数据

分　　组		1	2	3	4	5	6	7	8
每日抽油量 Q/t		5.4	6.8	6.8	7.0	13.4	15.5	13.3	12.3
行程 h/m		0.75	0.9	0.6	0.75	0.5	0.55	0.45	0.4
摇杆长度 l_{CD}/m		1.5	1.5	1.5	1.5	1.5	1.5	1.5	1.5
l_{ED}/l_{CD}		1	1.1	1.2	1	1.1	1	1	1
许用压力角 $[\alpha]$/(°)		40	36	35	35	36	34	25	32
行程速比系数 K		1.15	1.15	1.1	1.1	1.12	1.1	1.05	1.08
平衡块质量 G_1/kg		840	840	850	850	830	830	840	840
泵筒和活塞的直径 D/m		0.028				0.038			
下泵深度 L/m		500				300			
直径 d/m	质量 m/(kg/m)	不同直径抽油杆连接长度/m							
0.019	2.350	250				150			
0.022	3.136	250				150			

3. 设计任务

1）按照图 9-8 所示方案，根据设计参数与要求，确定各构件尺寸，绘制机构运动简图。

2）假设主动件等速转动，利用 Adams 软件分析抽油杆的位移、速度、加速度变化规律曲线图。

3）在不考虑各处摩擦条件下，利用 Adams 软件分析主动件所需的驱动力矩和功率。

4）取曲柄为等效构件，要求其速度波动系数小于 3%，确定应加于曲柄平衡块上的飞轮转动惯量。

5）根据曲柄的驱动力矩和角速度，确定减速传动装置的传动参数。

6）设计二级齿轮减速器结构，并绘制装配图和齿轮、轴的零件图。

7）整机设计，绘制抽油机整机装配图。

8）利用 Creo 软件和 Adams 软件创建抽油机虚拟样机。

9）编写课程设计计算说明书。

第 8 题　牛头刨床执行机构与传动装置综合设计

1. 工作原理

图 9-9 所示为牛头刨床传动装置的机构运动简图。牛头刨床是一种进行平面切削加工的机床。电动机经带传动驱使中央大齿轮（曲柄）回转。刨床工作时，由齿轮、滑块、导杆、连杆带动滑枕做往复运动。

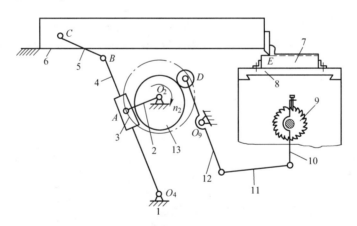

图 9-9　牛头刨床传动装置的机构运动简图

1—机架　2—曲柄　3—滑块　4—导杆　5、11—连杆　6—滑枕　7—工件
8—工作台　9—棘轮　10—摇杆　12—摆杆　13—凸轮

2. 设计参数与要求

牛头刨床设计数据见表 9-8。原动机为三相交流电动机，单向转动，工作载荷平稳，转速误差 ≤5%；使用寿命为 10 年，每年工作 300 天，两班制；工作阻力视为常数。由这些构件和床身（机架）所组成的平面六杆机构就是牛头刨床的主体机构。滑枕右行时，刨刀进行切削，受到切削阻力，称为工作行程。此过程要求速度较低且均匀，以提高切削质量。滑枕左行时刨刀不切削，称为空回行程。此过程要求速度较高，以减少回程时间，提高生产率。为此刨床采用具有急回作用的导杆机构。在滑枕左行的空回行程时间内，工作台还要通过另一个棘轮机构做横向进给运动，以便刨刀继续切削。

表 9-8　牛头刨床设计数据

题　　号		1	2	3	4	5	6	7	8
导杆机构运动分析	转速 n_2/(r/min)	48	49	50	52	50	48	47	35
	机架 $l_{o_4 o_2}$	380	350	430	360	370	400	390	410
	工作行程 H/mm	310	300	400	330	380	250	390	310
	行程速比系数 K	1.46	1.40	1.40	1.44	1.53	1.34	1.50	1.37
	连杆与导杆长度之比 $l_{BC}/l_{O_4 B}$	0.25	0.3	0.36	0.33	0.30	0.32	0.33	0.25
导杆机构力分析	工作阻力 F_{max}/kN	4.5	4.6	3.5	4.0	4.1	5.2	3.4	3.2
	导杆质量 m_4/kg	20	20	22	20	22	24	26	28
	滑枕质量 m_6/kg	70	70	80	80	80	90	80	70
	导杆4质心转动惯量 J_{S_4}/kg·m²	1.1	1.1	1.2	1.2	1.2	1.3	1.2	1.1
凸轮机构设计	摆杆最大摆角 ψ/(°)	15	15	15	15	15	15	15	15
	摆杆长 $l_{O_9 D}$/mm	125	135	130	122	123	124	126	128
	许用压力角 $[\alpha]$/(°)	40	38	42	45	43	44	41	40
	推程运动角 δ_0/(°)	70	70	65	60	70	75	65	60
	远休止角 δ_s/(°)	10	10	10	10	10	10	10	10
	回程运动角 δ_0'/(°)	75	70	65	60	70	75	65	60

3. 设计任务

1）按照图 9-9 所示方案，根据设计参数与要求，确定各构件尺寸，绘制机构运动简图。

2）导杆机构的运动分析，令曲柄 AB 等速转动，利用 Adams 软件分析滑枕及导杆的位移、速度、加速度变化规律曲线。

3）不计各处摩擦，利用 Adams 软件分析主动件所需的驱动力矩和功率。

4）取曲柄为等效构件，确定安装在曲柄轴上飞轮的转动惯量。

5）根据曲柄的驱动力矩和角速度，确定减速装置的传动参数。

6）设计凸轮机构，确定凸轮机构基本尺寸，利用 Adams 软件仿真凸轮廓线，分析从动件运动规律。

7）选择电动机，进行传动装置的运动学和动力学参数设计。

8）设计牛头刨床传动装置结构，并绘制装配图和零件图。

9）利用 Creo 软件和 Adams 软件创建牛头刨床虚拟样机。

10）编写课程设计计算说明书。

第 10 章　减速器结构及参考图例

本章将主要介绍减速器结构及参考图例（图 10-1~图 10-11）。

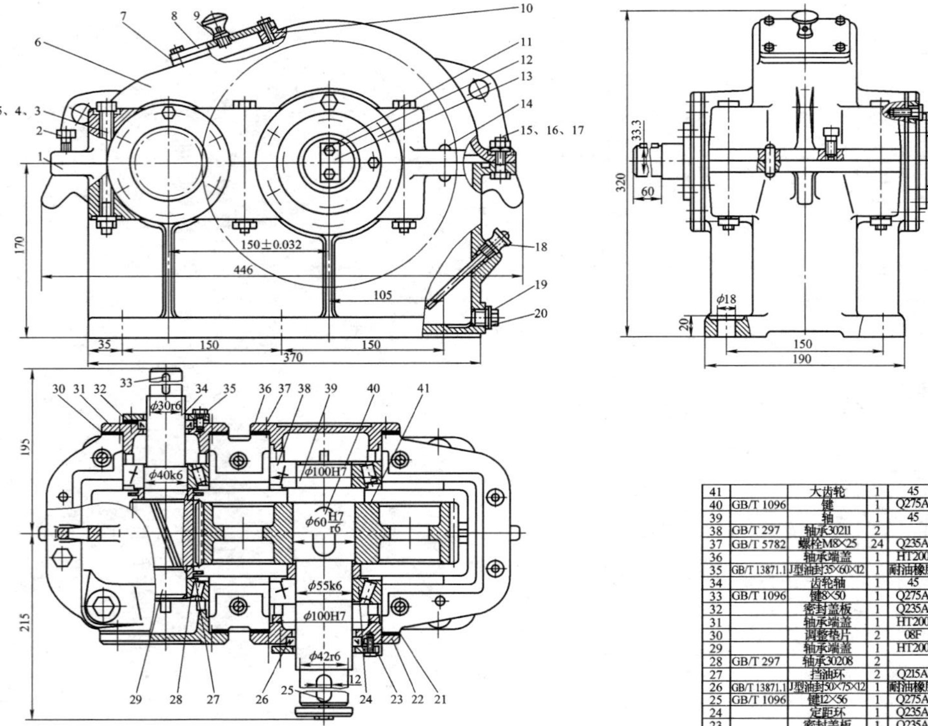

技术要求

1.装配前，全部零件用煤油清洗，箱体内不许有杂物存在。在箱体内壁涂两次不被机油侵蚀的涂料。

2.用涂色法检验斑点。齿高接触斑点不小于40%；齿长接触斑点不小于70%。必要时可以研磨啮合齿面，以便改善接触情况。

3.调整轴承时所留轴向间隙如下：$\phi 40$为0.05～0.1；$\phi 50$为0.08～0.15。

4.装配时，剖分面不允许使用任何填料，可涂以密封胶或水玻璃。试转时，应检查剖分面，各接触面及密封处，均不准漏油。

5.箱座内注入L-AN68号润滑油至规定高度。

6.箱体外表面涂深灰色油漆。

技术特性

输入功率	高速轴转速	传动比
4.5kW	480r/min	4.16

说明：箱体采用铸造剖分式结构；齿轮用油池润滑；轴承润滑靠飞溅到箱盖上的油，经箱座油沟、轴承盖豁口流至轴承处；轴用唇形密封圈密封；轴承间隙用垫片调节。

序号	代号	名称	数量	材料	备注
41		大齿轮	1	45	
40	GB/T 1096	键	1	Q275A	
39		轴	1	45	
38	GB/T 297	轴承30211	2		
37	GB/T 5782	螺栓M8×25	24	Q235A	
36		轴承端盖	1	HT200	
35	GB/T 13871.1	J型油封35×60×12	1	耐油橡胶	
34		齿轮轴	1	45	
33	GB/T 1096	键8×50	1	Q275A	
32		密封盖板	1	Q235A	
31		轴承端盖	1	HT200	
30		调整垫片	2	08F	成组
29		轴承端盖	1	HT200	
28	GB/T 297	轴承30208	2		
27		挡油环	2	Q215A	
26	GB/T 13871.1	J型油封50×75×12	1	耐油橡胶	
25	GB/T 1096	键12×56	1	Q275A	
24		定距环	1	Q235A	
23		密封盖板	1	Q235A	
22		轴承端盖	1	HT200	
21		调整垫片	2组	08F	
20		油圈25×18	1	工业用革	
19	JB/ZQ 4450	六角螺塞M16×15	1	Q235A	
18		油标	1	Q235A	
17	GB/T 93	垫圈10	2	65Mn	
16	GB/T 6170	螺母M10	2	Q235A	
15	GB/T 5782	螺栓M10×35	4	Q235A	
14	GB/T 117	销A8×30	2	35	
13	GB/T 93	垫圈6	1	65Mn	
12	GB/T 892	轴端挡圈	1	Q235A	
11	GB/T 5782	螺栓M6×25	2	Q235A	
10	GB/T 5782	螺栓M6×20	4	Q235A	
9		通气器	1	Q235A	
8		检查孔盖	1	Q215A	
7		垫片	1	石棉橡胶纸	
6		箱盖	1	HT200	
5	GB/T 93	垫圈12	6	65Mn	
4	GB/T 6170	螺母M12	6	Q235A	
3	GB/T 5782	螺栓M12×100	6	Q235A	
2	GB/T 70.1	起盖螺钉M10×30	1	Q235A	
1		箱座	1	HT200	

(标题栏)

图 10-1　一级圆柱齿轮减速器（轴承油润滑）

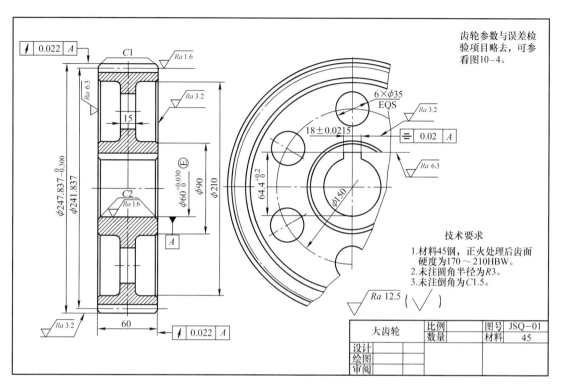

图 10-2　大齿轮（与图 10-1 配套）

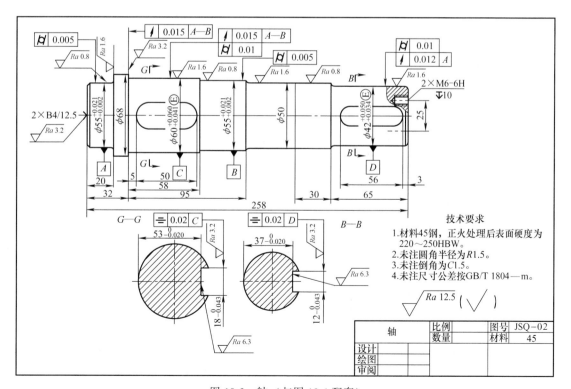

图 10-3　轴（与图 10-1 配套）

法向模数	m_n	3
齿数	z	19
压力角	α	20°
齿顶高系数	h_a^*	1
螺旋角	β	11°28'42"
螺旋方向		左旋
径向变位系数	x	0
精度等级		7 GJ GB/T 10095.1
中心距	a	150
配对齿轮	图号	JSQ~01
	齿数	z	79
公差检验项目	代号	公差值
单个齿距偏差	$\pm f_{pt}$	±0.011
齿距累积总偏差	F_p	0.030
齿廓总偏差	F_α	0.013
螺旋线总偏差	F_β	0.019
齿厚测量	公法线长度偏差	$22.9867^{-0.114}_{-0.150}$
	跨测齿数	3

				图号	JSQ~03
比例		齿轮轴		材料	45
数量					
设计					
绘图					
审阅					

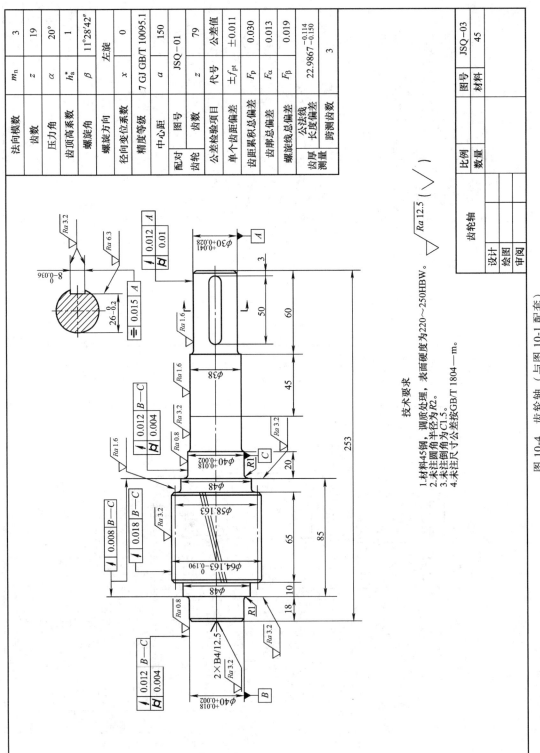

技术要求

1. 材料45钢，调质处理，表面硬度为220~250HBW。
2. 未注圆角半径为 R2。
3. 未注倒角为 C1.5。
4. 未注尺寸公差按GB/T 1804—m。

图 10-4　齿轮轴（与图 10-1 配套）

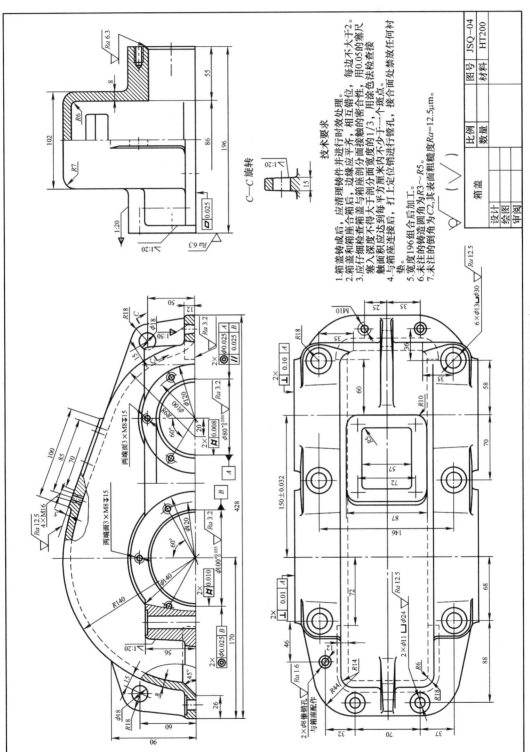

技术要求
1. 箱盖铸成后，应清理并进行时效处理。
2. 箱盖和箱座合箱后，边缘应平齐，相互错位，每边不大于2。
3. 应检查箱座与箱盖接触面的密合性，用0.05的塞尺塞入深度不得大于剖分面宽度的1/3，用涂色法检查接触面积达到每平米内不少于一个斑点。
4. 与箱座连接后，打上定位销进行镗孔。
5. 箱盖与箱座应配成对，不能互换。
6. 未注的铸造圆角为R3～R5。
7. 未注铸造斜度为C2，其表面粗糙度Ra=12.5μm。

$C—C$ 旋转

箱盖

	比例		图号	JSQ—04
	数量		材料	HT200
设计				
绘图				
审阅				

图 10-5　箱盖（与图 10-1 配套）

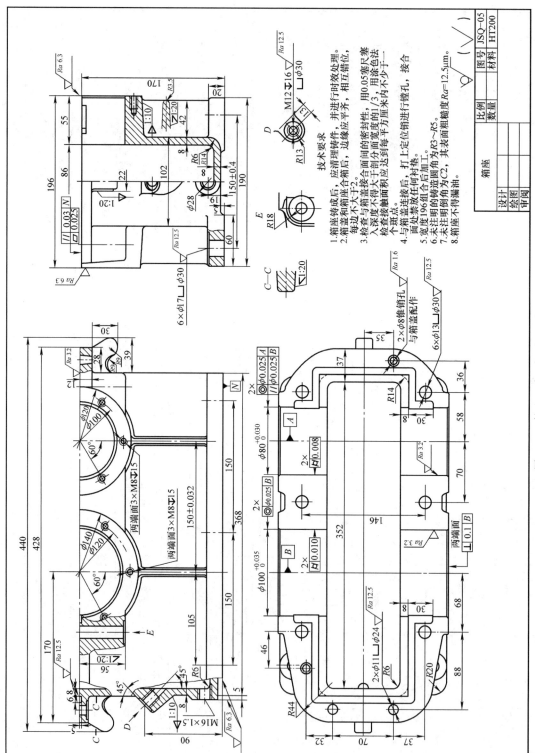

技术要求

1. 箱座铸成后，应清理铸件，并进行时效处理。
2. 箱盖和箱座接合后，边缘应平齐，相互错位，每边不得大于2。
3. 检查与箱盖接合面间的密封性，用0.05塞尺塞入深度与箱盖剖分面宽度的1/3，用涂色法检查接触痕面积应达到每平方厘米不少于一个斑点。
4. 与箱盖连接后，打上定位销进行镗孔，接合面处要放任何衬垫。
5. 宽度196组合后加工。
6. 未注明的铸造圆角为R3~R5。
7. 未注明的倒角为C2，其表面粗糙度$Ra=12.5\mu m$。
8. 箱座不得漏油。

箱座		比例		图号	JSQ-05
		数量		材料	HT200
设计					
绘图					
审阅					

图 10-6 箱座（与图 10-1 配套）

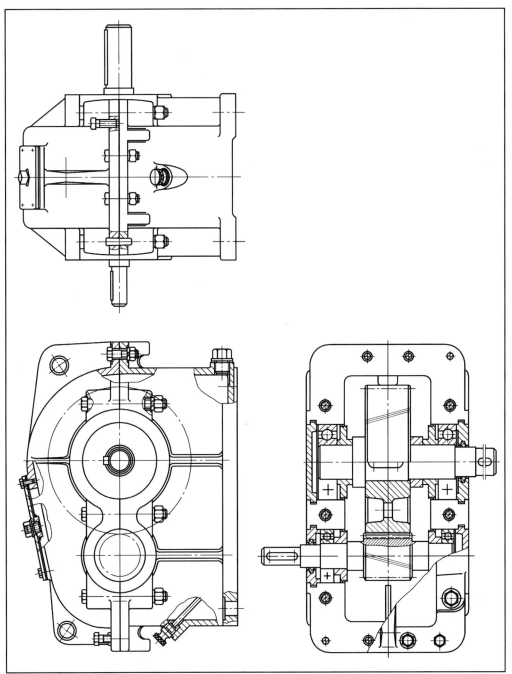

图 10-7　一级圆柱齿轮减速器（轴承脂润滑）

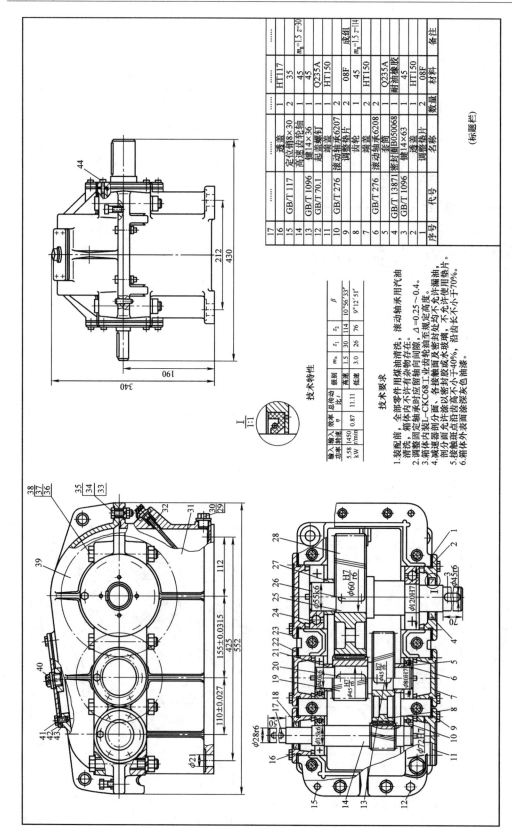

序号	代号	名称	数量	材料	备注
17	……	……	……	HT117	……
16			1		……
15	GB/T 117	定位销8×30	2	35	
14		高速齿轮轴	1	45	$m_n=1.5 \ z=30$
13	GB/T 1096	键14×36	1	45	
12	GB/T 70.1	起盖螺钉	1	Q235A	
11		端盖	1	HT150	
10	GB/T 276	滚动轴承6207	2		
9		调整垫片	2组	08F	成组
8		齿轮	1	45	$m_n=1.5 \ z=114$
7		端盖	1	HT150	
6	GB/T 276	滚动轴承6208	2		
5	GB/T 13871	密封圈B050068	1	耐油橡胶	
4		套筒	2		
3	GB/T 1096	键14×63	1	45	
2		透盖	1	HT150	
1		调整垫片	2	08F	

（标题栏）

技术特性

输入功率 kW	效率 η	总传动比	_级别_ 高速	低速				
					m_n	z_1	z_2	β
5.58	0.87	11.11		高速	1.5	30	114	10°56′33″
				低速	3.0	26	76	9°12′51″

输入轴转速 1450 r/min

技术要求

1. 装配前，全部零件用煤油清洗，滚动轴承用汽油清洗，箱体内不许有杂物存在。
2. 调整固定轴承时应留轴向间隙，Δ≈0.25～0.4。
3. 减速器内装L-CKC68工业齿轮油至规定高度。
4. 箱体剖分面、各接触面及密封处均不允许漏油，剖分面允许涂以密封胶或水玻璃，不允许使用垫片。
5. 接触斑点沿齿高不小于40%，沿齿长不小于70%。
6. 箱体外表面涂灰色油漆。

图 10-8　二级圆柱齿轮减速器（轴承油润滑）

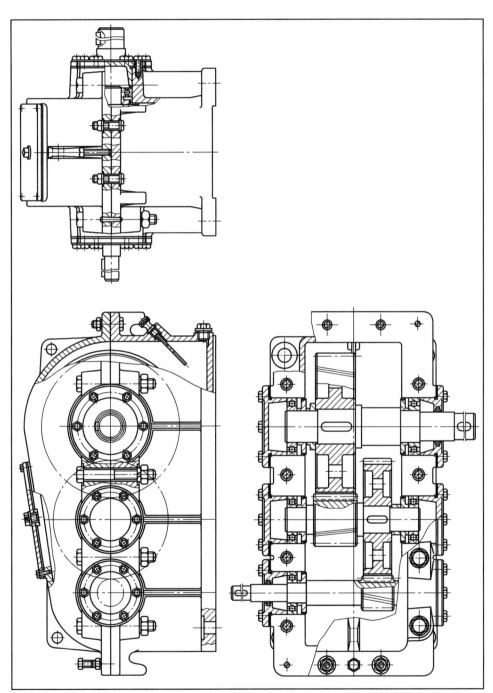

图 10-9　二级圆柱齿轮减速器（轴承脂润滑）

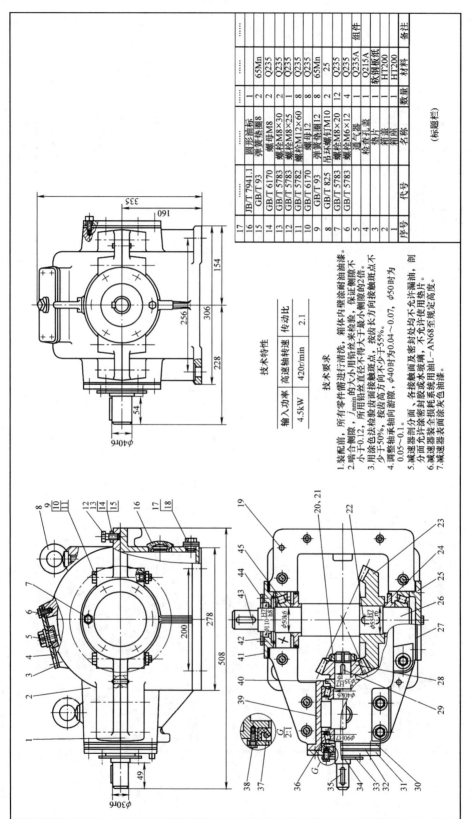

序号	代号	名称	数量	材料	备注
17		......	......	......	
16	JB/T 7941.1	圆形油标	1		
15	GBT 93	弹簧垫圈8	2	65Mn	
14	GB/T 6170	螺母M8	2	Q235	
13	GB/T 5783	螺栓M8×30	2	Q235	
12	GB/T 5782	螺栓M8×25	1	Q235	
11	GB/T 5782	螺栓M12×60	8	Q235	
10	GB/T 6170	螺母12	8	Q235	
9		弹簧垫圈12	8	65Mn	
8	GB/T 825	吊环螺钉M10	2	25	
7	GB/T 5783	螺栓M8×20	12	Q235	
6	GB/T 5783	螺栓M6×12	4	Q235	
5		通气器	1	Q235A	组件
4		检查孔盖	1	Q215A	
3		垫片	1	软钢板纸	
2		箱盖	1	HT200	
1		箱座	1	HT200	

(标题栏)

技术特性

输入功率	高速轴转速	传动比
4.5kW	420r/min	2.1

技术要求

1. 装配前，所有零件需进行清洗，箱体内壁涂耐油油漆。
2. 啮合侧隙，$j_{n\min}$ 的大小用铅丝检验，保证侧隙不小于0.12，所用铅丝直径不得大于最小侧隙的2倍。
3. 用涂色法检验齿面接触斑点，按齿长方向接触斑点不少于50%，按齿高方向不少于55%。
4. 调整轴承轴向游隙，$\phi40$时为$0.04\sim0.07$，$\phi50$时为$0.05\sim0.1$。
5. 减速器剖分面、各接触面及密封处均不允许漏油，剖分面允许涂密封胶或水玻璃，不允许使用垫片。
6. 减速器装上级减速系统用油L—AN68至规定高度。
7. 减速器表面涂灰色油漆。

图 10-10 一级锥齿轮减速器

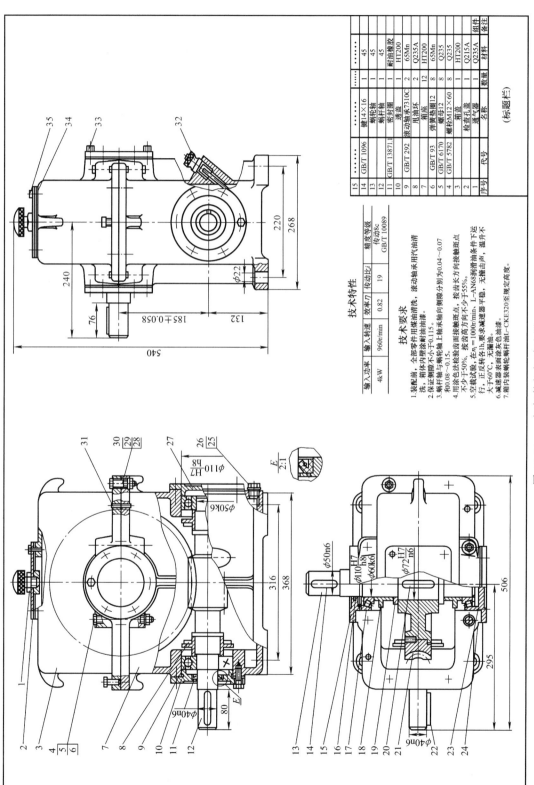

序号	代号	名称	数量	材料	组件	备注
15	……	……	1	45		
14	GB/T 1096	键14×16	1	45		
13	……	蜗轮轴	1	45		
12	GB/T 13871.1	蜗杆轴	1	耐油橡胶		
11	……	密封圈	1	HT200		
10	GB/T 292	滤盖	1	65Mn		
9	……	滚动轴承7310C	2	Q235A		
8	……	甩油环	12	HT200		
7	GB/T 93	箱座	8	65Mn		
6	GB/T 6170	弹簧垫圈12	8	Q235		
5	GB/T 5782	螺母M12	8	HT200		
4	……	螺栓M12×60	1	Q215A		
3	……	箱盖	1	Q235A		
2	……	检查孔盖				
1	……	通气器				

（标题栏）

技术特性

输入功率	输入转速	效率η	传动比	精度等级 传动8c GB/T 10089
4kW	960r/min	0.82	19	

技术要求

1. 装配前，全部零件用煤油清洗洗，滚动轴承用汽油清洗，箱体内壁涂耐油油漆。
2. 保证箱侧隙不小于0.115。
3. 蜗杆轴与蜗轮轴上轴承轴向侧隙分别为0.04～0.07和0.08～0.15。
4. 用涂色法检验齿面接触斑点，按齿长方向接触斑点不少于50%，按齿高方向不少于55%。
5. 空载试验，在 n_1=1000r/min，要求减速器平稳，无撞击声，正反转各1h，无漏油。
6. 减速器装箱面涂灰色油漆。
7. 箱内装蜗轮蜗杆油L-CKE320至规定高度。

图 10-11　一级蜗轮蜗杆减速器

附录　机械设计常用资料

附录 A　常用数据和一般标准

附录 A.1　一般标准

附表 A-1　YE3 系列（IP55）三相异步电动机技术数据（摘自 GB/T 28575—2020）

型号	功率 kW	同步转速/ (r/min)	效率 (%)	堵转转矩 额定转矩	最大转矩 额定转矩	型号	功率 kW	同步转速/ (r/min)	效率 (%)	堵转转矩 额定转矩	最大转矩 额定转矩
80M1-2	0.75		80.7	2.3		160M-4	11		91.4	2.2	
80M2-2	1.1		82.7			160L-4	15		92.1		
90S-2	1.5		84.2	2.2		180M-4	18.5		92.6		2.3
90L-2	2.2		85.9			180L-4	22	1500	93.0	2.0	
100L-2	3		87.1			200L-4	30		93.6		
112M-2	4		88.1			225S-4	37		93.9		
132S1-2	5.5	3000	89.2		2.3	225M-4	45		94.2		
132S2-2	7.5		90.1			90S-6	0.75		78.9		
160M1-2	11		91.2			90L-6	1.1		81.0		
160M2-2	15		91.9	2.0		100L-6	1.5		82.5		
160L-2	18.5		92.4			112M-6	2.2		84.3		
180M-2	22		92.7			132S-6	3		85.6		
200L1-2	30		93.3			132M1-6	4		86.8		
200L2-2	37		93.7			132M2-6	5.5		88.0		2.1
80M2-4	0.75		82.5			160M-6	7.5	1000	89.1	2.0	
90S-4	1.1		84.1			160L-6	11		90.3		
90L-4	1.5		85.3	2.3		180L-6	15		91.2		
100L1-4	2.2		86.7			200L1-6	18.5		91.7		
100L2-4	3	1500	87.7		2.3	200L2-6	22		92.2		
112M-4	4		88.6	2.2		225M-6	30		92.9		
132S-4	5.5		89.6			250M-6	37		93.3		
132M-4	7.5		90.4	2.0		280S-6	45		93.7		2.0

注：电动机型号由"系列号-机座号-极数"组成，例如电动机型号 YE3-90S-2 表示电动机属于 YE3 系列，机座号为 90S，极数为 2。机座号由中心高数值和长度代号组成（S 表示短机座，M 表示中机座，L 表示长机座）。

附表 A-2 机座带底脚、端盖上无凸缘的 YE3 系列电动机的安装及外形尺寸（摘自 GB/T 28575—2020）

（单位：mm）

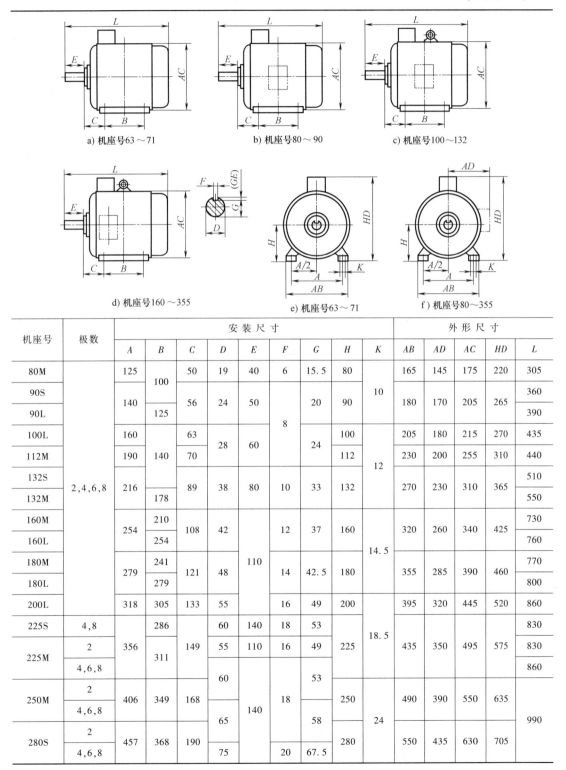

a) 机座号63～71　　b) 机座号80～90　　c) 机座号100～132

d) 机座号160～355　　e) 机座号63～71　　f) 机座号80～355

机座号	极数	安装尺寸									外形尺寸				
		A	B	C	D	E	F	G	H	K	AB	AD	AC	HD	L
80M	2,4,6,8	125	100	50	19	40	6	15.5	80	10	165	145	175	220	305
90S		140		56	24	50		20	90	10	180	170	205	265	360
90L			125				8								390
100L		160		63	28	60		24	100		205	180	215	270	435
112M		190	140	70					112	12	230	200	255	310	440
132S		216		89	38	80	10	33	132		270	230	310	365	510
132M			178												550
160M		254	210	108	42		12	37	160		320	260	340	425	730
160L			254							14.5					760
180M		279	241	121	48	110	14	42.5	180		355	285	390	460	770
180L			279												800
200L		318	305	133	55		16	49	200		395	320	445	520	860
225S	4,8		286	149	60	140	18	53	225	18.5	435	350	495	575	830
225M	2	356	311		55	110	16	49							830
	4,6,8				60			53							860
250M	2	406	349	168		140	18		250	24	490	390	550	635	990
	4,6,8				65			58							
280S	2	457	368	190					280		550	435	630	705	
	4,6,8				75		20	67.5							

注：$G = D - GE$。

附表 A-3　标准尺寸（直径、长度和高度等）（摘自 GB/T 2822—2005）（单位：mm）

R			R'			R			R'			R			R'		
R10	R20	R40	R'10	R'20	R'40	R10	R20	R40	R'10	R'20	R'40	R10	R20	R40	R'10	R'20	R'40
2.50	2.50		2.5	2.5		40.0	40.0	40	40	40	40	250	280	280		280	280
	2.80			2.8				42.5			42			300			300
3.15	3.15		3.0	3.0			45.0	45.0		45	45	315	315	315	320	320	320
	3.55			3.5				47.5			48			335			340
4.00	4.00		4.0	4.0		50.0	50.0	50.0	50	50	50		355	355		360	360
	4.50			4.5				53.0			53			375			380
5.00	5.00		5.0	5.0			56.0	56.0		56	56	400	400	400	400	400	400
	5.60			5.5				60.0			60			425			420
6.30	6.30		6.0	6.0		63.0	63.0	63.0	63	63	63		450	450		450	450
	7.10			7.0				67.0			67			475			480
8.00	8.00		8.0	8.0				71.0		71	71	500	500	500	500	500	500
	9.00			9.0				75.0			75			530			530
10.0	10.0		10	10		80.0	80.0	80.0	80	80	80		560	560		560	560
	11.2			11				85.0			85			600			600
12.5	12.5	12.5	12	12	12		90.0	90.0		90	90	630	630	630	630	630	630
		13.2			13			95.0			95			670			670
	14.0	14.0		14	14	100	100	100	100	100	100		710	710		710	710
		15.0			15			106			105			750			750
16.0	16.0	16.0	16	16	16		112	112		110	110	800	800	800	800	800	800
		17.0			17			118			120			850			850
	18.0	18.0		18	18	125	125	125	125	125	125		900	900		900	900
		19.0			19			132			130			950			950
20.0	20.0	20.0	20	20	20		140	140		140	140	1000	1000	1000	1000	1000	1000
		21.2			21			150			150			1060			
	22.4	22.4		22	22	160	160	160	160	160	160		1120	1120			
		23.6			24			170			170			1180			
25.0	25.0	25.0	25	25	25		180	180		180	180	1250	1250	1250			
		26.5			26			190			190			1320			
	28.0	28.0		28	28	200	200	200	200	200	200		1400	1400			
		30.0			30			212			210			1500			
31.5	31.5	31.5	32	32	32		224	224		220	220	1600	1600	1600			
		33.5			34			236			240			1700			
	33.5	35.5		36	36	250	250	250	250	250	250		1800	1800			
		37.5			38			265			260			1900			

注：1. 选择标准尺寸系列及单个尺寸时，应首先在优先系数 R 系列中选用。选用顺序为 R10、R20、R40。如果必须将数值圆整，可在相应的 R′ 系列中选用标准尺寸。

2. 本标准适用于有互换性或系列化要求的主要尺寸（如安装、连接尺寸，有公差要求的配合尺寸等）。

附表 A-4　各种传动的传动比推荐范围（参考值）

传 动 类 型		传动比	传 动 类 型		传动比
平带传动		≤6	锥齿轮传动	1）开式	≤5
V 带传动		≤7		2）单级减速器	≤5
圆柱齿轮传动	1）开式	≤3~5	蜗杆传动	1）开式	15~60
	2）单级减速器	≤4~6		2）单级减速器	10~40
	3）单级外啮合和内啮合行星减速器	3~9	链传动		≤6
			摩擦轮传动		≤5

附表 A-5　机械传动和摩擦副的效率概率值

种　类		效率 η	种　类		效率 η
圆柱齿轮传动	很好磨合的 6 级、7 级精度齿轮传动（油润滑）	0.98 ~ 0.99	摩擦轮	平摩擦轮传动	0.85 ~ 0.92
	8 级精度的一般齿轮传动（油润滑）	0.97		槽摩擦轮传动	0.88 ~ 0.90
	9 级精度的齿轮传动（油润滑）	0.96		卷绳轮	0.95
	加工齿的开式齿轮传动（脂润滑）	0.94 ~ 0.96	联轴器	十字滑块联轴器	0.97 ~ 0.99
	铸造齿的开式齿轮传动	0.90 ~ 0.93		齿式联轴器	0.99
锥齿轮传动	很好磨合的 6 级、7 级精度齿轮传动（油润滑）	0.97 ~ 0.98		弹性联轴器	0.99 ~ 0.995
	8 级精度的一般齿轮传动（油润滑）	0.94 ~ 0.97		万向联轴器（$\alpha \leqslant 3°$）	0.97 ~ 0.98
	加工齿的开式齿轮传动（脂润滑）	0.92 ~ 0.95		万向联轴器（$\alpha > 3°$）	0.95 ~ 0.97
	铸造齿的开式齿轮传动	0.88 ~ 0.92	滑动轴承	润滑不良	0.94（一对）
蜗杆传动	自锁蜗杆（油润滑）	0.40 ~ 0.45		润滑正常	0.97（一对）
	单头蜗杆（油润滑）	0.70 ~ 0.75		润滑特好（压力润滑）	0.98（一对）
	双头蜗杆（油润滑）	0.75 ~ 0.82		液体摩擦	0.99（一对）
	三头、四头蜗杆（油润滑）	0.80 ~ 0.92	滚动轴承	球轴承（稀油润滑）	0.99（一对）
	环面蜗杆传动（油润滑）	0.85 ~ 0.95		滚子轴承（稀油润滑）	0.98（一对）
带传动	平带无压紧轮的开式传动	0.98	卷筒	—	0.96
	平带有压紧轮的开式传动	0.97	减（变）速器	一级圆柱齿轮减速器	0.97 ~ 0.98
	平带交叉传动	0.90		二级圆柱齿轮减速器	0.95 ~ 0.96
	V 带传动	0.96		行星圆柱齿轮减速器	0.95 ~ 0.98
链传动	焊接链	0.93		一级锥齿轮减速器	0.95 ~ 0.96
	片式关节链	0.95		二级圆锥-圆柱齿轮减速器	0.94-0.95
	滚子链	0.96		无级变速器	0.92 ~ 0.95
	齿形链	0.97		摆线-针轮减速器	0.90 ~ 0.97
复滑轮组	滑动轴承（$i = 2 ~ 6$）	0.90 ~ 0.98	丝杠传动	滑动丝杠	0.30 ~ 0.60
	滚动轴承（$i = 2 ~ 6$）	0.95 ~ 0.99		滚动丝杠	0.85 ~ 0.95

附表 A-6　图纸幅面（摘自 GB/T 14689—2008）、图样比例（摘自 GB/T 14690—1993）

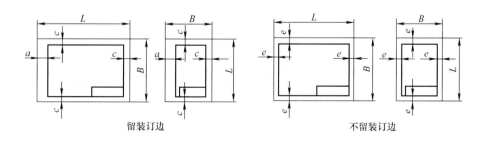

留装订边　　　　　　　　　　　　　　　　　不留装订边

（续）

图纸幅面/mm							图样比例		
基本幅面（第一选择）					加长幅面（第二选择）		原值比例	缩小比例	放大比例
幅面代号	$B \times L$	a	c	e	幅面代号	$B \times L$		1:2 1:2×10^n 1:5 1:5×10^n 1:10 1:10×10^n 必要时允许选取	5:1 5×10^n:1 2:1 2×10^n:1 1×10^n:1 必要时允许选取
A0	841×1189			20	A3×3	420×891			
A1	594×841		10		A3×4	420×1189	1:1	1:1.5 1:1.5×10^n 1:2.5 1:2.5×10^n	4:1 4×10^n:1 2.5:1 2.5×10^n:1
A2	420×594	25			A4×3	297×630			
A3	297×420		5	10	A4×4	297×841		1:3 1:3×10^n 1:4 1:4×10^n	n—正整数
A4	210×297				A4×5	297×1051		1:6 1:6×10^n	

注：加长幅面的图框尺寸，按所选用的基本幅面大一号图框尺寸确定。

附表 A-7　明细栏格式（本课程设计用）

……	……	……	……	……	……	
2	GB/T 292—2007	滚动轴承7210C	2			7
1	JSQ-01	箱座	1	HT200		7
序号	代号	名称	数量	材料	备注	10
8	40	44	8	38		
		150				

附表 A-8　装配图或零件图标题栏格式（本课程设计用）

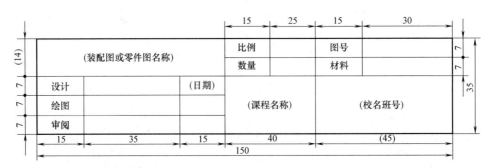

附录 A.2　零件的结构要素

附表 A-9　中心孔（摘自 GB/T 145—2001）　　　（单位：mm）

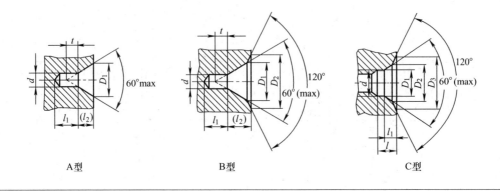

A型　　　　　　　　　　　B型　　　　　　　　　　　C型

（续）

选择中心孔的参考数据			d		D_1		D_2		l_2		t(参考)	D_3	l_1 (参考)	l
轴状原料最大直径 D_0	原料端部最小直径	零件最大质量/kg	A、B 型	C 型	A、B 型	C 型	B 型	C 型	A 型	B 型	A、B 型		C 型	
>10~18	8	120	2.00	—	4.25	—	6.3		1.95	2.54	1.8	—	—	—
>18~30	10	200	2.50	—	5.30	—	8.00		2.42	3.20	2.2	—	—	—
>30~50	12	500	3.15	M3	6.70	3.2	10.00	5.3	3.07	4.03	2.8	5.8	1.8	2.6
>50~80	15	800	4.00	M4	8.50	4.3	12.50	6.7	3.90	5.05	3.5	7.4	2.1	3.2
>80~120	20	1000	(5.00)	M5	10.60	5.3	16.00	8.1	4.85	6.41	4.4	8.8	2.4	4.0
>120~180	25	1500	6.30	M6	13.20	6.4	18.00	9.6	5.98	7.36	5.5	10.5	2.8	5.0
>180~220	30	2000	(8.00)	M8	17.00	8.4	22.40	12.2	7.79	9.36	7.0	13.2	3.3	6.0

注：1. A 型和 B 型中心孔的长度 l_1 取决于中心钻的长度 l_1，此值不应小于 t 值。

2. 括号内的尺寸尽量不采用。

3. 选择中心孔参考数据仅供参考。

附表 A-10　中心孔表示方法 （摘自 GB/T 4459.5—1999）

标注示例	解　释	标注示例	解　释
B3.15/10 GB/T 4459.5	采用 B 型中心孔 $D=3.15$mm $D_1=10$mm 在完工的零件上允许保留中心孔	A4/8.5 GB/T 4459.5	采用 A 型中心孔 $D=4$mm $D_1=8.5$mm 在完工的零件上不允许保留中心孔
A4/8.5 GB/T 4459.5	采用 A 型中心孔 $D=4$mm $D_1=8.5$mm 在完工的零件上是否保留中心孔都可以	2×B3.15/10	同一轴的两端中心孔相同，可只在其一端标注，但应注出数量

附表 A-11　圆形零件自由表面过度圆角半径 （参考）　　　　（单位：mm）

$D-d$	2	5	8	10	15	20	25	30	35	40	50	55	65	70	90	100
R	1	2	3	4	5	8	10	12	12	16	16	20	20	25	25	30

注：尺寸 $D-d$ 是表中数值的中间值时，则按较小尺寸来选取。

附表 A-12　砂轮越程槽（摘自 GB/T 6403.5—2008）　　　　（单位：mm）

回转面及端面砂轮越程槽的型式及尺寸

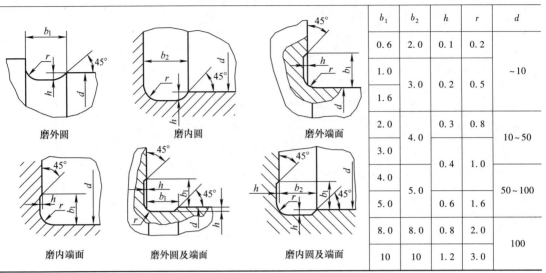

b_1	b_2	h	r	d
0.6	2.0	0.1	0.2	~10
1.0	3.0	0.2	0.5	
1.6				
2.0	4.0	0.3	0.8	10~50
3.0		0.4	1.0	
4.0	5.0			50~100
5.0		0.6	1.6	
8.0	8.0	0.8	2.0	100
10	10	1.2	3.0	

磨外圆　　磨内圆　　磨外端面
磨内端面　　磨外圆及端面　　磨内圆及端面

注：1. 越程槽内与直线相交处，不允许产生尖角。
　　2. 越程槽深度 h 与圆弧半径 r，要满足 $r \leqslant 3h$。

附表 A-13　零件倒圆和倒角（摘自 GB/T 6403.4—2008）　　　　（单位：mm）

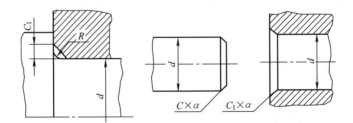

直径 d	>10~18	>18~30	>30~50	>50~80	>80~120	>120~180	>180~250
R 和 C	0.8	1.0	1.6	2.0	2.5	3.0	4.0
C_1	1.2	1.6	2.0	2.5	3.0	4.0	5.0

注：1. 与滚动轴承相配合的轴及座孔处的圆角半径，见有关轴承标准。
　　2. α 一般采用 45°，也可以采用 30° 或 60°。
　　3. C_1 的数值不属于 GB/T 6403.4—2008，仅供参考。

附表 A-14　轴肩和轴环尺寸（参考）　　　　（单位：mm）

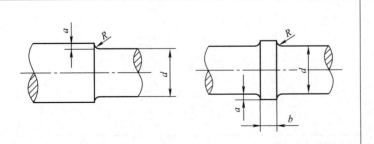

$$\begin{cases} a = (0.07 \sim 0.1)d \\ b \approx 1.4a \\ \text{定位用 } a > R \\ R \text{ 为倒圆半径，见附表 A-13} \end{cases}$$

附表 A-15 外壁、内壁与肋的厚度（参考）

零件质量 /kg	零件最大 外形尺寸/mm	外壁 厚度/mm	内壁 厚度/mm	肋的 厚度/mm	零件举例
~5	300	7	6	5	箱盖、拨叉、杠杆、端盖、轴套
6~10	500	8	7	5	箱盖、门、轴套、挡板、支架、箱体
11~60	750	10	8	6	箱盖、箱体、罩、电动机支架、溜板箱体、支架、托架、门
61~100	1250	12	10	8	箱盖、箱体、镗模架、液压缸体、支架、溜板箱体
101~500	1700	14	12	8	油盘、盖、壁、床鞍箱体、带轮、镗模架

附表 A-16 铸造内圆角（摘自 JB/ZQ 4255—2006） （单位：mm）

$a \approx b$； $R_1 = R + a$

$\dfrac{a+b}{2}$	R 值											
	内圆角 α											
	≤50°		>50°~75°		>75°~105°		>105°~135°		>135°~165°		>165°	
	钢	铁	钢	铁	钢	铁	钢	铁	钢	铁	钢	铁
≤8	4	4	4	4	6	4	8	6	16	10	20	16
9~12	4	4	4	4	6	6	10	8	16	12	25	20
13~16	4	4	6	4	8	6	12	10	20	16	30	25
17~20	6	4	8	6	10	8	16	12	25	20	40	30
21~27	6	6	10	8	12	10	20	16	30	25	50	40
28~35	8	6	12	10	16	12	25	20	40	30	60	50

附表 A-17 铸造外圆角（摘自 JB/ZQ 4256—2006） （单位：mm）

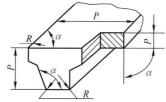

表面的最小边 尺寸 P	R 值					
	外圆角 α					
	≤50°	>50°~75°	>75°~105°	>105°~135°	>135°~165°	>165°
≤25	2	2	2	4	6	8
>25~60	2	4	4	6	10	16
>60~160	4	4	6	8	16	25
>160~250	4	6	8	12	20	30
>250~400	6	8	10	16	25	40
>400~600	6	8	12	20	30	50

注：如一铸件按表可选出许多不同的圆角"R"时，应尽量减少或只取一适当的"R"值以求统一。

附表 A-18　铸造斜度

（摘自 JB/ZQ 4257—1986）

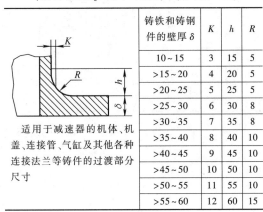

斜度 $a:h$	角度 β	使用范围
1:5	11°30′	$h < 25mm$ 的钢和铁铸件
1:10	5°30′	$h = 25 \sim 500mm$ 的钢和铁铸件
1:20	3°	
1:50	1°	$h > 500mm$ 的钢和铁铸件
1:100	30′	有色金属铸件

注：当设计不同壁厚的铸件时，在转折点处的斜角最大还可增大到 30°~45°。

附表 A-19　铸造过渡斜度

（摘自 JB/ZQ 4254—2006）（单位：mm）

铸铁和铸钢件的壁厚 δ	K	h	R
10 ~ 15	3	15	5
>15 ~ 20	4	20	5
>20 ~ 25	5	25	5
>25 ~ 30	6	30	8
>30 ~ 35	7	35	8
>35 ~ 40	8	40	10
>40 ~ 45	9	45	10
>45 ~ 50	10	50	10
>50 ~ 55	11	55	10
>55 ~ 60	12	60	15

适用于减速器的机体、机盖、连接管、气缸及其他各种连接法兰等铸件的过渡部分尺寸

附录 B　常用工程材料

附表 B-1　灰铸铁（摘自 GB/T 9439—2010）、球墨铸铁（摘自 GB/T 1348—2009）

类别	牌号	力学性能			
		抗拉强度 R_m(min) /MPa	屈服强度 $R_{p0.2}$(min) /MPa	伸长率 A(min) (%)	布氏硬度 HBW
灰铸铁	HT100	100			≤170
	HT150	150			125 ~ 205
	HT200	200			150 ~ 230
	HT225	225			170 ~ 240
	HT250	250			180 ~ 250
	HT275	275			190 ~ 260
	HT300	300			200 ~ 275
	HT350	350			220 ~ 290
球墨铸铁	QT350-22L	350	220	22	≤160
	QT350-22R	350	220	22	≤160
	QT350-22	350	220	22	≤160
	QT400-18L	400	240	18	120 ~ 175
	QT400-18R	400	250	18	120 ~ 175
	QT400-18	400	250	18	120 ~ 175
	QT400-15	400	250	15	120 ~ 180
	QT450-10	450	310	10	160 ~ 210
	QT500-7	500	320	7	170 ~ 230
	QT550-5	550	350	5	180 ~ 250
	QT600-3	600	370	3	190 ~ 270
	QT700-2	700	420	2	225 ~ 305
	QT900-2	900	600	2	280 ~ 360

注：灰铸铁为单铸试棒的抗拉强度。球墨铸铁为单铸试块的力学性能。

附表 B-2　一般工程用铸造碳钢（摘自 GB/T 11352—2009）

| 牌号 | 抗拉强度 R_m/MPa | 屈服强度 $R_{eH}(R_{p0.2})$/MPa | 伸长率 $A(\%)$ | 根据合同选择 | | 硬度 | |
				断面收缩率 $Z(\%)$	冲击吸收功 A_{KV}/J	正火回火 HBW	表面淬火 HRC
ZG200-400	400	200	25	40	30		
ZG230-450	450	230	22	32	25	≥131	
ZG270-500	500	270	18	25	22	≥143	40~45
ZG310-570	570	310	15	21	15	≥153	40~50
ZG340-640	640	340	10	18	10	169~229	45~55

注：1. 各牌号铸钢的性能，适用于厚度为100mm以下的铸件。当铸件厚度超过100mm时，表中规定的屈服强度 R_{eH} 仅供设计使用。
　　2. 表中硬度值非 GB/T 11352—2009 内容，仅供参考。

附表 B-3　普通碳素结构钢（摘自 GB/T 700—2006）

| 牌号 | 等级 | 屈服强度 R_{eH}/MPa，不小于 | | | | | | 抗拉强度 R_m/MPa | 伸长率 $A(\%)$，不小于 | | | | |
		≤16	>16~40	>40~60	>60~100	>100~150	>150~200		≤40	>40~60	>60~100	>100~150	>150~200
Q195	—	195	185	—	—	—	—	315~430	33	—	—	—	—
Q215	A	215	205	195	185	175	165	335~450	31	30	29	27	26
	B												
Q235	A	235	225	215	215	195	185	370~500	26	25	24	22	21
	B												
	C												
	D												
Q275	A	275	265	255	245	225	215	410~540	22	21	20	18	17
	B												
	C												
	D												

附表 B-4　优质碳素结构钢（摘自 GB/T 699—2015）

| 牌号 | 推荐的热处理制度 | | | 力学性能 | | | | | 交货硬度 HBW | |
| | 正火 | 淬火 | 回火 | 抗拉强度 R_m/MPa | 下屈服强度 R_{eL}^d/MPa | 断后伸长率 $A(\%)$ | 断面收缩率 $Z(\%)$ | 冲击吸收能量 KU_2/J | 未热处理钢 | 退火钢 |
	加热温度/℃			≥					≤	
08	930	—	—	325	195	33	60	—	131	—
20	910	—	—	410	245	25	55	—	156	—
30	880	860	600	490	295	21	50	63	179	—
35	870	850	600	530	315	20	45	55	197	—
40	860	840	600	570	335	19	45	47	217	187
45	850	840	600	600	355	16	40	39	229	197

（续）

牌号	推荐的热处理制度			力学性能					交货硬度 HBW	
	正火	淬火	回火	抗拉强度 R_m/ MPa	下屈服强度 R_{eL}^d/ MPa	断后伸长率 $A(\%)$	断面收缩率 $Z(\%)$	冲击吸收能量 KU_2/J	未热处理钢	退火钢
	加热温度/℃			≥					≤	
50	830	830	600	630	375	14	40	31	241	207
55	820	—	—	645	380	13	35	—	255	217
15Mn	920	—	—	410	245	26	55	—	163	—
25Mn	900	870	600	490	295	22	50	71	207	—
40Mn	860	840	600	590	355	17	45	47	229	207
50Mn	830	830	600	645	390	13	40	31	255	217
65Mn	830	—	—	735	430	9	30	—	285	229

注：1. 表中的力学性能适用于公称直径或厚度不大于 80mm 的钢棒。

　　2. 热处理保温时间：正火不少于 30min，淬火不少于 30min，回火不少于 1h。

附表 B-5　合金结构钢（摘自 GB/T 3077—2015）

牌号	推荐的热处理制度				力学性能					供货状态为退火或高温回火钢棒布氏硬度 HBW
	淬火		回火		抗拉强度 R_m/ MPa	下屈服强度 R_{eL}^b/MPa	断后伸长率 $A(\%)$	断面收缩率 $Z(\%)$	冲击吸收能量 KU_2/J	
	加热温度/℃	冷却剂	加热温度/℃	冷却剂						
					不小于					不大于
35Mn2	840	水	500	水	835	685	12	45	55	207
45Mn2	840	油	550	水、油	885	735	10	45	47	217
35SiMn	900	水	570	水、油	885	735	15	45	47	229
42SiMn	880	水	590	水	885	735	15	40	47	229
37SiMn2MoV	870	水、油	650	水、空气	980	835	12	50	63	269
40MnB	850	油	500	水、油	980	785	10	45	47	207
20Cr	880①	水、油	200	水、空气	835	540	10	40	47	179
40Cr	850	油	520	水、油	980	785	9	45	47	207
20CrNi	850	水、油	460	水、油	785	590	10	50	63	197
40CrNi	820	油	550	水、油	980	785	10	45	55	241
35CrMo	850	油	550	水、油	980	835	12	45	63	229
38CrMoAl	940	水、油	640	水、油	980	835	14	50	71	229
20CrMnMo	850	油	200	水、空气	1180	885	10	45	55	217
40CrMnMo	850	油	600	水、油	980	785	10	45	63	217
20CrMnTi	880①	油	200	水、空气	1080	850	10	45	55	217
20CrNiMo	850	油	200	空气	980	785	9	40	47	197
40CrNiMo	850	油	600	水、油	980	835	12	55	78	269

注：试件毛坯尺寸为 25mm，20CrMnTi、20CrMnMo、20CrNiMo 试件尺寸 15mm。

① 第一淬火温度。

附录 C　连　接

附录 C.1　螺纹

附表 C-1　普通螺纹基本尺寸优选系列（摘自 GB/T 196—2003、GB/T 9144—2003）

（单位：mm）

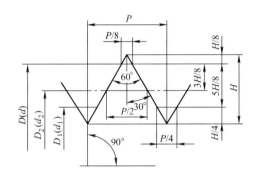

$H = 0.866025404P$

$d_2 = d - 0.6495P$

$d_1 = d - 1.0825P$

D、d 分别为内、外螺纹大径

D_2、d_2 分别为内、外螺纹中径

D_1、d_1 分别为内、外螺纹小径

P 为螺距

标记示例：

M24（粗牙普通螺纹，直径为 24mm，螺距为 3mm）

M24×2（细牙普通螺纹，直径为 24mm，螺距为 2mm）

公称直径 D、d		螺距 P		中径 D_2、d_2	小径 D_1、d_1	公称直径 D、d		螺距 P		中径 D_2、d_2	小径 D_1、d_1
第一选择	第二选择	粗牙	细牙			第一选择	第二选择	粗牙	细牙		
3		0.5		2.675	2.459	24			3	22.051	20.752
	3.5	0.6		3.110	2.850		27			25.051	23.752
4		0.7	—	3.545	3.242	30		3.5	2	27.727	26.211
5		0.8		4.480	4.134		33			30.727	29.211
6		1		5.350	4.917	36		4		33.402	31.670
	7			6.350	5.917		39		3	36.402	34.670
8		1.25	1	7.188	6.647	42		4.5		39.077	37.129
10		1.5	1.25,1	9.026	8.376		45			42.077	40.129
12		1.75	1.5,1.25	10.863	10.106	48		5		44.752	42.587
	14	2	1.5	12.701	11.835		52			48.752	46.587
16				14.701	13.835	56		5.5	4	52.428	50.046
	18	2.5	2,1.5	16.376	15.294		60			56.428	54.046
20				18.376	17.294	64		6		60.103	57.505
	22			20.376	19.294						

注：本表中径 D_2、d_2，小径 D_1、d_1 与粗牙螺纹匹配，细牙螺纹有关数据参见 GB/T 196—2003。

附表 C-2　梯形螺纹基本尺寸（摘自 GB/T 5796.3—2005）　　　（单位：mm）

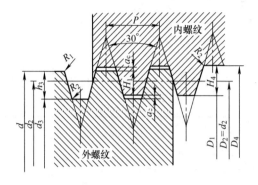

$$H = 0.5P$$
$$d_2 = D_2 = d - H_1 = d - 0.5P$$
$$d_3 = d - 2h_3 = d - 2(0.5P + a_c) = d - P - 2a_c$$
$$D_1 = d - 2H_1 = d - P$$
$$D_4 = d + 2a_c$$
$$h_3 = H_4 = H_1 + a_c = 0.5P + a_c$$

标记示例：

Tr40×7-7H（梯形内螺纹，公称直径为 40mm，导程和螺距为 7mm，中径公差带为 7H，螺纹右旋）

Tr40×14(P7)-7e（梯形外螺纹，公称直径为 40mm，导程为 14mm，螺距为 7mm，中径公差带为 7e，螺纹右旋，双线）

Tr40×7-7H/7e（梯形螺纹副，公称直径为 40mm，螺距为 7mm，公差带为 7H 的内螺纹与公差带为 7e 的外螺纹组成配合，螺纹右旋）

Tr40×7LH-7e（梯形外螺纹，公称直径为 40mm，螺距为 7mm，中径公差带为 7e，螺纹左旋）

公称直径 d			螺距 P	中径 $d_2 = D_2$	大径 D_4	小径		公称直径 d			螺距 P	中径 $d_2 = D_2$	大径 D_4	小径	
第一系列	第二系列	第三系列				d_3	D_1	第一系列	第二系列	第三系列				d_3	D_1
16			2	15.000	16.500	13.500	14.000				3	30.500	32.500	28.500	29.000
			4	14.000	16.500	11.500	12.000	32			6	29.000	33.000	25.000	26.000
											10	27.000	33.000	21.000	22.000
	18		2	17.000	18.500	15.500	16.000				3	32.500	34.500	30.500	31.000
			4	16.000	18.500	13.500	14.000		34		6	31.000	35.000	27.000	28.000
20			2	19.000	20.500	17.500	18.000				10	29.000	35.000	23.000	24.000
			4	18.000	20.500	15.500	16.000				3	34.500	36.500	32.500	33.000
	22		3	20.500	22.500	19.000	19.000	36			6	33.000	37.000	29.000	30.000
			5	19.500	22.500	16.500	17.000				10	31.000	37.000	25.000	26.000
			8	18.000	23.000	13.000	14.000				3	36.500	38.500	34.500	35.000
24			3	22.500	24.500	20.500	21.000		38		7	34.500	39.000	30.000	31.000
			5	21.500	24.500	18.500	19.000				10	33.000	39.000	27.000	28.000
			8	20.000	25.000	15.000	16.000				3	38.500	40.500	36.500	37.000
	26		3	24.500	26.500	22.500	23.000	40			7	36.500	41.000	32.000	33.000
			5	23.500	26.500	20.500	21.000				10	35.000	41.000	29.000	30.000
			8	22.000	27.000	17.000	18.000				3	40.500	42.500	38.500	39.000
28			3	26.500	28.500	24.500	25.000		42		7	38.500	43.000	34.000	35.000
			5	25.500	28.500	22.500	23.000				10	37.000	43.000	31.000	32.000
			8	24.000	29.000	19.000	20.000				3	42.500	44.500	40.500	41.000
	30		3	28.500	30.500	26.500	27.000	44			7	40.500	45.000	36.000	37.000
			6	27.000	31.000	23.000	24.000				12	38.000	45.000	31.000	32.000
			10	25.000	31.000	19.000	20.000								

注：梯形螺纹标记示例参见 GB/T 5796.2—2005、GB/T 5796.4—2005。

附录 C.2　螺栓、螺柱、螺钉

附表 C-3　六角头螺栓—A 级和 B 级（摘自 GB/T 5782—2016）

六角头螺栓—全螺纹—A 级和 B 级（摘自 GB/T 5783—2016）　　　（单位：mm）

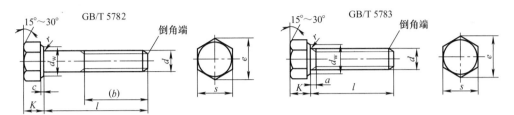

标记示例：

螺栓规格为 M12、公称长度 $l=80$mm、性能等级为 8.8 级、表面不经处理、产品等级为 A 级的六角头螺栓的标记：

螺栓　GB/T 5782　M12×80

螺纹规格 d			M4	M5	M6	M8	M10	M12	M16	M20	M24	M30	M36	M42
s	公称=max		7.00	8.00	10.00	13.00	16.00	18.00	24.00	30.00	36.00	46	55.0	65.0
K	公称		2.8	3.5	4	5.3	6.4	7.5	10	12.5	15	18.7	22.5	26
r	min		0.2	0.2	0.25	0.4	0.4	0.6	0.6	0.8	0.8	1	1	1.2
e	min	A	7.66	8.79	11.05	14.38	17.77	20.03	26.75	33.53	39.98	—	—	—
		B	7.50	8.63	10.89	14.20	17.59	19.85	26.17	32.95	39.55	50.85	60.79	71.3
d_w	min	A	5.88	6.88	8.88	11.63	14.63	16.63	22.49	28.19	33.61	—	—	—
		B	5.74	6.74	8.74	11.47	14.47	16.47	22	27.7	33.25	42.75	51.11	59.95
b	$l\leqslant125$		14	16	18	22	26	30	38	46	54	66	—	—
	$125<l\leqslant200$		20	22	24	28	32	36	44	52	60	72	84	96
	$l>200$		33	35	37	41	45	49	57	65	73	85	97	109
c	max		0.40	0.50			0.60			0.80				1.00
a	max		2.1	2.4	3	4	4.5	5.3	6	7.5	9	10.5	12	13.5
$l_{范围}$			25~40	25~50	30~60	40~80	45~100	50~120	65~160	80~200	90~240	110~300	140~360	160~440
l（全螺线）			6~40	10~50	12~60	16~80	20~100	25~120	30~150	40~150	50~150	60~200	75~200	80~200
$l_{系列}$			6,8,10,12,16,20~70（5 进位），80~160（10 进位），180~500（20 进位）											

注：A 级用于 $d=1.6\sim24$mm 和 $l\leqslant10d$ 或 $l\leqslant150$mm（按较小值）；B 级用于 $d>24$mm 或 $l>10d$ 或 $l>150$mm（按较小值）的螺栓。

附表 C-4　六角头加强杆螺栓（摘自 GB/T 27—2013）　　　（单位：mm）

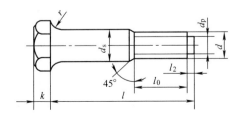

标记示例：

螺栓规格 $d=$M12、d_s 见下表、公称长度 $l=80$mm、性能等级为 8.8 级、表面氧化处理、产品等级为 A 级的六角头加强杆螺栓的标记：

螺栓　GB/T 27　M12×80

d_s 按 m6 制造时应标记：

螺栓　GB/T 27　M12m6×80

（续）

螺纹规格 d		M6	M8	M10	M12	(M14)	M16	(M18)	M20	(M22)	M24
d_s(h9)	max	7	9	11	13	15	17	19	21	23	25
s	max	10	13	16	18	21	24	27	30	34	36
k	公称	4	5	6	7	8	9	10	11	12	13
d_p		4	5.5	7	8.5	10	12	13	15	17	18
e_{min}	A	11.05	14.38	17.77	20.03	23.35	26.75	30.14	33.53	37.72	39.98
	B	10.89	14.20	17.59	19.85	22.78	26.17	29.56	32.95	37.29	39.55
r	min	0.25	0.40	0.40	0.60	0.60	0.60	0.60	0.80	0.80	0.80
l_2		1.5		2		3			4		
l_0		12	15	18	22	25	28	30	32	35	38
$l_{范围}$		25~65	25~80	30~120	35~180	40~180	45~200	50~200	55~200	60~200	65~200
$l_{系列}$		25,(28),30,(32),35,(38),40,45,50,(55),60,(65),70,(75),80,85,90,(95),100~260(10进位),280,300									

注：尽可能不采用括号内的规格。

附表 C-5　内六角圆柱头螺钉（摘自 GB/T 70.1—2008）　　　　（单位：mm）

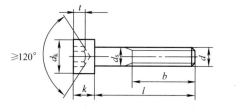

标记示例：

螺纹规格 d=M5、公称长度 l=20mm、性能等级为 8.8 级、表面氧化的 A 级内六角圆柱头螺钉的标记：

螺钉　GB/T 70.1　M5×20

螺纹规格 d	M5	M6	M8	M10	M12	M16	M20	M24	M30	M36
b(参考)	22	24	28	32	36	44	52	60	72	84
d_k(max①)	8.50	10.00	13.00	16.00	18.00	24.00	30.00	36.00	45.00	54.00
d_s(max)	5.00	6.00	8.00	10.00	12.00	16.00	20.00	24.00	30.00	36.00
e(min)	4.583	5.723	6.863	9.149	11.429	15.996	19.437	21.734	25.154	30.854
k(max)	5.00	6.00	8.00	10.00	12.00	16.00	20.00	24.00	30.00	36.00
s(公称)	4	5	6	8	10	14	17	19	22	27
t(min)	2.5	3	4	5	6	8	10	12	15.5	19
$l_{范围}$	8~50	10~60	12~80	16~100	20~120	25~160	30~200	40~200	45~200	55~200
全螺纹 l≤	25	30	35	40	50	60	70	80	100	110
$l_{系列}$	2.5,3,4,5,6~12(2进位),16,20~70(5进位),80~160(10进位),180~300(20进位)									

① 对光滑头部。

附表 C-6　十字槽盘头螺钉（摘自 GB/T 818—2016）

十字槽沉头螺钉（摘自 GB/T 819.1—2016）　　　　（单位：mm）

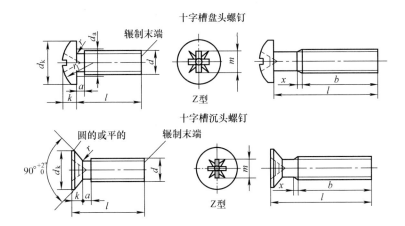

标记示例：

螺纹规格为 M5、公称长度 $l=20$mm、性能等级为 4.8 级、表面不经处理的 A 级 H 型十字槽盘头螺钉（或十字槽沉头螺钉）的标记：

螺钉　GB/T 818　M5×20（或 GB/T 819.1　M5×20）

螺纹规格 d			M3	M4	M5	M6	M8	M10
螺距 P			0.5	0.7	0.8	1	1.25	1.5
a(max)			1	1.4	1.6	2	2.5	3
b(min)			25	38	38	38	38	38
x(max)			1.25	1.75	2	2.5	3.2	3.8
十字槽盘头螺钉 （GB/T 818—2016）	d_k	公称	5.6	8.00	9.50	12.00	16.00	20.00
	k	公称	2.40	3.10	3.70	4.60	6.0	7.50
	r	min	0.1	0.2	0.2	0.25	0.4	0.4
	r_1	≈	5	6.5	8	10	13	16
	m(H 型)	参考	3	4.4	4.9	6.9	9	10.1
	$l_{范围}$		4~30	5~40	6~45	8~60	10~60	12~60
十字槽沉头螺钉 （GB/T 819.1—2016）	d_k	公称	5.5	8.4	9.3	11.3	15.8	18.3
	k	公称	1.65	2.7	2.7	3.3	4.65	5
	r	max	0.8	1	1.3	1.5	2	2.5
	m(H 型)	参考	3.2	4.6	5.2	6.8	8.9	10
	$l_{范围}$		4~30	5~40	6~50	8~60	10~60	12~60
$l_{系列}$(公称)			4,5,6,8,10,12,(14),16,20~60(5 进位)					

注：十字槽盘头螺钉，当 $d≤$M3、$l≤25$mm 或 $d≥$M4、$l≤40$mm 时，制出全螺纹（$b=l-a$）。十字槽沉头螺钉，当 $d≤$M3、$l≤30$mm 或 $d>$M4、$l≤45$mm 时，制出全螺纹（$b=l-a$）。

附表 C-7　双头螺柱 $b_m = d$（摘自 GB/T 897—1988）　　　　（单位：mm）

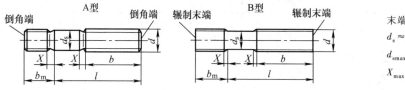

末端按 GB 2 规定：
$d_s \approx$ 螺纹中径（B 型）
$d_{smax} = d$
$X_{max} = 2.5P$（螺距）

标记示例：

　　两端均为粗牙普通螺纹，$d = 10mm$、$l = 50mm$、性能等级为 4.8 级、不经表面处理、B 型、$b_m = 1d$ 的双头螺柱的标记：

　　螺柱　GB/T 897　M10×50

　　旋入机体的一端为粗牙普通螺纹，旋螺母一端为螺距 $P = 1mm$ 的细牙普通螺纹，$d = 10mm$、$l = 50mm$、性能等级为 4.8 级、不经表面处理、A 型、$b_m = 1d$ 的双头螺柱的标记：

　　螺柱　GB/T 897 AM10-M10×1×50

螺纹规格 d		M6	M8	M10	M12	M16	M20	（M24）	（M30）	M36
b_m	公称	6	8	10	12	16	20	24	30	36
$\dfrac{b}{l}$（公称）		$\dfrac{10}{20\sim22}$	$\dfrac{12}{20\sim22}$	$\dfrac{14}{25\sim28}$	$\dfrac{16}{25\sim30}$	$\dfrac{20}{30\sim38}$	$\dfrac{25}{35\sim40}$	$\dfrac{30}{45\sim50}$	$\dfrac{40}{60\sim65}$	$\dfrac{45}{65\sim75}$
		$\dfrac{14}{25\sim30}$	$\dfrac{16}{25\sim30}$	$\dfrac{16}{30\sim38}$	$\dfrac{20}{32\sim40}$	$\dfrac{30}{40\sim55}$	$\dfrac{35}{45\sim65}$	$\dfrac{45}{55\sim75}$	$\dfrac{50}{70\sim90}$	$\dfrac{60}{80\sim110}$
		$\dfrac{18}{32\sim75}$	$\dfrac{22}{32\sim90}$	$\dfrac{26}{40\sim120}$	$\dfrac{30}{45\sim120}$	$\dfrac{38}{60\sim120}$	$\dfrac{46}{70\sim120}$	$\dfrac{54}{80\sim120}$	$\dfrac{66}{95\sim120}$	$\dfrac{78}{120}$
				$\dfrac{32}{130}$	$\dfrac{36}{130\sim180}$	$\dfrac{44}{130\sim200}$	$\dfrac{52}{130\sim200}$	$\dfrac{60}{130\sim200}$	$\dfrac{72}{130\sim200}$	$\dfrac{84}{130\sim200}$
									$\dfrac{85}{210\sim250}$	$\dfrac{97}{210\sim300}$
$l_{系列}$（公称）		\multicolumn{9}{c}{16,(18),20,(22),25,(28),30,(32),35,(38),40~100(5 进位),100~260(10 进位),280,300}

　　注：1. 括号内的规格尽可能不采用。

　　　　2. P 为粗牙螺距。

　　　　3. 允许采用细牙螺纹和过渡配合螺纹。

附录 C.3　螺母

　　附表 C-8　1 型六角螺母—A、B 级（摘自 GB/T 6170—2015）/细牙（摘自 GB/T 6171—2016）/

　　　　　　　六角薄螺母—A、B 级（摘自 GB/T 6172.1—2016）　　　　　（单位：mm）

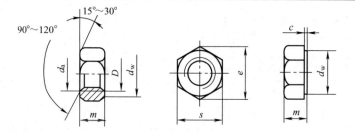

标记示例：

　　螺纹规格为 M12、性能等级为 8 级、表面不经处理、产品等级为 A 级的 1 型六角螺母的标记：

　　螺母　GB/T 6170　M12

　　螺纹规格为 M16×1.5、性能等级为 8 级、表面不经处理、产品等级为 A 级、细牙螺纹的 1 型六角螺母的标记：

　　螺母　GB/T 6171　M16×1.5

　　螺纹规格为 M12、性能等级为 04 级、表面不经处理、产品等级为 A 级、倒角的六角薄螺母的标记：

　　螺母　GB/T 6172.1　M12

（续）

螺纹规格 D			M6	M8	M10	M12	M16	M20	M24	M30	M36
螺距 P			1	1.25	1.5	1.75	2	2.5	3	3.5	4
m	max	六角螺母	5.2	6.80	8.40	10.80	14.8	18.0	21.5	25.6	31.0
		薄螺母	3.2	4	5	6	8	10	12	15	18
d_a	min		6	8	10	12	16	20	24	30	36
d_w	min		8.9	11.6	14.6	16.6	22.5	27.7	33.2	42.8	51.1
e	min		11.05	14.38	17.77	20.03	26.75	32.95	39.55	50.85	60.79
s	公称		10.00	13.00	16.00	18.00	24.00	30.00	36	45	55.0
c	max		0.50	0.60				0.8			

附录 C.4 垫圈

附表 C-9 标准型弹簧垫圈（摘自 GB/T 93—1987）　　　（单位：mm）

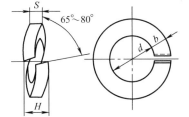
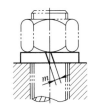

标记示例：

公称直径 $d=16\text{mm}$、材料为 65Mn、表面氧化的标准型弹簧垫圈的标记：

垫圈　GB/T 93—1987　16

公称直径 （螺纹规格）		5	6	8	10	12	(14)	16	(18)	20	(22)	24	(27)	30
d	min	5.1	6.1	8.1	10.2	12.2	14.2	16.2	18.2	20.2	22.5	24.5	27.5	30.5
$S(b)$	公称	1.3	1.6	2.1	2.6	3.1	3.6	4.1	4.5	5	5.5	6	6.8	7.5
H	max	3.25	4	5.25	6.5	7.75	9	10.25	11.25	12.5	13.75	15	17	18.75
m	≤	0.65	0.8	1.05	1.3	1.55	1.8	2.05	2.25	2.5	2.75	3	3.4	3.75

注：1. 尽量不采用括号内的规格。

　　2. m 值应大于零。

附录 C.5 螺纹零件的结构要素

附表 C-10 粗牙螺栓、螺钉的拧入深度和螺纹孔尺寸（参考）　　　（单位：mm）

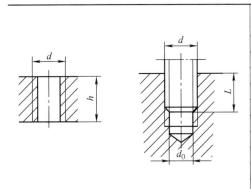

螺纹直径 d	钻孔直径 d_0	用于钢或青铜		用于铸铁		用于铝	
		h	L	h	L	h	L
6	5	8	6	12	10	15	12
8	6.8	10	8	15	12	20	16
10	8.5	12	10	18	15	24	20
12	10.2	15	12	22	18	28	24
16	14	29	16	28	24	36	32
20	17.5	25	20	35	30	45	40
24	21	30	24	42	35	55	48
30	26.5	36	30	50	45	70	60
36	32	45	36	65	55	80	72
42	37.5	50	42	75	65	95	85

注：h 为内螺纹通孔长度；d_0 为攻螺纹前钻孔直径。

附表 C-11　紧固件通孔及沉孔尺寸　　　　　　　　　（单位：mm）

螺纹规格 d	通孔 d_0			沉头螺钉用沉孔 (GB/T 152.2—2014)			α	内六角圆柱头螺钉用圆柱头沉孔 (GB/T 152.3—1988)				六角头螺栓和六角螺母用沉孔 (GB/T 152.4—1988)			
	精装配	中等装配	粗装配	d_2	$t\approx$	d_1	α	d_2	t	d_3	d_1	d_2	d_3	d_1	t
M3	3.2	3.4	3.6	6.3	1.55	3.4		6.0	3.4		3.4	9		3.4	
M4	4.3	4.5	4.8	9.4	2.55	4.5		8.0	4.6		4.5	10		4.5	
M5	5.3	5.5	5.8	10.4	2.58	5.5		10.0	5.7	—	5.5	11	—	5.5	
M6	6.4	6.6	7	12.6	3.13	6.6		11.0	6.8		6.6	13		6.6	
M8	8.4	9	10	17.3	4.28	9		15.0	9.0		9.0	18		9.0	
M10	10.5	11	12	20.0	4.65	11		18.0	11.0		11.0	22		11.0	只要制出与通孔轴线垂直的圆平面即可
M12	13	13.3	14.5					20.0	13.0	16	13.5	26	16	13.5	
M14	15	15.5	16.5				90°±1°	24.0	15.0	18	15.5	30	18	15.5	
M16	17	17.5	18.5					26.0	17.5	20	17.5	33	20	17.5	
M18	19	20	21					—			—	36	22	20.0	
M20	21	22	24	—				33.0	21.5	24	22.0	40	24	22.0	
M22	23	24	26					—				43	26	24	
M24	25	26	28					40.0	25.5	28	26.0	48	28	26	
M27	28	30	32					—				53	33	30	
M30	31	33	35					48.0	32.0	36	33.0	61	36	33	
M33	34	36	38					—				66	39	36	

附表 C-12　普通粗牙内外螺纹的余留长度、钻孔余留深度、螺栓突出螺母的末端长度

（摘自 JB/ZQ 4247—2006）　　　（单位：mm）

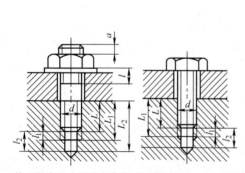

拧入深度 L 由设计者决定，钻孔深度 $L_2 = L + l_2$，螺孔深度 $L_1 = L + l_1$

螺纹直径 d	余留长度			末端长度 a
	内螺纹 l_1	外螺纹 l	钻孔 l_2	
5	1.5	2.5	6	2～3
6	2	3.5	7	2.5～4
8	2.5	4	9	
10	3	4.5	10	3.5～5
12	3.5	5.5	11	
14,16	4	6	14	4.5～6.5
18,20,22	5	7	17	
24,27	6	8	20	
30	7	10	23	5.5～8
36	8	11	26	
42	9	12	30	7～11
48	10	13	33	
56	11	16	36	10～15
64,72,76	12	18	40	

附表 C-13　普通螺纹收尾、肩距、退刀槽和倒角（摘自 GB/T 3—1997）　　（单位：mm）

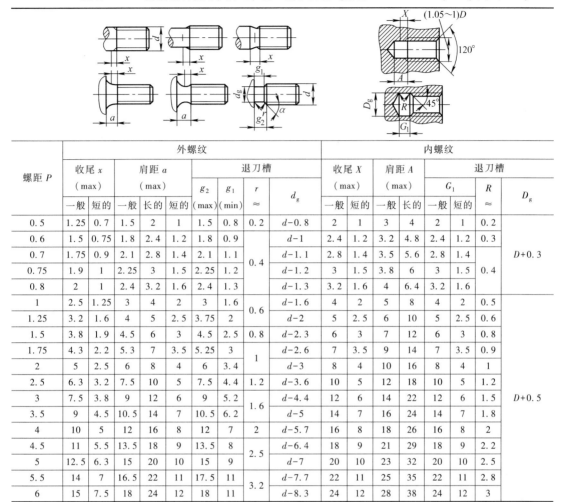

螺距 P	外螺纹									内螺纹						
	收尾 x（max）		肩距 a（max）			退刀槽				收尾 X（max）		肩距 A（max）		退刀槽		
						g_2（max）	g_1（min）	r ≈	d_g					G_1		R ≈	D_g
	一般	短的	一般	长的	短的					一般	短的	一般	长的	一般	短的	
0.5	1.25	0.7	1.5	2	1	1.5	0.8	0.2	d-0.8	2	1	3	4	2	1	0.2	
0.6	1.5	0.75	1.8	2.4	1.2	1.8	0.9		d-1	2.4	1.2	3.2	4.8	2.4	1.2	0.3	D+0.3
0.7	1.75	0.9	2.1	2.8	1.4	2.1	1.1	0.4	d-1.1	2.8	1.4	3.5	5.6	2.8	1.4		
0.75	1.9	1	2.25	3	1.5	2.25	1.2		d-1.2	3	1.5	3.8	6	3	1.5	0.4	
0.8	2	1	2.4	3.2	1.6	2.4	1.3		d-1.3	3.2	1.6	4	6.4	3.2	1.6		
1	2.5	1.25	3	4	2	3	1.6	0.6	d-1.6	4	2	5	8	4	2	0.5	
1.25	3.2	1.6	4	5	2.5	3.75	2		d-2	5	2.5	6	10	5	2.5	0.6	
1.5	3.8	1.9	4.5	6	3	4.5	2.5	0.8	d-2.3	6	3	7	12	6	3	0.8	
1.75	4.3	2.2	5.3	7	3.5	5.25	3	1	d-2.6	7	3.5	9	14	7	3.5	0.9	
2	5	2.5	6	8	4	6	3.4		d-3	8	4	10	16	8	4	1	
2.5	6.3	3.2	7.5	10	5	7.5	4.4	1.2	d-3.6	10	5	12	18	10	5	1.2	
3	7.5	3.8	9	12	6	9	5.2	1.6	d-4.4	12	6	14	22	12	6	1.5	D+0.5
3.5	9	4.5	10.5	14	7	10.5	6.2		d-5	14	7	16	24	14	7	1.8	
4	10	5	12	16	8	12	7	2	d-5.7	16	8	18	26	16	8	2	
4.5	11	5.5	13.5	18	9	13.5	8	2.5	d-6.4	18	9	21	29	18	9	2.2	
5	12.5	6.3	15	20	10	15	9		d-7	20	10	23	32	20	10	2.5	
5.5	14	7	16.5	22	11	17.5	11	3.2	d-7.7	22	11	25	35	22	11	2.8	
6	15	7.5	18	24	12	18	11		d-8.3	24	12	28	38	24	12	3	

附录 C.6　挡圈

附表 C-14　螺钉紧固轴端挡圈（摘自 GB/T 891—1986）

螺栓紧固轴端挡圈（摘自 GB/T 892—1986）　　（单位：mm）

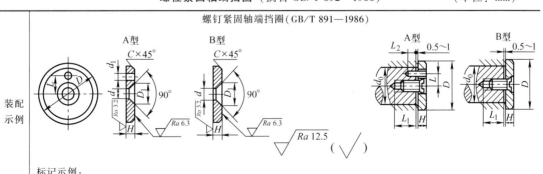

标记示例：

公称直径 D＝45mm、材料为 A3、不经表面处理的 A 型螺钉紧固轴端挡圈的标记：

挡圈　GB/T 891—1986—45

（续）

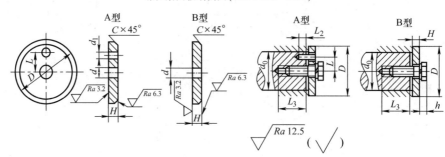

螺栓紧固轴端挡圈（GB/T 892—1986）

标记示例：

公称直径 $D=45$mm、材料 A3、不经表面处理的 B 型螺栓紧固轴端挡圈的标记：

挡圈　GB/T 892—1986—B45

轴径 ≤	公称直径 D	H	L	d	d_1	C	D_1	螺钉紧固轴端挡圈		螺栓紧固轴端挡圈			安装尺寸（参考）			
								螺钉 GB/T 819 （推荐）	圆柱销 GB/T 119 （推荐）	螺栓 GB/T 5783 （推荐）	圆柱销 GB/T 119 （推荐）	垫圈 GB/T 93 （推荐）	L_1	L_2	L_3	h
14	20	4	—	5.5	2.1	0.5	11	M5×12	A2×10	M5×16	A2×10	5	14	6	16	4.8
16	22															
18	25															
20	28		7.5													
22	30															
25	32	5	10	6.6	3.2	1	13	M6×16	A3×12	M6×20	A3×12	6	18	7	20	5.6
28	35															
30	38															
32	40		12													
35	45															
40	50															
45	55	6	16	9	4.2	1.5	17	M8×20	A4×14	M8×25	A4×14	8	22	8	24	7.4
50	60															
55	65															
60	70		20													
65	75															
70	80															
75	90	8	25	13	5.2	2	25	M12×25	A5×16	M12×30	A5×16	12	26	10	28	10.6
85	100															

注：1. 当挡圈装在带螺纹孔的轴端时，紧固用螺栓（钉）允许加长。

2. 表中装配示例不属于本标准内容，仅供参考。

3. 材料为 Q235、35、45 钢等。

附表 C-15　孔用弹性挡圈—A 型（摘自 GB/T 893—2017）　　　（单位：mm）

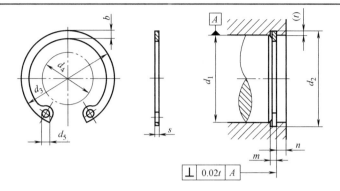

标记示例：

孔径 $d_1 = 40$mm、厚度 $s = 1.75$mm、材料 C67S、表面磷化处理的 A 型孔用弹性挡圈的标记：

挡圈　GB/T 893　40

公称规格 d_1	挡圈				沟槽				轴 d_4 ≤	公称规格 d_1	挡圈				沟槽				轴 d_4 ≤
	d_3	s	b ≈	d_5 (min)	d_2 基本尺寸	d_2 极限偏差	m H13	t	n ≥		d_3	s	b ≈	d_5 (min)	d_2 基本尺寸	d_2 极限偏差	m H13	t	n ≥
32	34.4	1.2	3.2		33.7		1.3	0.85	2.6	20.6	75	79.5				78.0			1.50	4.5	58.6
34	36.5		3.3		35.7					22.6	78	82.5		6		81.0					60.1
35	37.8		3.4		37.0					23.6	80	85.5	2.5	6.8	3.0	83.5		2.65			62.1
36	38.8	1.5	3.5		38.0		1.6	1.00	3.0	24.6	82	87.5		7.0		85.5					64.1
37	39.8		3.6		39.0	+0.25 0				25.4	85	90.5				88.5					66.9
38	40.8		3.7		40.0					26.4	88	93.5		7.2		91.5	+0.35 0		1.75	5.3	69.9
40	43.5		3.9		42.5					27.8	90	95.5		7.6		93.5					71.9
42	45.5		4.1		44.5					29.6	92	97.5	3	7.8		95.5		3.15			73.7
45	48.5	1.75	4.3		47.5		1.85	1.25	3.8	32.0	95	100.5		8.1		98.5					76.5
47	50.5		4.4	2.5	49.6					33.5	98	103.5		8.3		101.5					79.0
48	51.5		4.5		50.5					34.5	100	105.5		8.4	3.5	103.5					80.6
50	54.2		4.6		53.0					36.3	102	108		8.5		106.0					82.0
52	56.2		4.7		55.0					37.9	105	112		8.7		109.0					85.0
55	59.2		5.0		58.0					40.7	108	115		8.9		112.0	+0.54 0				88.0
56	60.2		5.1		59.0		2.15			41.7	110	117		9.0		114.0					88.2
58	62.2	2	5.2		61.0					43.5	112	119		9.1		116.0					90.0
60	64.2		5.4		63.0	+0.30 0		1.50	4.5	44.7	115	122		9.3		119.0		4.15	2.00	6.0	93.0
62	66.2		5.5		65.0					46.7	120	127	4	9.7		124.0					96.9
63	67.2		5.6		66.0					47.7	125	132		10		129.0					101.9
65	69.2		5.8		68.0					49.0	130	137		10.2		134.0	+0.63 0				106.9
68	72.5	2.5	6.1	3.0	71.0		2.65			51.6	135	142		10.5	4.0	139.0					111.5
70	74.5		6.2		73.0					53.6	140	147		10.7		144.0					116.5
72	76.5		6.4		75.0					55.6	145	152		10.9		149.0					121.0

附表 C-16　轴用弹性挡圈—A 型（摘自 GB/T 894—2017）　　　　　（单位：mm）

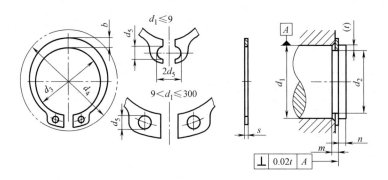

标记示例：

轴径 $d_1 = 40$mm、厚度 $s = 1.75$mm、材料 C67S、表面磷化处理的 A 型轴用弹性挡圈的标记：

挡圈　GB/T 894　40

公称规格 d_1	挡圈 d_3	s	b ≈	d_5 (min)	沟槽 d_2 基本尺寸	d_2 极限偏差	m H13	t	n ≥	轴 d_4 ≤	公称规格 d_1	挡圈 d_3	s	b ≈	d_5 (min)	沟槽 d_2 基本尺寸	d_2 极限偏差	m H13	t	n ≥	轴 d_4 ≤
14	12.9	1.00	2.1	1.7	13.4	0 −0.11	1.1	0.30	0.9	21.4	45	41.5	1.75	4.7	2.5	42.5	0 −0.25	1.85	1.25	3.8	59.1
15	13.8		2.2		14.3			0.35	1.1	22.6	48	44.5		5.0		45.5					62.5
16	14.7		2.2		15.2			0.40	1.2	23.8	50	45.8		5.1		47					64.5
17	15.7		2.3		16.2					25.0	52	47.8		5.2		49					66.7
18	16.5	1.20	2.4	2.0	17	0 −0.13	1.3	0.50	1.5	26.2	55	50.8	2.00	5.4	2.5	52		2.15	1.50	4.5	70.2
19	17.5		2.5		18					27.2	56	51.8		5.5		53					71.6
20	18.5		2.6		19					28.4	58	53.8		5.6		55	0 −0.30				73.6
21	19.5		2.7		20					29.6	60	55.8		5.8		57					75.6
22	20.5		2.8		21					30.8	62	57.8		6.0		59					77.8
24	22.2		3.0		22.9					33.2	63	58.8		6.2		60					79.0
25	23.2		3.0		23.9			0.55	1.7	34.2	65	60.8		6.3		62					81.4
26	24.2		3.1		24.9	0 −0.21				35.5	68	63.5		6.5		65					84.8
28	25.9	1.50	3.2		26.6		1.6			37.9	70	65.5		6.6		67					87.0
29	26.9		3.4		27.6			0.70	2.1	39.1	72	67.5	2.50	6.8	3.0	69		2.65			89.2
30	27.9		3.5		28.6					40.5	75	70.5		7.0		72					92.7
32	29.6		3.6		30.3					43.0	78	73.5		7.3		75					96.1
34	31.5		3.8		32.3			0.85	2.6	45.4	80	74.5		7.4		76.5					98.1
35	32.2		3.9		33					46.8	82	76.5		7.6		78.5					100.3
36	33.2	1.75	4.0	2.5	34	0 −0.25	1.85	1.00	3	47.8	85	79.5		7.8		81.5	0 −0.30		1.75	5.3	103.3
38	35.2		4.2		36					50.2	90	84.5	3.00	8.2	3.5	86.5		3.15			108.5
40	36.5		4.4		37			1.25	3.8	52.6	95	89.5		8.6		91.5	0 −0.35				114.8
42	38.5		4.5		39.5					55.7	100	94.5		9.0		96.5					120.2

附录 C.7　键连接和销连接

附表 C-17　普通型平键的型式与尺寸（摘自 GB/T 1096—2003）

平键　键槽的剖面尺寸（摘自 GB/T 1095—2003）　　　（单位：mm）

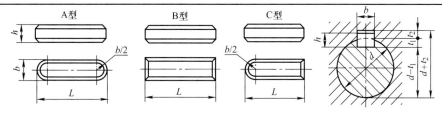

标记示例：

圆头普通型平键（A 型），$b=10$mm、$h=8$mm、$L=25$mm　　GB/T 1096—2003　键　10×8×25

平头普通型平键（B 型），$b=10$mm、$h=8$mm、$L=25$mm　　GB/T 1096—2003　键　B10×8×25

单圆头普通型平键（C 型），$b=10$mm、$h=8$mm、$L=25$mm　GB/T 1096—2003　键　C10×8×25

轴径 d	键尺寸 $b×h$	键 槽										
		宽　度					深　度				半径 r	
		基本尺寸	极限偏差				轴 t_1		毂 t_2			
			松连接		正常连接		紧密连接					
			轴 H9	毂 D10	轴 N9	毂 JS9	轴和毂 P9	基本尺寸	极限偏差	基本尺寸	极限偏差	min	max
6~8	2×2	2	+0.025 0	+0.060 +0.020	−0.004 −0.029	±0.0125	−0.006 −0.031	1.2	+0.1 0	1	+0.1 0	0.08	0.16
>8~10	3×3	3						1.8		1.4			
>10~12	4×4	4	+0.030 0	+0.078 +0.030	0 −0.030	±0.015	−0.012 −0.042	2.5		1.8			
>12~17	5×5	5						3.0		2.3			
>17~22	6×6	6						3.5		2.8		0.16	0.25
>22~30	8×7	8	+0.036 0	+0.098 +0.040	0 −0.036	±0.018	−0.015 −0.051	4.0		3.3			
>30~38	10×8	10						5.0		3.3			
>38~44	12×8	12	+0.043 0	+0.120 +0.050	0 −0.043	±0.0215	−0.018 −0.061	5.0	+0.2 0	3.3	+0.2 0	0.25	0.40
>44~50	14×9	14						5.5		3.8			
>50~58	16×10	16						6.0		4.3			
>58~65	18×11	18						7.0		4.4			
>65~75	20×12	20	+0.052 0	+0.149 +0.065	0 −0.052	±0.026	−0.022 −0.074	7.5		4.9			
>75~85	22×14	22						9.0		5.4		0.40	0.60
>85~95	25×14	25						9.0		5.4			
>95~110	28×16	28						10.0		6.4			
>110~130	32×18	32	+0.062 0	+0.180 +0.080	0 −0.062	±0.031	−0.026 −0.088	11.0	+0.3 0	7.4	+0.3 0		
>130~150	36×20	36						12.0		8.4		0.70	1.0
>150~170	40×22	40						13.0		9.4			
>170~200	45×25	45						15.0		10.4			
键的长度系列	6~22（2 进位），25，28~40（4 进位），45，50，56，63，70~110（10 进位），125，140~220（20 进位），250，280，320，360，400，450，500												

附表 C-18　圆柱销（摘自 GB/T 119.1—2000）、圆锥销（摘自 GB/T 117—2000）

（单位：mm）

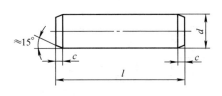

A 型（磨削）：锥面表面粗糙度 $Ra = 0.8\mu m$

B 型（切削或冷镦）：锥面表面粗糙度 $Ra = 3.2\mu m$

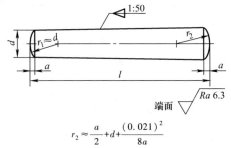

标记示例：

公称直径 $d = 6mm$、公差为 m6、公称长度 $l = 30mm$、材料为钢、不经淬火、不经表面处理的圆柱销的标记：

销　GB/T 119.1　6　m6×30

端面 $\sqrt{Ra\ 6.3}$

$$r_2 \approx \frac{a}{2} + d + \frac{(0.021)^2}{8a}$$

标记示例：

公称直径 $d = 6mm$、公称长度 $l = 30mm$、材料为 35 钢、热处理硬度 28~38HRC、表面氧化处理的 A 型圆锥销的标记：

销　GB/T 117　6×30

圆柱销	d	1.5	2	2.5	3	4	5	6	8	10	12	16	20	25
	c	0.3	0.35	0.4	0.5	0.63	0.8	1.2	1.6	2	2.5	3	3.5	4
	l	4~16	6~20	6~24	8~30	8~40	10~50	12~60	14~80	18~95	22~140	26~180	35~200	50~200
圆锥销	d	1.5	2	2.5	3	4	5	6	8	10	12	16	20	25
	a	0.2	0.25	0.3	0.4	0.5	0.63	0.8	1	1.2	1.6	2	2.5	3
	l	8~24	10~35	10~35	12~45	14~55	18~60	22~90	22~120	26~160	32~180	40~200	45~200	50~200
l	公称尺寸	2,3,4,5,6~32(2 进位),35~100(5 进位),公称长度大于 100 且按 20 递增												

附录 D　滚动轴承

附录 D.1　常用滚动轴承

附表 D-1　深沟球轴承（摘自 GB/T 276—2013）

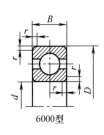

6000型

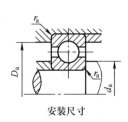

安装尺寸

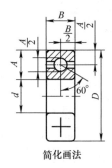

简化画法

标记示例：滚动轴承　6210　GB/T 276—2013

（续）

轴承型号	外形尺寸/mm				安装尺寸/mm			基本额定动载荷 C_r	基本额定静载荷 C_{0r}	极限转速/（r/min）（参考）	
	d	D	B	r_s（min）	d_a（min）	D_a（max）	r_{as}（max）	kN		脂润滑	油润滑
（1）0尺寸系列											
6000	10	26	8	0.3	12.4	23.6	0.3	4.58	1.98	20000	28000
6001	12	28	8	0.3	14.4	25.6	0.3	5.10	2.38	19000	26000
6002	15	32	9	0.3	17.4	29.6	0.3	5.58	2.85	18000	24000
6003	17	35	10	0.3	19.4	32.6	0.3	6.00	3.25	17000	22000
6004	20	42	12	0.6	25	37	0.6	9.38	5.02	15000	19000
6005	25	47	12	0.6	30	42	0.6	10.0	5.85	13000	17000
6006	30	55	13	1	36	49	1	13.2	8.30	10000	14000
6007	35	62	14	1	41	56	1	16.2	10.5	9000	12000
6008	40	68	15	1	46	62	1	17.0	11.8	8500	11000
6009	45	75	16	1	51	69	1	21.0	14.8	8000	10000
6010	50	80	16	1	56	74	1	22.0	16.2	7000	9000
6011	55	90	18	1.1	62	83	1	30.2	21.8	6300	8000
6012	60	95	18	1.1	67	88	1	31.5	24.2	6000	7500
6013	65	100	18	1.1	72	93	1	32.0	24.8	5600	7000
6014	70	110	20	1.1	77	103	1	38.5	30.5	5300	6700
6015	75	115	20	1.1	82	108	1	40.2	33.2	5000	6300
6016	80	125	22	1.1	87	118	1	47.5	39.8	4800	6000
6017	85	130	22	1.1	92	123	1	50.8	42.8	4500	5600
6018	90	140	24	1.5	99	131	1.5	58.0	49.8	4300	5300
6019	95	145	24	1.5	104	136	1.5	57.8	50.0	4000	5000
6020	100	150	24	1.5	109	141	1.5	64.5	56.2	3800	4800
（0）2尺寸系列											
6200	10	30	9	0.6	15	25	0.6	5.10	2.38	19000	26000
6201	12	32	10	0.6	17	27	0.6	6.82	3.05	18000	24000
6202	15	35	11	0.6	20	30	0.6	7.65	3.72	17000	22000
6203	17	40	12	0.6	23	34	0.6	9.58	4.78	16000	20000
6204	20	47	14	1	26	41	1	12.8	6.65	14000	18000
6205	25	52	15	1	31	46	1	14.0	7.88	12000	16000
6206	30	62	16	1	36	56	1	19.5	11.5	9500	13000
6207	35	72	17	1.1	42	65	1	25.5	15.2	8500	11000
6208	40	80	18	1.1	47	73	1	29.5	18.0	8000	10000
6209	45	85	19	1.1	52	78	1	31.5	20.5	7000	9000
6210	50	90	20	1.1	57	83	1	35.0	23.2	6700	8500
6211	55	100	21	1.5	64	91	1.5	43.2	29.2	6000	7500
6212	60	110	22	1.5	69	101	1.5	47.8	32.8	5600	7000
6213	65	120	23	1.5	74	111	1.5	57.2	40.0	5000	6300
6214	70	125	24	1.5	79	116	1.5	60.8	45.0	4800	6000
6215	75	130	25	1.5	84	121	1.5	66.0	49.5	4500	5600
6216	80	140	26	2	90	130	2	71.5	54.2	4300	5300
6217	85	150	28	2	95	140	2	83.2	63.8	4000	5000
6218	90	160	30	2	100	150	2	95.8	71.5	3800	4800
6219	95	170	32	2.1	107	158	2.1	110	82.8	3600	4500
6220	100	180	34	2.1	112	168	2.1	122	92.8	3400	4300

（续）

轴承型号	外形尺寸/mm				安装尺寸/mm			基本额定动载荷 C_r	基本额定静载荷 C_{0r}	极限转速/(r/min)（参考）	
	d	D	B	r_s（min）	d_a（min）	D_a（max）	r_{as}（max）	kN		脂润滑	油润滑
（0）3 尺寸系列											
6300	10	35	11	0.6	15	30	0.6	7.65	3.48	18000	24000
6301	12	37	12	1	18	31	1	9.72	5.08	17000	22000
6302	15	42	13	1	21	36	1	11.5	5.42	16000	20000
6303	17	47	14	1	23	41	1	13.5	6.58	15000	19000
6304	20	52	15	1.1	27	45	1	15.8	7.88	13000	17000
6305	25	62	17	1.1	32	55	1	22.2	11.5	10000	14000
6306	30	72	19	1.1	37	65	1	27.0	15.2	9000	12000
6307	35	80	21	1.5	44	71	1.5	33.2	19.2	8000	10000
6308	40	90	23	1.5	49	81	1.5	40.8	24.0	7000	9000
6309	45	100	25	1.5	54	91	1.5	52.8	31.8	6300	8000
6310	50	110	27	2	60	100	2	61.8	38.0	6000	7500
6311	55	120	29	2	65	110	2	71.5	44.8	5300	6700
6312	60	130	31	2.1	72	118	2.1	81.8	51.8	5000	6300
6313	65	140	33	2.1	77	128	2.1	93.8	60.5	4500	5600
6314	70	150	35	2.1	82	138	2.1	105	68.0	4300	5300
6315	75	160	37	2.1	87	148	2.1	112	76.8	4000	5000
6316	80	170	39	2.1	92	158	2.1	122	86.5	3800	4800
6317	85	180	41	3	99	166	2.5	132	96.5	3600	4500
6318	90	190	43	3	104	176	2.5	145	108	3400	4300
6319	95	200	45	3	109	186	2.5	155	122	3200	4000
6320	100	215	47	3	114	201	2.5	172	140	2800	3600
（0）4 尺寸系列											
6403	17	62	17	1.1	24	55	1	22.5	10.8	11000	15000
6404	20	72	19	1.1	27	65	1	31.0	15.2	9500	13000
6405	25	80	21	1.5	34	71	1.5	38.2	19.2	8500	11000
6406	30	90	23	1.5	39	81	1.5	47.5	24.5	8000	10000
6407	35	100	25	1.5	44	91	1.5	56.8	29.5	6700	8500
6408	40	110	27	2	50	100	2	65.5	37.5	6300	8000
6409	45	120	29	2	55	110	2	77.5	45.5	5600	7000
6410	50	130	31	2.1	62	118	2.1	92.2	55.2	5300	6700
6411	55	140	33	2.1	67	128	2.1	100	62.5	4800	6000
6412	60	150	35	2.1	72	138	2.1	108	70.0	4500	5600
6413	65	160	37	2.1	77	148	2.1	118	78.5	4300	5300
6414	70	180	42	3	84	166	2.5	140	99.5	3800	4800
6415	75	190	45	3	89	176	2.5	155	115	3600	4500
6416	80	200	48	3	94	186	2.5	162	125	3400	4300
6417	85	210	52	4	103	192	3	175	138	3200	4000
6418	90	225	54	4	108	207	3	192	158	2800	3600
6420	100	250	58	4	118	232	3	222	195	2400	3200

注：1. 表中安装尺寸数据不属于 GB/T 276—2013 内容，详见 GB/T 5868—2003 内容。

　　2. 表中基本额定动载荷数值不属于 GB/T 276—2013 内容，计算方法参见 GB/T 6391—2010 内容。

　　3. 表中基本额定静载荷数值不属于 GB/T 276—2013 内容，计算方法参见 GB/T 4662—2012 内容。

　　4. r_s（min）为 r_s 的单向最小倒角尺寸；r_{as}（max）为 r_{as} 的单向最大倒角尺寸。

附表 D-2　角接触球轴承（摘自 GB/T 292—2007）

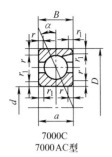

7000C
7000AC型

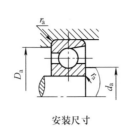

安装尺寸

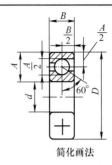

简化画法

标记示例：滚动轴承　7210C　GB/T 292—2007

轴承型号		外形尺寸/ mm			安装尺寸/ mm		7000C ($\alpha=15°$)			7000AC ($\alpha=25°$)			极限转速/(r/min) (参考)	
		d	D	B	d_a (min)	D_a (max)	$a/$ mm	基本额定动载荷 C_r	基本额定静载荷 C_{0r}	$a/$ mm	基本额定动载荷 C_r	基本额定静载荷 C_{0r}	脂润滑	油润滑
								kN			kN			
7000C	7000AC	10	26	8	12.4	23.6	6.4	4.92	2.25	8.2	4.75	2.12	19000	28000
7001C	7001AC	12	28	8	14.4	25.6	6.7	5.42	2.65	8.7	5.20	2.55	18000	26000
7002C	7002AC	15	32	9	17.4	29.6	7.6	6.25	3.42	10	5.95	3.25	17000	24000
7003C	7003AC	17	35	10	19.4	32.6	8.5	6.60	3.85	11.1	6.30	3.68	16000	22000
7004C	7004AC	20	42	12	25	37	10.2	10.5	6.08	13.2	10.0	5.78	14000	19000
7005C	7005AC	25	47	12	30	42	10.8	11.5	7.45	14.4	11.2	7.08	12000	17000
7006C	7006AC	30	55	13	36	49	12.2	15.2	10.2	16.4	14.5	9.85	9500	14000
7007C	7007AC	35	62	14	41	56	13.5	19.5	14.2	18.3	18.5	13.5	8500	12000
7008C	7008AC	40	68	15	46	62	14.7	20.0	15.2	20.1	19.0	14.5	8000	11000
7009C	7009AC	45	75	16	51	69	16	25.8	20.5	21.9	25.8	19.5	7500	10000
7010C	7010AC	50	80	16	56	74	16.7	26.5	22.0	23.2	25.2	21.0	6700	9000
7011C	7011AC	55	90	18	62	83	18.7	37.2	30.5	25.9	35.2	29.2	6000	8000
7012C	7012AC	60	95	18	67	88	19.4	38.2	32.8	27.1	36.2	31.5	5600	7500
7013C	7013AC	65	100	18	72	93	20.1	40.0	35.5	28.2	38.0	33.8	5300	7000
7014C	7014AC	70	110	20	77	103	22.1	48.2	43.5	30.9	45.8	41.5	5000	6700
7015C	7015AC	75	115	20	82	108	22.7	49.5	46.5	32.2	46.8	44.2	4800	6300
7016C	7016AC	80	125	22	89	116	24.7	58.5	55.8	34.9	55.5	53.2	4500	6000
7017C	7017AC	85	130	22	94	121	25.4	62.5	60.2	36.1	59.2	57.2	4300	5600
7018C	7018AC	90	140	24	99	131	27.4	71.5	69.8	38.8	67.5	66.5	4000	5300
7019C	7019AC	95	145	24	104	136	28.1	73.5	73.2	40	69.5	69.8	3800	5000
7020C	7020AC	100	150	24	109	141	28.7	79.2	78.5	41.2	75	74.8	3800	5000
7200C	7200AC	10	30	9	15	25	7.2	5.82	2.95	9.2	5.58	2.82	18000	26000
7201C	7201AC	12	32	10	17	27	8	7.35	3.52	10.2	7.10	3.35	17000	24000
7202C	7202AC	15	35	11	20	30	8.9	8.68	4.62	11.4	8.35	4.40	16000	22000
7203C	7203AC	17	40	23	22	35	9.9	10.8	5.95	12.8	10.5	5.65	15000	20000
7204C	7204AC	20	47	14	26	41	11.5	14.5	8.22	14.9	14.0	7.82	13000	18000
7205C	7205AC	25	52	15	31	46	12.7	16.5	10.5	16.4	15.8	9.88	11000	16000
7206C	7206AC	30	62	16	36	56	14.2	23.0	15.0	18.7	22.0	14.2	9000	13000

（续）

轴承型号		外形尺寸/ mm			安装尺寸/ mm		7000C （α=15°）			7000AC （α=25°）			极限转速/（r/min） （参考）	
		d	D	B	d_a （min）	D_a （max）	$a/$ mm	基本额 定动载 荷 C_r	基本额 定静载 荷 C_{0r}	$a/$ mm	基本额 定动载 荷 C_r	基本额 定静载 荷 C_{0r}	脂润滑	油润滑
								kN			kN			
7207C	7207AC	35	72	17	42	65	15.7	30.5	20.0	21	29.0	19.2	8000	11000
7208C	7208AC	40	80	18	47	73	17	36.8	25.8	23	35.2	24.5	7500	10000
7209C	7209AC	45	85	19	52	78	18.2	38.5	28.5	24.7	36.8	27.2	6700	9000
7210C	7210AC	50	90	20	57	83	19.4	42.8	32.0	26.3	40.8	30.5	6300	8500
7211C	7211AC	55	100	21	64	91	20.9	52.8	40.5	28.6	50.5	38.5	5600	7500
7212C	7212AC	60	110	22	69	101	22.4	61.0	48.5	30.8	58.2	46.2	5300	7000
7213C	7213AC	65	120	23	74	111	24.2	69.8	55.2	33.5	66.5	52.5	4800	6300
7214C	7214AC	70	125	24	79	116	25.3	70.2	60.0	35.1	69.2	57.5	4500	6000
7215C	7215AC	75	130	25	84	121	26.4	79.2	65.8	36.6	75.2	63.0	4300	5600
7216C	7216AC	80	140	26	90	130	27.7	89.5	78.2	38.9	85.0	74.5	4000	5300
7217C	7217AC	85	150	28	95	140	29.9	99.8	85.0	41.6	94.8	81.5	3800	5000
7218C	7218AC	90	160	30	100	150	31.7	122	105	44.2	118	100	3600	4800
7219C	7219AC	95	170	32	107	158	33.8	135	115	46.9	128	108	3400	4500
7220C	7220AC	100	180	34	112	168	35.8	148	128	49.7	142	122	3200	4300
7301C	7301AC	12	37	12	18	31	8.6	8.10	5.22	12	8.08	4.88	16000	22000
7302C	7302AC	15	42	13	21	36	9.6	9.38	5.95	13.5	9.08	5.59	15000	20000
7303C	7303AC	17	47	14	23	41	10.4	12.8	8.62	14.8	11.5	7.08	14000	19000
7304C	7304AC	20	52	15	27	45	11.3	14.2	9.68	16.8	13.8	9.10	12000	17000
7305C	7305AC	25	62	17	32	55	13.1	21.5	15.8	19.1	20.8	14.8	9500	14000
7306C	7306AC	30	72	19	37	65	15	26.5	19.8	22.2	25.2	18.5	8500	12000
7307C	7307AC	35	80	21	44	71	16.6	34.2	26.8	24.5	32.8	24.8	7500	10000
7308C	7308AC	40	90	23	49	81	18.5	40.2	32.3	27.5	38.5	30.5	6700	9000
7309C	7309AC	45	100	25	54	91	20.2	49.2	39.8	30.2	47.5	37.2	6000	8000
7310C	7310AC	50	110	27	60	100	22	53.5	47.2	33	55.5	44.5	5600	7500
7311C	7311AC	55	120	29	65	110	23.8	70.5	60.5	35.8	67.2	56.8	5000	6700
7312C	7312AC	60	130	31	72	118	25.6	80.5	70.2	38.7	77.8	65.8	4800	6300
7313C	7313AC	65	140	33	77	128	27.4	91.5	80.5	41.5	89.8	75.5	4300	5600
7314C	7314AC	70	150	35	82	138	29.2	102	91.5	44.3	98.5	86.0	4000	5300
7315C	7315AC	75	160	37	87	148	31	112	105	47.2	108	97.0	3800	5000
7316C	7316AC	80	170	39	92	158	32.8	122	118	50	118	108	3600	4800
7317C	7317AC	85	180	41	99	166	34.6	132	128	52.8	125	122	3400	4500
7318C	7318AC	90	190	43	104	176	36.4	142	142	55.6	135	135	3200	4300
7319C	7319AC	95	200	45	109	186	38.2	152	158	58.5	145	148	3000	4000
7320C	7320AC	100	215	47	114	201	40.2	162	175	61.9	165	178	2600	3600

注：1. 表中安装尺寸数据不属于 GB/T 292—2007 内容，详见 GB/T 5868—2003 内容。

2. 表中基本额定动载荷数值不属于 GB/T 292—2007 内容，计算方法参见 GB/T 6391—2010 内容。

3. 表中基本额定静载荷数值不属于 GB/T 292—2007 内容，计算方法参见 GB/T 4662—2012 内容。

4. α=40°的角接触球轴承的外形尺寸请参考 GB/T 292—2007 内容。

附表 D-3 圆柱滚子轴承（摘自 GB/T 283—2007）

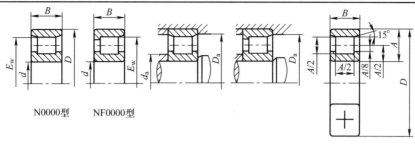

N0000型   NF0000型

N、NF外形   安装尺寸   简化画法

标记示例:滚动轴承　N 216 E　GB/T 283—2007

轴承型号		外形尺寸/mm					安装尺寸/ mm		基本额定动 载荷 C_r/kN		基本额定静 载荷 C_{0r}/kN		极限转速 /(r/min) (参考)	
		d	D	B	E_w		d_a (min)	D_a (min)	N 型	NF 型	N 型	NF 型	脂润滑	油润滑
					N 型	NF 型								
N204E	NF204	20	47	14	41.5	40	25	42	25.8	12.5	24.0	11.0	12000	16000
N205E	NF205	25	52	15	46.5	45	30	47	27.5	14.2	26.8	12.8	10000	14000
N206E	NF206	30	62	16	55.5	53.5	36	56	36.0	19.5	35.5	18.2	8500	11000
N207E	NF207	35	72	17	64	61.8	42	64	46.5	28.5	48.0	28.0	7500	9500
N208E	NF208	40	80	18	71.5	70	47	72	51.5	37.5	53.0	38.2	7000	9000
N209E	NF209	45	85	19	76.5	75	52	77	58.5	39.8	63.8	41.0	6300	8000
N210E	NF210	50	90	20	81.5	80.4	57	83	61.2	43.2	69.2	48.5	6000	7500
N211E	NF211	55	100	21	90	88.5	64	91	80.2	52.8	95.5	60.2	5300	6700
N212E	NF212	60	110	22	100	97.5	69	100	89.8	62.8	102	73.5	5000	6300
N213E	NF213	65	120	23	108.5	105.5	74	108	102	73.2	118	87.5	4500	5600
N214E	NF214	70	125	24	113.5	110.5	79	114	112	73.2	135	87.5	4300	5300
N215E	NF215	75	130	25	118.5	116.5	84	120	125	89.0	155	110	4000	5000
N216E	NF216	80	140	26	127.3	125.3	90	128	132	102	165	125	3800	4800
N217E	NF217	85	150	28	136.5	133.8	95	137	158	115	192	145	3600	4500
N218E	NF218	90	160	30	145	143	100	146	172	142	215	178	3400	4300
N219E	NF219	95	170	32	154.5	151.5	107	155	208	152	262	190	3200	4000
N220E	NF220	100	180	34	163	160	112	164	235	168	302	212	3000	3800
N304E	NF304	20	52	15	45.5	44.5	26.5	47	29.0	18.0	25.5	15.0	11000	15000
N305E	NF305	25	62	17	54	53	31.5	55	38.5	25.5	35.8	22.5	9000	12000
N306E	NF306	30	72	19	62.5	62	37	64	49.2	33.5	48.2	31.5	8000	10000
N307E	NF307	35	80	21	70.2	68.2	44	71	62.0	41.0	63.2	39.2	7000	9000
N308E	NF308	40	90	23	80	77.5	49	80	76.8	48.8	77.8	47.5	6300	8000
N309E	NF309	45	100	25	88.5	86.5	54	89	93.0	66.8	98.0	66.8	5600	7000
N310E	NF310	50	110	27	97	95	60	98	105	76.0	112	79.5	5300	6700
N311E	NF311	55	120	29	106.5	104.5	65	107	128	97.8	138	105	4800	6000
N312E	NF312	60	130	31	115	113	72	116	142	118	155	128	4500	5600
N313E	NF313	65	140	33	124.5	121.5	77	125	170	125	188	135	4000	5000
N314E	NF314	70	150	35	133	130	82	134	195	145	220	162	3800	4800
N315E	NF315	75	160	37	143	139.5	87	143	228	165	260	188	3600	4500
N316E	NF316	80	170	39	151	147	92	151	245	175	282	200	3400	4300
N317E	NF317	85	180	41	160	156	99	160	280	212	332	242	3200	4000
N318E	NF318	90	190	43	169.5	165	104	169	298	228	348	265	3000	3800
N319E	NF319	95	200	45	177.5	173.5	109	178	315	245	380	288	2800	3600
N320E	NF320	100	215	47	191.5	185.5	114	190	365	282	425	340	2600	3200

（续）

轴承型号	外形尺寸/mm					安装尺寸/mm		基本额定动载荷 C_r/kN		基本额定静载荷 C_{0r}/kN		极限转速/(r/min)（参考）	
	d	D	B	E_w		d_a (min)	D_a (min)	N 型	NF 型	N 型	NF 型	脂润滑	油润滑
				N 型	NF 型								
N406	30	90	23	73		39	—	57.2		53.0		7000	9000
N407	35	100	25	83		44	—	70.8		68.2		6000	7500
N408	40	110	27	92		50	—	90.5		89.8		5600	7000
N409	45	120	29	100.5		55	—	102		100		5000	6300
N410	50	130	31	110.8		62	—	120		120		4800	6000
N411	55	140	33	117.2		67	—	128		132		4300	5300
N412	60	150	35	127		72	—	155		162		4000	5000
N413	65	160	37	135.3		77	—	170		178		3800	4800
N414	70	180	42	152		84	—	215		232		3400	4300
N415	75	190	45	160.5		89	—	250		272		3200	4000
N416	80	200	48	170		94	—	285		315		3000	3800
N417	85	210	52	177		103	—	312		345		2800	3600
N418	90	225	54	191.5		108	—	352		392		2400	3200
N419	95	240	55	201.5		113	—	378		428		2200	3000
N420	100	250	58	211		118	—	418		480		2000	2800
N2204E	20	47	18	41.5		25	42	30.8		36.0		12000	16000
N2205E	25	52	18	46.5		30	47	32.8		33.8		11000	14000
N2206E	30	62	20	55.5		36	56	45.5		48.0		8500	11000
N2207E	35	72	23	64		42	64	57.5		63.0		7500	9500
N2208E	40	80	23	71.5		47	72	67.5		75.2		7000	9000
N2209E	45	85	23	76.5		52	77	71.0		82.0		6300	8000
N2210E	50	90	23	81.5		57	83	74.2		88.8		6000	7500
N2211E	55	100	25	90		64	91	94.8		118		5300	6700
N2212E	60	110	28	100		69	100	122		152		5000	6300
N2213E	65	120	31	108.5		74	108	142		180		4500	5600
N2214E	70	125	31	113.5		79	114	148		192		4300	5300
N2215E	75	130	31	118.5		84	120	155		205		4000	5000
N2216E	80	140	33	127.3		90	128	178		242		3800	4800
N2217E	85	150	36	136.5		95	137	205		272		3600	4500
N2218E	90	160	40	145		100	146	230		312		3400	4300
N2219E	95	170	43	154.5		107	155	275		368		3200	4000
N2220E	100	180	46	163		112	164	318		440		3000	3800

注：1. 表中安装尺寸数据不属于 GB/T 283—2007 内容，详见 GB/T 5868—2003 内容。

　　2. 表中基本额定动载荷数值不属于 GB/T 283—2007 内容，计算方法参见 GB/T 6391—2010 内容。

　　3. 表中基本额定静载荷数值不属于 GB/T 283—2007 内容，计算方法参见 GB/T 4662—2012 内容。

　　4. 后缀带 E 为加强型圆柱滚子轴承，应优先选用。

附表 D-4 圆锥滚子轴承（摘自 GB/T 297—2015）

规定画法

安装尺寸

30000 型

标记示例：滚动轴承 30310 GB/T 297—2015

02 尺寸系列

轴承型号	外形尺寸/mm						安装尺寸/mm							计算系数			基本额定动载荷 C_r/kN	基本额定静载荷 C_{0r}/kN	极限转速/(r/min)（参考）	
	d	D	T	B	C	$a^* \approx$	d_a (min)	d_b (max)	D_a min	D_a max	D_b (min)	a_1 (min)	a_2 (min)	e	Y	Y_0			脂润滑	油润滑
30203	17	40	13.25	12	11	9.9	23	23	34	34	37	2	2.5	0.35	1.7	1	20.8	21.8	9000	12000
30204	20	47	15.25	14	12	11.2	26	27	40	41	43	2	3.5	0.35	1.7	1	28.2	30.5	8000	10000
30205	25	52	16.25	15	13	12.5	31	31	44	46	48	2	3.5	0.37	1.6	0.9	32.2	37.0	7000	9000
30206	30	62	17.25	16	14	13.8	36	37	53	56	57	2	3.5	0.37	1.6	0.9	43.2	50.5	6000	7500
30207	35	72	18.25	17	15	15.3	42	44	62	65	67	3	3.5	0.37	1.6	0.9	54.2	63.5	5300	6700
30208	40	80	19.75	18	16	16.9	47	49	69	73	75	3	4	0.37	1.6	0.9	63.0	74.0	5000	6300
30209	45	85	20.75	19	16	18.6	52	54	74	78	80	3	5	0.4	1.5	0.8	67.8	83.5	4500	5600
30210	50	90	21.75	20	17	20	57	58	79	83	85	3	5	0.42	1.4	0.8	73.2	92.0	4300	5300
30211	55	100	22.75	21	18	21	64	64	88	91	94	4	5	0.4	1.5	0.8	90.8	115	3800	4800
30212	60	110	23.75	22	19	22.3	69	70	96	101	103	4	5	0.4	1.5	0.8	102	130	3600	4500
30213	65	120	24.75	23	20	23.8	74	77	106	111	113	4	5	0.4	1.5	0.8	120	152	3200	4000
30214	70	125	26.25	24	21	25.8	79	81	110	116	118	4	5.5	0.42	1.4	0.8	132	175	3000	3800
30215	75	130	27.25	25	22	27.4	84	86	115	121	124	4	5.5	0.44	1.4	0.8	138	185	2800	3600
30216	80	140	28.25	26	22	28.1	90	91	124	130	133	4	6	0.42	1.4	0.8	160	212	2600	3400
30217	85	150	30.5	28	24	30.3	95	97	132	140	141	5	6.5	0.42	1.4	0.8	178	238	2400	3200
30218	90	160	32.5	30	26	32.3	100	103	140	150	151	5	6.5	0.42	1.4	0.8	200	270	2200	3000
30219	95	170	34.5	32	27	34.2	107	109	149	158	160	5	7.5	0.42	1.4	0.8	228	308	2000	2800
30220	100	180	37	34	29	36.4	112	115	157	168	169	5	8	0.42	1.4	0.8	255	350	1900	2600

（续）

轴承型号	外形尺寸/mm						安装尺寸/mm							计算系数			基本额定动载荷 C_r/kN	基本额定静载荷 C_{0r}/kN	极限转速/(r/min)（参考）	
	d	D	T	B	C	a^* ≈	d_a (min)	d_b (max)	D_a min	D_a max	D_b (min)	a_1 (min)	a_2 (min)	e	Y	Y_0			脂润滑	油润滑
03 尺寸系列																				
30302	15	42	14.25	13	11	9.6	21	22	36	36	38	2	3.5	0.29	2.1	1.2	22.8	21.5	9000	12000
30303	17	47	15.25	14	12	10.4	23	25	40	41	42	3	3.5	0.29	2.1	1.2	28.2	27.2	8500	11000
30304	20	52	16.25	15	13	11.1	27	28	44	45	47	3	3.5	0.3	2	1.1	33.0	33.2	7500	9500
30305	25	62	18.25	17	15	13	32	35	54	55	57	3	3.5	0.3	2	1.1	46.8	48.0	6300	8000
30306	30	72	20.75	19	16	15.3	37	41	62	65	66	3	5	0.31	1.9	1.1	59.0	63.0	5600	7000
30307	35	80	22.75	21	18	16.8	44	45	70	71	74	3	5	0.31	1.9	1.1	75.2	82.5	5000	6300
30308	40	90	25.25	23	20	19.5	49	52	77	81	82	3	5.5	0.35	1.7	1	90.8	108	4500	5600
30309	45	100	27.25	25	22	21.3	54	59	86	91	92	3	5.5	0.35	1.7	1	108	130	4000	5000
30310	50	110	29.25	27	23	23	60	65	95	100	102	4	6.5	0.35	1.7	1	130	158	3800	4800
30311	55	120	31.5	29	25	24.9	65	71	104	110	112	4	6.5	0.35	1.7	1	152	188	3400	4300
30312	60	130	33.5	31	26	26.6	72	77	112	118	121	5	7.5	0.35	1.7	1	170	210	3200	4000
30313	65	140	36	33	28	28.7	77	83	122	128	131	5	8	0.35	1.7	1	195	242	2800	3600
30314	70	150	38	35	30	30.7	82	89	130	138	140	5	8	0.35	1.7	1	218	272	2600	3400
30315	75	160	40	37	31	32	87	95	139	148	149	5	9	0.35	1.7	1	252	318	2400	3200
30316	80	170	42.5	39	33	34.4	92	102	148	158	159	5	9.5	0.35	1.7	1	278	352	2200	3000
30317	85	180	44.5	41	34	35.9	99	107	156	166	168	6	10.5	0.35	1.7	1	305	388	2000	2800
30318	90	190	46.5	43	36	37.5	104	113	165	176	177	6	10.5	0.35	1.7	1	342	440	1900	2600
30319	95	200	49.5	45	38	40.1	109	118	172	186	185	6	11.5	0.35	1.7	1	370	478	1800	2400
30320	100	215	51.5	47	39	42.2	114	127	184	201	198	6	12.5	0.35	1.7	1	405	525	1600	2000
22 尺寸系列																				
32206	30	62	21.25	20	17	15.6	36	37	52	56	58	3	4.5	0.37	1.6	0.9	51.8	63.8	6000	7500
32207	35	72	24.25	23	19	17.9	42	43	61	65	67	3	5.5	0.37	1.6	0.9	70.5	89.5	5300	6700
32208	40	80	24.75	23	19	18.9	47	48	68	73	75	3	6	0.37	1.6	0.9	77.8	97.2	5000	6300
32209	45	85	24.75	23	19	20.1	52	53	73	78	80	3	6	0.4	1.5	0.8	80.8	105	4500	5600
32210	50	90	24.75	23	19	21	57	58	78	83	85	3	6	0.42	1.4	0.8	82.8	108	4300	5300
32211	55	100	26.75	25	21	22.8	64	63	87	91	95	4	6	0.4	1.5	0.8	108	142	3800	4800
32212	60	110	29.75	28	24	25	69	69	95	101	104	4	6	0.4	1.5	0.8	132	180	3600	4500
32213	65	120	32.75	31	27	27.3	74	75	104	111	115	4	6	0.4	1.5	0.8	160	222	3200	4000

轴承代号	d	D	T	B	C	a								e	Y	Y_0	C_r	C_{0r}	脂	油
32214	70	125	33.25	31	27	28.8	79	80	108	116	119	4	6.5	0.42	1.4	0.8	168	238	3000	3800
32215	75	130	33.25	31	27	30	84	85	115	121	125	4	6.5	0.44	1.4	0.8	170	242	2800	3600
32216	80	140	35.25	33	28	31.4	90	90	122	130	134	5	7.5	0.42	1.4	0.8	198	278	2600	3400
32217	85	150	38.5	36	30	33.9	95	96	130	140	143	5	8.5	0.42	1.4	0.8	228	325	2400	3200
32218	90	160	42.5	40	34	36.8	100	101	138	150	153	5	8.5	0.42	1.4	0.8	270	395	2200	3000
32219	95	170	45.5	43	37	39.2	107	107	145	158	162	5	8.5	0.42	1.4	0.8	302	448	2000	2800
32220	100	180	49	46	39	41.9	112	113	154	168	171	5	10	0.42	1.4	0.8	340	512	1900	2600
23 尺寸系列																				
32303	17	47	20.25	19	16	12.3	23	24	39	41	43	3	4.5	0.29	2.1	1.2	35.2	36.2	8500	11000
32304	20	52	22.25	21	18	13.6	27	27	43	45	47	3	4.5	0.3	2	1.1	42.8	46.2	7500	9500
32305	25	62	25.25	24	20	15.9	32	33	52	55	57	3	5.5	0.3	2	1.1	61.5	68.8	6300	8000
32306	30	72	28.75	27	23	18.9	37	39	59	65	66	4	6	0.31	1.9	1.1	81.5	96.5	5600	7000
32307	35	80	32.75	31	25	20.4	44	44	66	71	74	4	8	0.31	1.9	1.1	99.0	118	5000	6300
32308	40	90	35.25	33	27	23.3	49	50	73	81	82	4	8.5	0.35	1.7	1	115	148	4500	5600
32309	45	100	38.25	36	30	25.6	54	56	82	91	93	4	8.5	0.35	1.7	1	145	188	4000	5000
32310	50	110	42.25	40	33	28.2	60	62	90	100	102	5	9.5	0.35	1.7	1	178	235	3800	4800
32311	55	120	45.5	43	35	30.4	65	68	99	110	111	5	10.5	0.35	1.7	1	202	270	3400	4300
32312	60	130	48.5	46	37	32	72	73	107	118	121	6	11.5	0.35	1.7	1	228	302	3200	4000
32313	65	140	51	48	39	34.3	77	80	117	128	131	6	12	0.35	1.7	1	260	350	2800	3600
32314	70	150	54	51	42	36.5	82	86	125	138	140	6	12	0.35	1.7	1	298	408	2600	3400
32315	75	160	58	55	45	39.4	87	91	133	148	150	7	13	0.35	1.7	1	348	482	2400	3200
32316	80	170	61.5	58	48	42.1	92	98	142	158	160	7	13.5	0.35	1.7	1	388	542	2200	3000
32317	85	180	63.5	60	49	43.5	99	103	150	166	168	8	14.5	0.35	1.7	1	422	592	2000	2800
32318	90	190	67.5	64	53	46.2	104	108	157	176	178	8	14.5	0.35	1.7	1	478	682	1900	2600
32319	95	200	71.5	67	55	49	109	114	166	186	187	8	16.5	0.35	1.7	1	515	738	1800	2400
32320	100	215	77.5	73	60	52.9	114	123	177	201	201	8	17.5	0.35	1.7	1	600	872	1600	2000

注：1. 表中"*"所指 a 不属于 GB/T 297—2015 内容，供参考。
2. 表中安装尺寸数值不属于 GB/T 297—2015 内容，详见 GB/T 5868—2003 内容。
3. 表中基本额定动载荷数值不属于 GB/T 297—2015 内容，计算方法参见 GB/T 6391—2010 内容。
4. 表中基本额定静载荷数值不属于 GB/T 297—2015 内容，计算方法参见 GB/T 4662—2012 内容。

附录 D.2　滚动轴承的配合及相配件精度

附表 D-5　向心轴承和轴的配合——轴公差带（摘自 GB/T 275—2015）

载荷状态		举例	深沟球轴承、调心球轴承和角接触球轴承	圆柱滚子轴承和圆锥滚子轴承	调心滚子轴承	公差带
			轴承公称内径/mm			
内圈承受旋转载荷或方向不定载荷	轻载荷	输送机、轻载齿轮箱	≤18 >18~100 >100~200 —	— ≤40 >40~140 >140~200	≤40 >40~100 >100~200	h5 j6① k6① m6①
	正常载荷	一般通用机械、电动机、泵、内燃机、直齿轮传动装置	≤18 >18~100 >100~140 >140~200 >200~280 —	— ≤40 >40~100 >100~140 >140~200 >200~400	≤40 >40~65 >65~100 >100~140 >140~280 >280~500	j5、js5 k5② m5② m6 n6 p6 r6
	重载荷	铁路机车车辆轴箱、牵引电动机、破碎机等	—	>50~140 >140~200 >200 —	>50~100 >100~140 >140~200 >200	n6③ p6③ r6③ r7③
内圈承受固定载荷	所有载荷 内圈需在轴向易移动	非旋转轴上的各种轮子	所有尺寸			f6 g6
	内圈不需在轴向易移动	张紧轮、绳轮				h6 j6
仅有轴向载荷			所有尺寸			j6、js6

① 凡对精度有较高要求的场合，应用 j5、k5、m5 代替 j6、k6、m6。
② 圆锥滚子轴承、角接触球轴承配合对游隙影响不大，可用 k6、m6 代替 k5、m5。
③ 重载荷下轴承游隙应选大于 N 组。

附表 D-6　向心轴承和轴承座孔的配合——孔公差带（摘自 GB/T 275—2015）

载荷状态		举例	其他状况	公差带①	
				球轴承	滚子轴承
外圈承受固定载荷	轻、正常、重	一般机械、铁路机车车辆轴箱	轴向易移动，可采用剖分式轴承座	H7、G7②	
	冲击		轴向能移动，可采用整体或剖分式轴承座	J7、JS7	
方向不定载荷	轻、正常	电动机、泵、曲轴主轴承			
	正常、重			K7	
	重、冲击	牵引电动机		M7	
外圈承受旋转载荷	轻	传送带张紧轮	轴向不移动，采用整体式轴承座	J7	K7
	正常	轮毂轴承		M7	N7
	重			—	N7、P7

① 并列公差带随尺寸的增大从左至右选择。对旋转精度要求较高时，可相应提高一个公差等级。
② 不适用于剖分式轴承座。

附表 D-7　轴颈与轴承座孔表面的几何公差（摘自 GB/T 275—2015）（单位：μm）

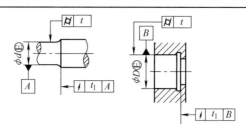

公称尺寸 /mm		圆柱度 t				轴向圆跳动 t_1			
		轴颈		轴承座孔		轴肩		轴承座孔肩	
		轴承公差等级							
>	≤	0	6(6X)	0	6(6X)	0	6(6X)	0	6(6X)
—	6	2.5	1.5	4	2.5	5	3	8	5
6	10	2.5	1.5	4	2.5	6	4	10	6
10	18	3.0	2.0	5	3.0	8	5	12	8
18	30	4.0	2.5	6	4.0	10	6	15	10
30	50	4.0	2.5	7	4.0	12	8	20	12
50	80	5.0	3.0	8	5.0	15	10	25	15
80	120	6.0	4.0	10	6.0	15	10	25	15
120	180	8.0	5.0	12	8.0	20	12	30	20
180	250	10.0	7.0	14	10.0	20	12	30	20
250	315	12.0	8.0	16	12.0	25	15	40	25

附表 D-8　轴颈与轴承座孔配合表面及端面的表面粗糙度（摘自 GB/T 275—2015）

（单位：μm）

轴或轴承座孔直径 /mm		轴或轴承座孔配合表面直径公差等级					
		IT7		IT6		IT5	
		表面粗糙度 Ra					
>	≤	磨	车	磨	车	磨	车
—	80	1.6	3.2	0.8	1.6	0.4	0.8
80	500	16	3.2	1.6	3.2	0.8	1.6
500	1250	3.2	6.3	1.6	3.2	1.6	3.2
端面		3.2	6.3	6.3	6.3	6.3	3.2

附录 E　联　轴　器

附表 E-1　联轴器轴孔和键槽型式及尺寸（GB/T 3852—2017）（单位：mm）

	圆柱形轴孔（Y 型）	有沉孔的短圆柱形轴孔（J 型）	有沉孔的长圆锥形轴孔（Z 型）	圆锥形轴孔（Z_1 型）
轴孔				

（续）

| 键槽 | A型 B型 B₁型 | | | | | | | | | | A 型、B 型、B₁ 型键槽 | | | | C 型键槽 | | | |

直径 d、d_2	长度				沉孔尺寸			A 型、B 型、B₁ 型键槽				C 型键槽			
	L（Y、J 型）		L（Z、Z₁ 型）		L_1	d_1	R	b	t		t_1		b	t_2		
	长系列	短系列	长系列	短系列					公称尺寸	极限偏差	公称尺寸	极限偏差		长系列	短系列	极限偏差
20	52	38	38	24	52	38	1.5	6	22.8	+0.1 0	25.6	+0.2 0	4	10.9	11.2	±0.1
22									24.8		27.6			11.9	12.2	
24	62	44	44	26	62	48		8	27.3		30.6		5	13.4	13.7	
25									28.3		31.6			13.7	14.2	
28									31.3		34.6			15.2	15.7	
30	82	60	60	38	82	55			33.3		36.6			15.8	16.4	
32								10	35.3		38.6		6	17.3	17.9	
35									38.3		41.6			18.8	19.4	
38									41.3	+0.2 0	44.6	+0.4 0		20.3	20.9	
40	112	84	84	56	112	65	2	12	43.3		46.6		10	21.2	21.9	
42									45.3		48.6			22.2	22.9	
45						80		14	48.8		52.6		12	23.7	24.4	±0.2
48									51.8		55.6			25.2	25.9	
50									53.8		57.6			26.2	26.9	
55						95	2.5	16	59.3		63.6		14	29.2	29.9	
56									60.3		64.6			29.7	30.4	

注：圆柱形轴孔与轴伸的配合：当 $d > 6 \sim 30$mm 时，配合为 H7/j6；当 $d > 30 \sim 50$mm 时，配合为 H7/k6；当 $d > 50$mm 时，配合为 H7/m6。根据使用要求也可选用 H7/n6、H7/p6 或 H7/r6 的配合。

附表 E-2　凸缘联轴器（GB/T 5843—2003）　　　　　　　（单位：mm）

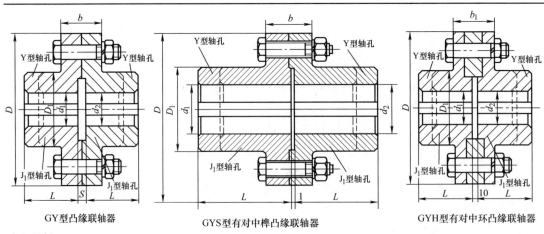

GY型凸缘联轴器　　　　　GYS型有对中榫凸缘联轴器　　　　　GYH型有对中环凸缘联轴器

标记示例：

GY5 凸缘联轴器 $\dfrac{Y30 \times 82}{Y32 \times 82}$ GB/T 5843—2003

主动端：Y 型轴孔、A 型键槽，$d_1 = 30$mm、$L = 82$mm

从动端：Y 型轴孔、A 型键槽，$d_2 = 32$mm、$L = 82$mm

（续）

型号	公称转矩 T_n/N·m	许用转速 $[n]$/(r/min)	轴孔直径 d_1、d_2	轴孔长度 L Y 型	D	D_1	b	b_1	S	转动惯量 I/kg·m²	质量 m/kg
GY3 GYS3 GYH3	112	9500	20,22,24	52	100	45	30	46	6	0.0025	2.38
			25,28	62							
GY4 GYS4 GYH4	224	9000	25,28	62	105	55	32	48	6	0.003	3.15
			30,32,35	82							
GY5 GYS5 GYH5	400	8000	30,32,35,38	82	120	68	36	52	8	0.007	5.43
			40,42	112							
GY6 GYS6 GYH6	900	6800	38	82	140	80	40	56	8	0.015	7.59
			40,42,45,48,50	112							
GY7 GYS7 GYH7	1600	6000	48,50,55,56	112	160	100	40	56	8	0.031	13.1
			60,63	142							
GY8 GYS8 GYH8	3150	4800	60,63,65,70, 71,75	142	200	130	50	68	10	0.103	27.5
			80	172							
GY9 GYS9 GYH9	6300	3600	75	142	260	160	66	84	10	0.319	47.8
			80,85,90,95	172							
			100	212							
GY10 GYS10 GYH10	10000	3200	90,95	172	300	200	72	90	10	0.72	82
			100,110,120,125	212							
GY11 GYS11 GYH11	25000	2500	120,125	212	380	260	80	98	10	2.278	162.2
			130,140,150	252							
			160	302							
GY12 GYS12 GYH12	50000	2000	150	252	460	320	92	112	12	5.923	285.6
			160,170,180	302							
			190,200	352							

注：1. GB/T 3582—2017 中取消 J_1 型轴孔。

2. 质量、转动惯量是按 GY 型联轴器 Y/J_1 轴孔组合型式和最小轴孔直径计算的，因此仅供参考。

附表 E-3　LT 型弹性套柱销联轴器（GB/T 4323—2017）　　　（单位：mm）

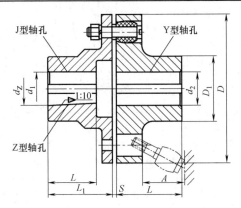

标记示例：LT8 联轴器 $\dfrac{ZC50\times84}{60\times142}$ GB/T 4323—2017

　　主动端：Z 型轴孔、C 型键槽、$d_Z = 50\text{mm}$、$L = 84\text{mm}$

　　从动端：Y 型轴孔、A 型键槽、$d_1 = 60\text{mm}$、$L = 142\text{mm}$

型号	公称转矩 T_n/ N·m	许用转速 $[n]$/ (r/min)	轴孔直径 d_1, d_2, d_Z	轴孔长度			D	D_1	S	A	质量 m/ kg	转动惯量 I/ kg·m²
				Y 型	J、Z 型							
				L	L_1	L						
LT1	16	8800	10,11	22	25	22	71	22	3	18	0.7	0.0004
			12,14	27	32	27						
LT2	25	7600	12,14	27	32	27	80	30	3		1.0	0.001
			16,18,19	30	42	30						
LT3	63	6300	16,18,19	30	42	30	95	35	4	35	2.2	0.002
			20,22	38	52	38						
LT4	100	5700	20,22,24	38	52	38	106	42	4		3.2	0.004
			25,28	44	62	44						
LT5	224	4600	25,28	44	62	44	130	56	5		5.5	0.011
			30,32,35	60	82	60				45		
LT6	355	3800	32,35,38	60	82	60	160	71	5		9.6	0.026
			40,42									
LT7	560	3600	40,42,45,48	84	112	84	190	80	5		15.7	0.06
LT8	1120	3000	40,42,45,48,50,55				224	95	6		24.0	0.13
			60,63,65	107	142	107				65		
LT9	1600	2850	50,55	84	112	84	250	110	6		31	0.20
			60,63,65,70	107	142	107						
LT10	3150	2300	63,65,70,75				315	150	8	80	60.2	0.64
			80,85,90,95	132	172	132						
LT11	6300	1800	80,85,90,95				400	190	10	100	114	2.06
			100,110	167	212	167						
LT12	12500	1450	100,110,120,125				475	220	12	130	212	5.00
			130	202	252	202						
LT13	22400	1150	120,125	167	212	167	600	280	14	180	416	16.0
			130,140,150	202	252	202						
			160,170	242	302	242						

　　注：1. 质量、转动惯量是按 Y 型最大轴孔长度、最小轴孔直径计算的数值。

　　　　2. 轴孔型式组合：Y/Y、J/Y、Z/Y。

附录 F　润滑与密封

附表 F-1　常用润滑油的性质和用途

名　　称	代　号	运动黏度(40℃)/(mm²/s)	倾点/℃ ≤	闪点(开口)/℃ ≥	主要用途(参考)
工业闭式齿轮油 (摘自 GB 5903—2011)	L-CKC68	61.2~74.8	-12	180	适用于以深度精制矿物油或合成油馏分为基础油,加入功能添加剂调制而成的、在工业闭式齿轮传动装置中使用的工业闭式齿轮油
	L-CKC100	90~110		200	
	L-CKC150	135~165	-9		
	L-CKC200	198~242			
	L-CKC320	288~352			
	L-CKC460	414~506			
	L-CKC680	612~748	-5		
液压油 (摘自 GB 11118.1—2011)	L-HL15	13.5~16.5	-12	140	适用于在流体静压系统中使用的液压油
	L-HL22	19.8~24.2	-9	165	
	L-HL32	28.8~35.2	-6	175	
	L-HL46	41.4~50.6		185	
蜗轮蜗杆油 (摘自 SH/T 0094—1991)	L-CKE/P220	198~242	-12	200	适用于滑动速度大的铜、钢蜗轮传动装置
	L-CKE/P320	288~352			
	L-CKE/P460	414~506			
	L-CKE/P680	612~748		220	
	L-CKE/P1000	900~1100			
L-AN 全损耗系统用油 (摘自 GB/T 443—1989)	L-AN5	4.14~5.06	-5	80	对润滑油无特殊要求的轴承、齿轮和其他低载荷机械,不适用于循环润滑系统
	L-AN7	6.12~7.48		110	
	L-AN10	9.00~11.00		130	
	L-AN15	13.5~16.5		150	
	L-AN22	19.8~24.2			
	L-AN32	28.8~35.2			
	L-AN46	41.4~50.6		160	
	L-AN68	61.2~74.8			
	L-AN100	90.0~110		180	
	L-AN150	135~165			

附表 F-2　常用润滑脂的性质和用途

名　　称	代　号	滴点/℃ ≥	工作锥入度/(0.1mm)	适　用　范　围
钙基润滑脂 (摘自 GB/T 491—2008)	1 号	80	310~340	适用于冶金、纺织等机械设备和拖拉机等农用机械的润滑与防护。使用温度范围为 -10~60℃
	2 号	85	265~295	
	3 号	90	220~250	
	4 号	95	175~205	

（续）

名　称	代号	滴点/℃ ≥	工作锥入度 /（0.1mm）	适 用 范 围
钠基润滑脂 （摘自 GB/T 492—1989）	2 号	160	265~295	适用于 -10~110℃ 温度范围内一般中等负荷机械设备的润滑，不适用于与水相接触的润滑部位
	3 号		220~250	
钙钠基润滑脂 （摘自 SH/T 0368—1992）	2 号	120	250~290	适用于铁路机车和列车的滚动轴承、小电动机和发电机的滚动轴承以及其他高温轴承等的润滑。上限工作温度为 100℃，在低温情况下不适用
	3 号	135	200~240	

附表 F-3　毡圈油封与槽的尺寸（摘自 JB/ZQ 4606—1997）　　（单位：mm）

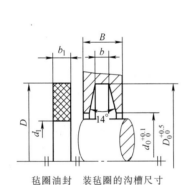

毡圈油封　装毡圈的沟槽尺寸

标记示例：

轴径 $d = 40$mm 的毡圈标记：

毡圈　40　JB/ZQ 4606—1997

轴径 d	毡圈油封				槽			B_{min}	
	D	d_1	b_1		D_0	d_0	b	钢	铸铁
16	29	14	6		28	16	5	10	12
20	33	19			32	21			
25	39	24	7		38	26	6		
30	45	29			44	31			
35	49	34			48	36			
40	53	39			52	41			
45	61	44	8		60	46	7	12	15
50	69	49			68	51			
55	74	53			72	56			
60	80	58			78	61			
65	84	63			82	66			
70	90	68			88	71			
75	94	73			92	77			
80	102	78	9		100	82	8	15	18
85	107	83			105	87			
90	112	88			110	92			
95	117	93	10		115	97			
100	122	98			120	102			

注：毡圈材料有半粗羊毛毡和细羊毛毡，粗羊毛毡适用于速度 $v \leqslant 3$m/s，优质细羊毛毡适用于 $v \leqslant 10$m/s。

附表 F-4　旋转轴唇形密封圈的型式、尺寸及安装要求（摘自 GB/T 13871.1—2007）

（单位：mm）

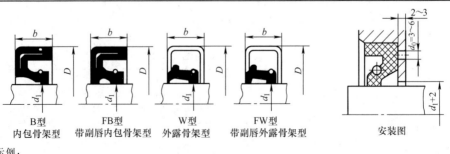

| B型 内包骨架型 | FB型 带副唇内包骨架型 | W型 外露骨架型 | FW型 带副唇外露骨架型 | 安装图 |

标记示例：

$d_1 = 40$mm、$D = 80$mm 的 B 型密封圈的标记：B　40　80　GB/T 13871.1—2007

（续）

d_1	D	b	d_1	D	b	d_1	D	b
6	16,22		28	40,47,52	7	70	90,95	
7	22		30	40,47,(50)		75	95,100	10
8	22,24		32	45,47,52		80	100,110	
9	22		35	50,52,55		85	110,120	
10	22,25		38	52,58,62		90	(115),120	
12	24,25,30	7	40	55,(60),62		95	120	
15	26,30,35		42	72,(75),78	8	100	125	
16	30,(35)		45	62,65		105	(130)	12
18	30,35		50	68,(70),72		110	140	
20	35,40,(45)		55	72,(75),80		120	150	
22	35,40,47		60	80,85		130	160	
25	40,47,52		65	85,90	10			

旋转轴唇型密封圈的安装要求

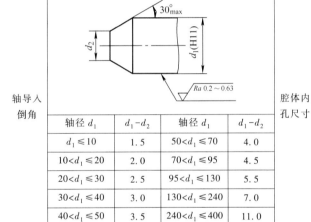

轴导入倒角	轴径 d_1	d_1-d_2	轴径 d_1	d_1-d_2
	$d_1 \leqslant 10$	1.5	$50<d_1 \leqslant 70$	4.0
	$10<d_1 \leqslant 20$	2.0	$70<d_1 \leqslant 95$	4.5
	$20<d_1 \leqslant 30$	2.5	$95<d_1 \leqslant 130$	5.5
	$30<d_1 \leqslant 40$	3.0	$130<d_1 \leqslant 240$	7.0
	$40<d_1 \leqslant 50$	3.5	$240<d_1 \leqslant 400$	11.0

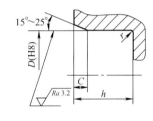

腔体内孔尺寸	密封圈公称总宽度 b	腔体内孔深度 h	倒角长度 C	r_{max}
	$\leqslant 10$	$b+0.9$	$0.70 \sim 1.00$	0.50
	>10	$b+1.2$	$1.20 \sim 1.50$	0.75

注：表中括号内的数据为国内用到而 ISO 6194-1：1982 中没有的规格。

附表 F-5 一般应用的 O 形橡胶密封圈尺寸及公差（G 系列）

（摘自 GB/T 3452.1—2005）　　　　　　　　（单位：mm）

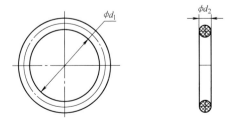

标记示例：

内径 $d_1 = 40$mm、截面直径 $d_2 = 3.55$mm 的 G 系列 S 等级的通用 O 形密封圈的标记：

O 形圈　40×3.55-G-S-GB/T 3452.1—2005

（续）

d_1 尺寸	公差	1.8±0.08	2.65±0.09	3.55±0.10	d_1 尺寸	公差±	1.8±0.08	2.65±0.09	3.55±0.10	5.3±0.13	d_1 尺寸	公差±	1.8±0.08	2.65±0.09	3.55±0.10	5.3±0.13	7±0.15
12.1	0.21	×	×		34.5	0.37	×	×	×		80	0.69		×	×	×	
12.5	0.21	×	×		35.5	0.38	×	×	×		82.5	0.71		×	×	×	
12.8	0.21	×	×		36.5	0.38	×	×	×		85	0.72		×	×	×	
13.2	0.21	×	×		37.5	0.39	×	×	×		87.5	0.74		×	×	×	
14	0.22	×	×		38.7	0.40	×	×	×		90	0.76		×	×	×	
14.5	0.22	×	×		40	0.41	×	×	×	×	92.5	0.77		×	×	×	
15	0.22	×	×		41.2	0.42	×	×	×	×	95	0.79		×	×	×	
15.5	0.23	×	×		42.5	0.43	×	×	×	×	97.5	0.81		×	×	×	
16	0.23	×	×		43.7	0.44	×	×	×	×	100	0.82		×	×	×	
17	0.24	×	×		45	0.44	×	×	×	×	103	0.85		×	×	×	
18	0.25	×	×	×	46.2	0.45	×	×	×	×	106	0.87		×	×	×	
19	0.25	×	×	×	47.5	0.46	×	×	×	×	109	0.89		×	×	×	×
20	0.26	×	×	×	48.7	0.47	×	×	×	×	112	0.91		×	×	×	×
20.6	0.26	×	×	×	50	0.48	×	×	×	×	115	0.93		×	×	×	×
21.2	0.27	×	×	×	51.5	0.49	×	×	×	×	118	0.95		×	×	×	×
22.4	0.28	×	×	×	53	0.50		×	×	×	122	0.97		×	×	×	×
23	0.29	×	×	×	54.5	0.51		×	×	×	125	0.99		×	×	×	×
23.6	0.29	×	×	×	56	0.52		×	×	×	128	1.01		×	×	×	×
24.3	0.30	×	×	×	58	0.54		×	×	×	132	1.04		×	×	×	×
25	0.30	×	×	×	60	0.55		×	×	×	136	1.07		×	×	×	×
25.8	0.31	×	×	×	61.5	0.56		×	×	×	140	1.09		×	×	×	×
26.5	0.31	×	×	×	63	0.57		×	×	×	142.5	1.11		×	×	×	×
27.3	0.32	×	×	×	65	0.58		×	×	×	145	1.13		×	×	×	×
28	0.32	×	×	×	67	0.60		×	×	×	147.5	1.14		×	×	×	×
29	0.33	×	×	×	69	0.61		×	×	×	150	1.16		×	×	×	×
30	0.34	×	×	×	71	0.63		×	×	×	152.5	1.18			×	×	×
31.5	0.35	×	×	×	73	0.64		×	×	×	155	1.19			×	×	×
32.5	0.36	×	×	×	75	0.65		×	×	×	157.5	1.21			×	×	×
33.5	0.36	×	×	×	77.5	0.67		×	×	×	160	1.23			×	×	×

注：表中"×"表示包括的规格。

附录 G　极限与配合、几何公差和表面粗糙度

附录 G.1　极限与配合

标准公差等级代号用符号 IT 和数字组成，如 IT7。当其与代表基本偏差的字母一起组成公差带时，省略 IT 字母，如 h7。标准公差等级分 IT01、IT0、IT1～IT18，共 20 级。基本偏差代号，对孔用大写字母 A，…，ZC 表示，对轴用小写字母 a，…，zc 表示（附图 G-1）。

其中，基本偏差 H 代表基准孔，h 代表基准轴。

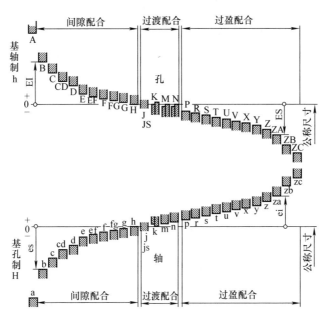

附图 G-1　基本偏差系列示意图

附表 G-1　标准公差值（公称尺寸>6~500mm）

（摘自 GB/T 1800.1—2020）　　　　　　　　　（单位：μm）

公称尺寸/mm	标准公差等级							
	IT5	IT6	IT7	IT8	IT9	IT10	IT11	IT12
>6~10	6	9	15	22	36	58	90	150
>10~18	8	11	18	27	43	70	110	180
>18~30	9	13	21	33	52	84	130	210
>30~50	11	16	25	39	62	100	160	250
>50~80	13	19	30	46	74	120	190	300
>80~120	15	22	35	54	87	140	220	350
>120~180	18	25	40	63	100	160	250	400
>180~250	20	29	46	72	115	185	290	460
>250~315	23	32	52	81	130	210	320	520
>315~400	25	36	57	89	140	230	360	570
>400~500	27	40	63	97	155	250	400	630

附表 G-2　孔的极限偏差值（公称尺寸>10~315mm）

（摘自 GB/T 1800.2—2020）　　　　　　　　　（单位：μm）

公差带	等级	公称尺寸/mm							
		>10~18	>18~30	>30~50	>50~80	>80~120	>120~180	>180~250	>250~315
D	8	+77 +50	+98 +65	+119 +80	+146 +100	+174 +120	+208 +145	+242 +170	+271 +190
	9	+93 +50	+117 +65	+142 +80	+174 +100	+207 +120	+245 +145	+285 +170	+320 +190
	10	+120 +50	+149 +65	+180 +80	+220 +100	+260 +120	+305 +145	+355 +170	+400 +190
	11	+160 +50	+195 +65	+240 +80	+290 +100	+340 +120	+395 +145	+460 +170	+510 +190

（续）

公差带	等级	公称尺寸/mm							
		>10~18	>18~30	>30~50	>50~80	>80~120	>120~180	>180~250	>250~315
E	6	+43 +32	+53 +40	+66 +50	+79 +60	+94 +72	+110 +85	+129 +100	+142 +110
	7	+50 +32	+61 +40	+75 +50	+90 +60	+107 +72	+125 +85	+146 +100	+162 +110
	8	+59 +32	+73 +40	+89 +50	+106 +60	+126 +72	+148 +85	+172 +100	+191 +110
	9	+75 +32	+92 +40	+112 +50	+134 +60	+159 +72	+185 +85	+215 +100	+240 +110
	10	+102 +32	+124 +40	+150 +50	+180 +60	+212 +72	+245 +85	+285 +100	+320 +110
F	6	+27 +16	+33 +20	+41 +25	+49 +30	+58 +36	+68 +43	+79 +50	+88 +56
	7	+34 +16	+41 +20	+50 +25	+60 +30	+71 +36	+83 +43	+96 +50	+108 +56
	8	+43 +16	+53 +20	+64 +25	+76 +30	+90 +36	+106 +43	+122 +50	+137 +56
	9	+59 +16	+72 +20	+87 +25	+104 +30	+123 +36	+143 +43	+165 +50	+186 +56
H	6	+11 0	+13 0	+16 0	+19 0	+22 0	+25 0	+29 0	+32 0
	7	+18 0	+21 0	+25 0	+30 0	+35 0	+40 0	+46 0	+52 0
	8	+27 0	+33 0	+39 0	+46 0	+54 0	+63 0	+72 0	+81 0
	9	+43 0	+52 0	+62 0	+74 0	+87 0	+100 0	+115 0	+130 0
	10	+70 0	+84 0	+100 0	+120 0	+140 0	+160 0	+185 0	+210 0
	11	+110 0	+130 0	+160 0	+190 0	+220 0	+250 0	+290 0	+320 0

附表 G-3　轴的极限偏差值（公称尺寸>10~315mm）

（摘自 GB/T 1800.2—2020）　　　　　（单位：μm）

公差带	等级	公称尺寸/mm							
		>10~18	>18~30	>30~50	>50~80	>80~120	>120~180	>180~250	>250~315
d	6	-50 -61	-65 -78	-80 -96	-100 -119	-120 -142	-145 -170	-170 -199	-190 -222
	7	-50 -68	-65 -86	-80 -105	-100 -130	-120 -155	-145 -185	-170 -216	-190 -242
	8	-50 -77	-65 -98	-80 -119	-100 -146	-120 -174	-145 -208	-170 -242	-190 -271
	9	-50 -93	-65 -117	-80 -142	-100 -174	-120 -207	-145 -245	-170 -285	-190 -320
	10	-50 -120	-65 -149	-80 -180	-100 -220	-120 -260	-145 -305	-170 -355	-190 -400

（续）

公差带	等级	公称尺寸/mm							
		>10~18	>18~30	>30~50	>50~80	>80~120	>120~180	>180~250	>250~315
f	7	−16 −34	−20 −41	−25 −50	−30 −60	−36 −71	−43 −83	−50 −96	−56 −108
	8	−16 −43	−20 −53	−25 −64	−30 −76	−36 −90	−43 −106	−50 −122	−56 −137
	9	−16 −59	−20 −72	−25 −87	−30 −104	−36 −123	−43 −143	−50 −165	−56 −185
h	5	0 −8	0 −9	0 −11	0 −13	0 −15	0 −18	0 −20	0 −23
	6	0 −11	0 −13	0 −16	0 −19	0 −22	0 −25	0 −29	0 −32
	7	0 −18	0 −21	0 −25	0 −30	0 −35	0 −40	0 −46	0 −52
	8	0 −27	0 −33	0 −39	0 −46	0 −54	0 −63	0 −72	0 −81
	9	0 −43	0 −52	0 −62	0 −74	0 −87	0 −100	0 −115	0 −130
	10	0 −70	0 −84	0 −100	0 −120	0 −140	0 −160	0 −185	0 −210
js	5	±4	±4.5	±5.5	±6.5	±7.5	±9	±10	±11.5
	6	±5.5	±6.5	±8	±9.5	±11	±12.5	±14.5	±16
	7	±9	±10	±12	±15	±17	±20	±23	±26
k	5	+9 +1	+11 +2	+13 +2	+15 +2	+18 +3	+21 +3	+24 +4	+27 +4
	6	+12 +1	+15 +2	+18 +2	+21 +2	+25 +3	+28 +3	+33 +3	+36 +4
	7	+19 +1	+23 +2	+27 +2	+32 +2	+38 +3	+43 +3	+50 +4	+56 +4
m	5	+15 +7	+17 +8	+20 +9	+24 +11	+28 +13	+33 +15	+37 +17	+43 +20
	6	+18 +7	+21 +8	+25 +9	+30 +11	+35 +13	+40 +15	+46 +17	+52 +20
	7	+25 +7	+29 +8	+34 +9	+41 +11	+48 +13	+55 +15	+63 +17	+72 +20
n	5	+20 +12	+24 +15	+28 +17	+33 +20	+38 +23	+45 +27	+51 +31	+57 +34
	6	+23 +12	+28 +15	+33 +17	+39 +20	+45 +23	+52 +27	+60 +31	+66 +34
	7	+30 +12	+36 +15	+42 +17	+50 +20	+58 +23	+67 +27	+77 +31	+86 +34
p	5	+26 +18	+31 +22	+37 +26	+45 +32	+52 +37	+61 +43	+70 +50	+79 +56
	6	+29 +18	+35 +22	+42 +26	+51 +32	+59 +37	+68 +43	+79 +50	+88 +56
	7	+36 +18	+43 +22	+51 +26	+62 +32	+72 +37	+83 +43	+96 +50	+108 +56

（续）

公差带	等级	公称尺寸/mm												
		>10~18	>18~30	>30~50	>50~65	>65~80	>80~100	>100~120	>120~140	>140~160	>160~180	>180~200	>200~225	>225~250
r	5	+31 +23	+37 +28	+45 +34	+54 +41	+56 +43	+66 +51	+69 +54	+81 +63	+83 +65	+86 +68	+97 +77	+100 +80	+104 +84
	6	+34 +23	+41 +28	+50 +34	+60 +41	+62 +43	+73 +51	+76 +54	+88 +63	+90 +65	+93 +68	+106 +77	+109 +80	+113 +84
	7	+41 +23	+49 +28	+59 +34	+71 +41	+72 +43	+86 +51	+89 +54	+103 +63	+105 +65	+108 +68	+123 +77	+126 +80	+130 +84

附表 G-4　减速器主要零件的配合（推荐）

配合零件	推荐配合	装拆方法
大中型减速器的低速级齿轮（蜗轮）与轴的配合，轮缘与轮芯的配合	$\dfrac{H7}{r6}$，$\dfrac{H7}{s6}$	用压力机或温差法（中等压力的配合，小过盈配合）
一般齿轮、蜗轮、带轮、联轴器与轴的配合（精确定位且不需经常装拆）	$\dfrac{H6}{r6}$	用压力机（中等压力的配合，小过盈配合）
要求对中性较好及较少装拆的齿轮、蜗轮、联轴器与轴的配合	$\dfrac{H7}{n6}$	用压力机（较紧的过渡配合）
小锥齿轮及较常装拆的齿轮、联轴器与轴的配合	$\dfrac{H7}{m6}$，$\dfrac{H7}{k6}$	用锤子打入（过渡配合）
滚动轴承内孔与轴的配合（内圈旋转）	轴偏差取 j6（轻负荷）、k6、m6（中等负荷）	用压力机（实际为过盈配合）
滚动轴承外圈与箱体孔的配合（外圈不转）	孔偏差取 H7、H6（精度要求高时）	木锤或徒手装拆
轴承套环与箱体孔的配合	$\dfrac{H7}{js6}$，$\dfrac{H7}{h6}$	木锤或徒手装拆（间隙配合）
轴套、挡油盘、溅油盘与轴的配合（用于同轴度要求低，装拆方便的场合）	$\dfrac{H8}{h6}$，$\dfrac{D11}{k6}$，$\dfrac{F9}{k6}$	徒手装拆（间隙配合）

附录 G.2　形状与位置公差

附表 G-5　形状和位置公差符号

分类	形状公差				方向公差			位置公差			跳动公差	
项目	直线度	平面度	圆度	圆柱度	平行度	垂直度	倾斜度	同轴度	对称度	位置度	圆跳动	全跳动
符号	—	▱	○	⌭	//	⊥	∠	◎	═	⊕	↗	⌰

附表 G-6　圆度和圆柱度公差（摘自 GB/T 1184—1996）　　　（单位：μm）

主参数 $d(D)$ 图例

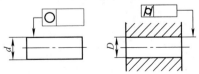

（续）

公差等级	主参数 $d(D)$/mm										应用举例（参考）
	>10~18	>18~30	>30~50	>50~80	>80~120	>120~180	>180~250	>250~315	>315~400	>400~500	
5	2	2.5	2.5	3	4	5	7	8	9	10	安装6级和普通级滚动轴承的配合面，通用减速器的轴颈，一般机床的主轴
6	3	4	4	5	6	8	10	12	13	15	
7	5	6	7	8	10	12	14	16	18	20	千斤顶或压力油缸的活塞，水泵及减速器的轴颈，液压传动系统的分配机构
8	8	9	11	13	15	18	20	23	25	27	
9	11	13	16	19	22	25	29	32	36	40	起重机、卷扬机用滑动轴承等
10	18	21	25	30	35	40	46	52	57	63	

附表 G-7 平行度、垂直度和倾斜度公差（摘自 GB/T 1184—1996）（单位：μm）

主参数 L、$d(D)$ 图例

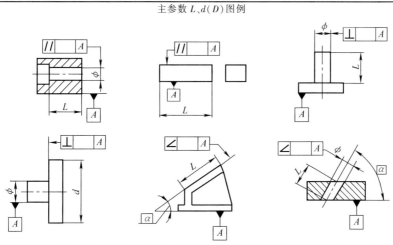

公差等级	主参数 L、$d(D)$/mm							应用举例（参考）	
	>25~40	>40~63	>63~100	>100~160	>160~250	>250~400	>400~630	平行度	垂直度和倾斜度
5	10	12	15	20	25	30	40	用于机床主轴孔、重要轴承孔、一般减速器箱体孔对基准面要求或孔间要求	用于装4、5级轴承的箱体的凸肩及发动机的轴和离合器的凸缘
6	15	20	25	30	40	50	60	用于一般机床零件工作面、压力机工作面、中等精度钻模的工作面对基准面要求。机械中箱体一般轴承孔、7~10级精度齿轮传动壳体孔对基准面要求或孔间要求	用于装6级和普通级轴承的箱体孔的轴线，低精度机床主要基准面和工作面
7	25	30	40	50	60	80	100		
8	40	50	60	80	100	120	150	用于重型机械轴承盖的端面、手动传动装置中的传动轴	用于一般导轨、普通传动箱体中的凸肩

附表 G-8   直线度和平面度公差（摘自 GB/T 1184—1996）   （单位：μm）

主参数 L 图例

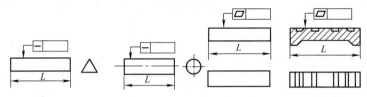

公差等级	主参数 L/mm										应用举例（参考）
	≤10	>10 ~16	>16 ~25	>25 ~40	>40 ~63	>63 ~100	>100 ~160	>160 ~250	>250 ~400	>400 ~630	
5	2	2.5	3	4	5	6	8	10	12	15	普通精度的机床导轨，柴油机进、排气门导杆
6	3	4	5	6	8	10	12	15	20	25	
7	5	6	8	10	12	15	20	25	30	40	轴承体的支承面、减速器的壳体、减速器箱体的接合面
8	8	10	12	15	20	25	30	40	50	60	
9	12	15	20	25	30	40	50	60	80	100	辅助机构及手动机械的支承面，液压管件和法兰的连接面
10	20	25	30	40	50	60	80	100	120	150	

附表 G-9   同轴度、对称度、圆跳动和全跳动公差（摘自 GB/T 1184—1996）

（单位：μm）

主参数 d(D)、B、L 图例

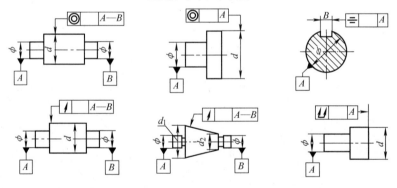

公差等级	主参数 d(D)、B、L/mm							应用举例（参考）
	>6 ~10	>10 ~18	>18 ~30	>30 ~50	>50 ~120	>120 ~250	>250 ~500	
5	4	5	6	8	10	12	15	6、7 级精度齿轮与轴的配合面，跳动用于 6 级滚动轴承与轴的配合面，高精度高速轴，尺寸按 IT6、IT7 制造的零件
6	6	8	10	12	15	20	25	
7	10	12	15	20	25	30	40	8 级精度齿轮与轴的配合面，跳动用于普通级滚动轴承与轴的配合面，尺寸按 IT7、IT8 制造的零件，普通精度高速轴
8	15	20	25	30	40	50	60	9 级精度齿轮与轴的配合面，尺寸按 IT9 制造的零件

附录 G.3　表面粗糙度

附表 G-10　加工方法和表面粗糙度的关系（参考）　　（单位：μm）

加工方法		Ra	加工方法		Ra	加工方法		Ra
砂型铸造		20~80*	铰孔	粗铰	40~20	齿轮加工	插齿	1.25~5*
铸型锻造		10~80		半精铰、精铰	2.5~0.32*		滚齿	1.25~2.5*
车外圆	粗车	10~20	拉削	半精拉	2.5~0.63		剃齿	0.32~1.25*
	半精车	2.5~10		精拉	0.32~0.16	切螺纹	板牙	10~2.5
	精车	0.32~1.25	刨削	粗刨	20~10		铣	5~1.25*
镗孔	粗镗	10~40		精刨	1.25~0.63		磨削	2.5~0.32*
	半精镗	0.63~2.5*	钳工加工	粗锉	40~10	镗磨		0.32~0.04
	精镗	0.32~0.63		细锉	10~2.5	研磨		0.63~0.16
圆柱铣和端铣	粗铣	5~20*		刮削	2.5~0.63	精研磨		0.08~0.02
	精铣	0.63~1.25*		研磨	1.25~0.08	抛光	一般抛	1.25~0.16
钻孔、扩孔		5~20	插削		40~2.5		精抛	0.08~0.04
锪孔、锪端面		1.25~5	磨削		5~0.01*			

注：表中数据仅对加工钢材而言，带 * 者为该加工方法达到 Ra 的极限值。

附表 G-11　齿轮加工表面粗糙度（参考值）　　（单位：μm）

加工表面			表面粗糙度 Ra			
轮齿工作面	齿(蜗)轮类型		齿(蜗)轮精度等级			
			6	7	8	9
	齿轮、蜗轮		1.6	1.6~3.2	3.2~6.3	
	蜗杆		0.4	0.4~0.8	0.8~1.6	1.6~3.2
齿顶圆			3.2		3.2~6.3	
轮毂孔			0.8~1.6		1.6~3.2	
定位端面			1.6~3.2		3.2	
平键键槽			工作面:1.6~3.2；非工作面:3.2~12.5			
轮圈与轮芯配合面			0.8~1.6		1.6~3.2	
其他加工表面			6.3~12.5			

附表 G-12　轴加工表面粗糙度（参考值）　　（单位：μm）

加工表面	表面粗糙度 Ra	加工表面				
与传动件及联轴器等轮毂相配合的表面	0.8~1.6	与滚动轴承相配合的轴肩端面		3.2		
与普通级滚动轴承相配合的表面和定位轴肩面	查附表 D-8	平键键槽		工作面:3.2；非工作面:6.3		
		密封处的表面	毡封油圈	橡胶油封		间隙及迷宫
与传动件及联轴器相配合的轴肩端面	1.6~3.2		与轴接触处的圆周速度/(m/s)			1.6~3.2
			≤3	>3~5	>5~10	
			0.4~0.8	0.2~0.4	0.1~0.2	

附表 G-13　减速器箱体、轴承盖及轴承套杯加工表面粗糙度（参考值）（单位：μm）

加工面	表面粗糙度 Ra	加工面	表面粗糙度 Ra
减速器箱体的分箱面	1.6~3.2	轴承盖及轴承套杯等其他配合面	1.6~3.2
配普通精度等级滚动轴承的轴承座孔	查附表 D-8	油沟及检查孔连接面	6.3~12.5
轴承座孔凸缘的端面	1.6~3.2	圆锥销孔	0.8~1.6
螺栓孔、螺栓或螺钉的沉孔	6.3~12.5	减速器底面	6.3~12.5

附录 H　渐开线圆柱齿轮精度

　　GB/T 10095.1—2008 规定轮齿同侧齿面偏差的允许值分为 13 个精度等级，其中 0 级最高，12 级最低。GB/T 10095.2—2008 规定径向综合偏差的允许值分为 9 个精度等级，其中 4 级最高，12 级最低；径向跳动的允许值分为 13 个等级，其中 0 级最高，12 级最低。根据使用要求不同，允许对公差选用不同的精度等级。

附录 H.1　齿轮推荐检验项目及偏差

附表 H-1　圆柱齿轮精度与圆周速度关系 （参考）

齿轮类型	齿轮硬度 （HBW）	精度等级				
		6	7	8	9	10
		圆周速度/（m/s）				
直齿轮	≤350	≤18	≤12	≤6	≤4	≤1
	>350	≤15	≤10	≤5	≤3	≤1
斜齿轮	≤350	≤36	≤25	≤12	≤8	≤2
	>350	≤30	≤20	≤9	≤6	≤1.5

附表 H-2　齿轮检验项目组 （推荐）

序号	检 验 组	说 明
1	$f_{pt}, F_p, F_\alpha, F_\beta, F_r$	
2	$f_{pt}, F_{pk}, F_p, F_\alpha, F_\beta, F_r$	
3	F_i'', f_i''	
4	f_{pt}, F_r	10~12 级
5	F_i', f_i'	

f_{pt}	单个齿距偏差	附表 H-4	F_{pk}	齿距累积偏差	
F_p	齿距累积总偏差	附表 H-4	F_r	径向跳动公差	附表 H-4
F_α	齿廓总偏差	附表 H-4	F_β	螺旋线总偏差	附表 H-3
F_i'	切向综合总偏差		f_i'	一齿切向综合偏差	附表 H-4
F_i''	径向综合总偏差	附表 H-5	f_i''	一齿径向综合偏差	附表 H-5

　　注：1. 根据我国齿轮现有生产和检验水平，建议根据使用要求和生产批量在推荐的检验组中选取一组来评判齿轮精度。

　　　　2. 当齿轮节圆线速度大于 15m/s 时，可增加齿距累积偏差 F_{pk} 作为检验项。

附表 H-3　螺旋线总偏差 F_β （摘自 GB/T 10095.1—2008）　　（单位：μm）

分度圆直径 d/mm	齿宽 b/mm	精度等级				分度圆直径 d/mm	齿宽 b/mm	精度等级			
		6	7	8	9			6	7	8	9
20<d≤50	4≤b≤10	9.0	13.0	18.0	25.0	125<d≤280	4≤b≤10	10.0	14.0	20.0	29.0
	10<b≤20	10.0	14.0	20.0	29.0		10<b≤20	11.0	16.0	22.0	32.0
	20<b≤40	11.0	16.0	23.0	32.0		20<b≤40	13.0	18.0	25.0	36.0
	40<b≤80	13.0	19.0	27.0	38.0		40<b≤80	15.0	21.0	29.0	41.0
	80<b≤160	16.0	23.0	32.0	46.0		80<b≤160	17.0	25.0	35.0	49.0
50<d≤125	4≤b≤10	9.5	13.0	190	27.0		160<b≤250	20.0	29.0	41.0	58.0
	10<b≤20	11.0	15.0	21.0	30.0	280<d≤560	10≤b≤20	12.0	17.0	24.0	34.0
	20<b≤40	12.0	17.0	24.0	34.0		20<b≤40	13.0	19.0	27.0	38.0
	40<b≤80	14.0	20.0	28.0	39.0		40<b≤80	15.0	22.0	31.0	44.0
	80<b≤160	17.0	24.0	33.0	47.0		80<b≤160	18.0	26.0	36.0	52.0
	160<b≤250	20.0	28.0	40.0	56.0		160<b≤250	21.0	30.0	43.0	60.0

附表 H-4　齿轮的 f_i'、f_{pt}、F_p、F_α（摘自 GB/T 10095.1—2008）、F_r（GB/T 10095.2—2008）

（单位：μm）

分度圆直径 d/mm	模数 m(法向模数 m_n)/mm	F_α				$\pm f_{pt}$				F_p				f_i'/K				F_r			
		6	7	8	9	6	7	8	9	6	7	8	9	6	7	8	9	6	7	8	9
5≤d≤20	0.5≤m≤2	6.5	9.0	13.0	18.0	6.5	9.5	13.0	19.0	16.0	23.0	32.0	45.0	19.0	27.0	38.0	54.0	13	18	25	36
	2<m≤3.5	9.5	13.0	19.0	26.0	7.5	10.0	15.0	21.0	17.0	23.0	33.0	47.0	23.0	32.0	45.0	64.0	13	19	27	38
20<d≤50	0.5≤m≤2	7.5	10.0	15.0	21.0	7.0	10.0	14.0	20.0	20.0	29.0	41.0	57.0	20.0	29.0	41.0	58.0	16	23	32	46
	2<m≤3.5	10.0	14.0	20.0	29.0	7.5	11.0	15.0	22.0	21.0	30.0	42.0	59.0	24.0	34.0	48.0	68.0	17	24	34	47
	3.5<m≤6	12.0	18.0	25.0	35.0	8.5	12.0	17.0	24.0	22.0	31.0	44.0	62.0	27.0	38.0	54.0	77.0	17	25	35	49
	6<m≤10	15.0	22.0	31.0	43.0	10.0	14.0	20.0	28.0	23.0	33.0	46.0	65.0	31.0	44.0	63.0	89.0	19	26	37	52
50<d≤125	0.5≤m≤2	8.5	12.0	17.0	23.0	7.5	11.0	15.0	21.0	26.0	37.0	52.0	74.0	22.0	31.0	44.0	62.0	21	29	42	59
	2<m≤3.5	11.0	16.0	22.0	31.0	8.5	12.0	17.0	23.0	27.0	38.0	53.0	76.0	25.0	36.0	51.0	72.0	21	30	43	61
	3.5<m≤6	13.0	19.0	27.0	38.0	9.0	13.0	18.0	26.0	28.0	39.0	55.0	78.0	29.0	40.0	57.0	81.0	22	31	44	62
	6<m≤10	16.0	23.0	33.0	46.0	10.0	15.0	21.0	30.0	29.0	41.0	58.0	82.0	33.0	47.0	66.0	93.0	23	33	46	65
125<d≤280	0.5≤m≤2	10.0	14.0	20.0	28.0	8.5	12.0	17.0	24.0	35.0	49.0	69.0	98.0	24.0	34.0	49.0	69.0	28	39	55	78
	2<m≤3.5	13.0	18.0	25.0	36.0	9.0	13.0	18.0	26.0	35.0	50.0	70.0	100.0	28.0	39.0	56.0	79.0	28	40	56	80
	3.5<m≤6	15.0	21.0	30.0	42.0	10.0	14.0	20.0	28.0	36.0	51.0	72.0	102.0	31.0	44.0	62.0	88.0	29	41	58	82
	6<m≤10	18.0	25.0	36.0	50.0	11.0	16.0	23.0	32.0	37.0	53.0	75.0	106.0	35.0	50.0	70.0	100.0	30	42	60	85
280<d≤560	0.5≤m≤2	12.0	17.0	23.0	33.0	9.5	13.0	19.0	27.0	46.0	64.0	91.0	129.0	27.0	39.0	54.0	77.0	36	51	73	103
	2<m≤3.5	15.0	21.0	29.0	41.0	10.0	14.0	20.0	29.0	46.0	65.0	92.0	131.0	31.0	44.0	62.0	87.0	37	52	74	105
	3.5<m≤6	17.0	24.0	34.0	48.0	11.0	16.0	22.0	31.0	47.0	66.0	94.0	133.0	34.0	48.0	68.0	96.0	38	53	75	106
	6<m≤10	20.0	28.0	40.0	56.0	12.0	17.0	25.0	35.0	48.0	68.0	97.0	137.0	38.0	54.0	76.0	108.0	39	55	77	109

注：表中 K 值：当 $\varepsilon_\gamma < 4$ 时，$K = 0.2\left(\dfrac{\varepsilon_\gamma + 4}{\varepsilon_\gamma}\right)$；当 $\varepsilon_\gamma \geq 4$ 时，$K = 0.4$。

附表 H-5　齿轮的 F_i''、f_i''（摘自 GB/T 10095.2—2008）　　　　　（单位：μm）

分度圆直径 d/mm	法向模数 m_n/mm	F_i''				f_i''			
		精度等级				精度等级			
		6	7	8	9	6	7	8	9
$50<d\leqslant125$	$1.5\leqslant m_n\leqslant2.5$	31	43	61	86	9.5	13	19	26
	$2.5<m_n\leqslant4.0$	36	51	72	102	14	20	29	41
	$4.0<m_n\leqslant6.0$	44	62	88	124	22	31	44	62
$125<d\leqslant280$	$1.5\leqslant m_n\leqslant2.5$	37	53	75	106	9.5	13	19	27
	$2.5<m_n\leqslant4.0$	43	61	86	121	15	21	29	41
	$4.0<m_n\leqslant6.0$	51	72	102	144	22	31	44	62

附录 H.2　齿轮副侧隙控制及公法线长度与偏差

为保证齿轮工作时非工作齿面之间有合适的侧隙，设计齿轮时，还需要规定齿轮的齿厚及其偏差或者公法线长度及其偏差。

附表 H-6　齿厚偏差及公法线长度偏差

大、小齿轮齿厚上偏差之和	$E_{sns1}+E_{sns2}=-2f_a\tan\alpha_n-\dfrac{j_{bnmin}+J_n}{\cos\alpha_n}$
齿轮副中心距偏差 f_a	齿轮副中心距偏差，见附表 H-7
最小法向侧隙 j_{bnmin}	$j_{bnmin}=\dfrac{2}{3}(0.06+0.0005a+0.03m_n)$
齿轮和齿轮副加工和安装误差对侧隙减少的补偿量 J_n	$J_n=\sqrt{f_{pt1}(\cos\alpha_t)^2+f_{pt2}(\cos\alpha_t)^2+F_{\beta1}(\cos\alpha_n)^2+F_{\beta2}(\cos\alpha_n)^2+f_{\Sigma\delta}(\sin\alpha_n)^2+f_{\Sigma\beta}(\cos\alpha_n)^2}$ 式中，f_{pt1}、f_{pt2} 分别为小齿轮、大齿轮的单个齿距偏差，单位为 μm，见附表 H-4；$F_{\beta1}$、$F_{\beta2}$ 分别为小齿轮、大齿轮的螺旋线总偏差，单位为 μm，见附表 H-3；$f_{\Sigma\delta}$、$f_{\Sigma\beta}$ 分别为齿轮副轴线的平行度偏差，单位为 μm $f_{\Sigma\beta}=0.5\left(\dfrac{L}{b}\right)F_\beta$；　$f_{\Sigma\delta}=2f_{\Sigma\beta}$ 式中，L 为轴承跨距，单位为 mm；b 为齿宽，单位为 mm
齿厚上偏差	一般取 $E_{sns1}=E_{sns2}$
齿厚公差及上偏差	$T_{sn}=2\tan\alpha_n\sqrt{F_r^2+b_r^2}$；$E_{sni1}=E_{sns1}-T_{sn}$；$E_{sni2}=E_{sns2}-T_{sn}$ 式中，b_r 为切齿径向进刀公差，见附表 H-8
公法线长度公称值及其上下偏差	$W_k=m_n\cos\alpha_n[\pi(k-0.5)+z'inv\alpha_n]$ 式中，k 为跨齿数，$k=\dfrac{z'}{9}+0.5$（四舍五入取整）；z' 为假想齿数，$z'=\dfrac{inv\alpha_t}{inv\alpha_n}$ 上偏差：$E_{bns}=E_{sns}\cos\alpha_n$；下偏差：$E_{bni}=E_{sni}\cos\alpha_n$

附表 H-7　齿轮副中心距偏差 $\pm f_a$（参考）　　　　　（单位：μm）

精度等级		5～6	7～8	9～10
中心距 a/mm	>80～120	17.5	27	43.5
	>120～180	20	31.5	50
	>180～250	23	36	57.5
	>250～315	26	40.5	65

注：GB/Z 18620.3—2008 中没有推荐齿轮副中心距偏差数值，表中数据摘自 GB/T 10095—1988（已作废），仅供参考。

附表 H-8　切齿径向进刀公差 b_r

精度等级	6	7	8	9	10
b_r	1.26IT8	IT9	1.26IT9	IT10	1.26IT10

附录 H.3　齿坯公差

附表 H-9　齿坯公差及齿坯基准面径向和轴向圆跳动公差（推荐）　（单位：μm）

齿轮精度等级		5	6	7	8	9	10
孔	尺寸公差	IT5	IT6	IT7		IT8	
	形状公差						
轴	尺寸公差	IT5		IT6		IT7	
	形状公差						
齿顶圆直径		IT7		IT8		IT9	
基准面的径向圆跳动 基准面的轴向圆跳动	分度圆直径 0~125	11		18		28	
	>125~400	14		22		36	
	>400~800	20		32		50	

附录 H.4　齿轮精度等级标注

齿轮零件图上应标注齿轮的精度等级，方法如下：

1）当齿轮的所有检验项目为同一精度等级时，图样标注该等级及标准号，例如：检验项目同为 7 级时，标记：

7　GB/T 10095.1—2008

2）当齿轮的所有检验项目为不同精度等级时，图样标注各等级后加括号，括号内为检验项目，最后是标准号，例如：

$7(F_\beta)$、$8(f_{pt}、F_p、F_\alpha)$　GB/T 10095.1—2008

$8(F_r)$　GB/T 10095.2—2008

表示 F_β 为 7 级精度，f_{pt}、F_p、F_α、F_r 为 8 级精度的齿轮。

附录 I　减速器附件

附表 I-1　检查孔与检查孔盖　（单位：mm）

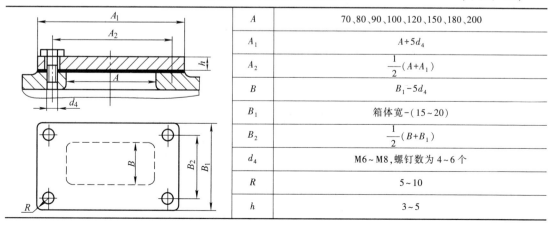

A	70、80、90、100、120、150、180、200
A_1	$A + 5d_4$
A_2	$\frac{1}{2}(A + A_1)$
B	$B_1 - 5d_4$
B_1	箱体宽-(15~20)
B_2	$\frac{1}{2}(B + B_1)$
d_4	M6~M8，螺钉数为 4~6 个
R	5~10
h	3~5

附表 I-2　外六角螺塞（摘自 JB/ZQ 4450—2006）、封油圈　　（单位：mm）

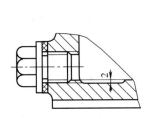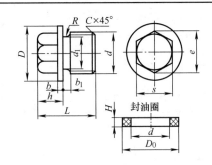

标记示例：螺塞　M20×1.5　JB/ZQ 4450—2006

d	d_1	D	e	s	L	h	b	b_1	R	C	D_0	H	
												纸圈	皮圈
M12×1.25	10.2	22	15	13	24	12	3	3		1.0	22	2	2
M20×1.5	17.8	30	24.2	2	30	15			1		30		
M24×2	21	34	31.2	27	32	16	4	4		1.5	35	3	2.5
M30×2	27	42	39.3	34	38	18					45		

注：纸封油圈——石棉橡胶纸，皮封油圈——工业用革，外六角螺塞的材料为 Q235。

附表 I-3　通气器、通气塞、通气罩　　（单位：mm）

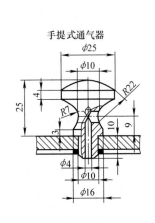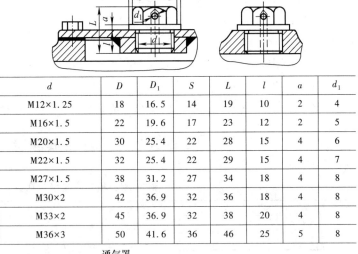

d	D	D_1	S	L	l	a	d_1
M12×1.25	18	16.5	14	19	10	2	4
M16×1.5	22	19.6	17	23	12	2	5
M20×1.5	30	25.4	22	28	15	4	6
M22×1.5	32	25.4	22	29	15	4	7
M27×1.5	38	31.2	27	34	18	4	8
M30×2	42	36.9	32	36	18	4	8
M33×2	45	36.9	32	38	20	4	8
M36×3	50	41.6	36	46	25	5	8

通气罩

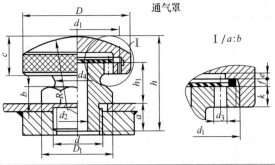

（续）

d	d_1	d_2	d_3	d_4	D	h	a	b	c	h_1	R	D_1	S	k	e	f
M18×1.5	M33×1.5	8	3	16	40	40	12	7	16	18	40	25.4	22	6	2	2
M27×1.5	M48×1.5	12	4.5	24	60	54	15	10	22	24	60	36.9	32	7	2	2
M36×1.5	M64×1.5	16	6	30	80	70	20	13	28	32	80	53.1	41	10	3	3

注：表中 S 为扳手开口宽度。

附表 I-4　嵌入式轴承盖

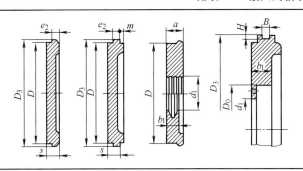

$e_2 = 5 \sim 10\text{mm}$

$s = 10 \sim 15\text{mm}$

m、a 由结构确定

$D_3 = D + e_2$，装有 O 形圈的，按 O 形圈外径取整（附表 F-5）

D_0、d_1、b_1 等由密封尺寸确定

H、B 按 O 形圈沟槽尺寸确定

附表 I-5　凸缘式轴承盖　　　　（单位：mm）

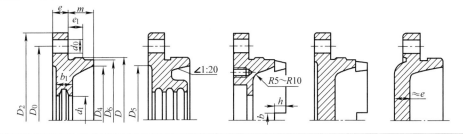

$d_0 = d_3 + 1$

d_3 为端盖连接螺钉直径

$D_0 = D + 2.5 d_3$

$D_2 = D_0 + 2.5 d_3$

$e = 1.2 d_3$

$e_1 \geqslant e$

m 由结构确定

$D_4 = D - (10 \sim 15)$

$D_5 = D_0 - 3 d_3$

$D_6 = D - (2 \sim 4)$

d_1、b_1 由密封尺寸确定

$b = 5 \sim 10$

$h = (0.8 \sim 1) b$

轴承外径 D	螺钉直径 d_3	端盖上螺钉数目
45~65	6	4 个
70~100	8	4 个
110~140	10	6 个
150~230	12~16	6 个

注：材料为 HT150。

附表 I-6　油标　　　　（单位：mm）

杆式油标

d	d_1	d_2	d_3	h	a	b	c	D	D_1
M12	4	12	6	28	10	6	4	20	16
M16	4	16	6	35	12	8	5	26	22
M20	6	20	8	42	15	10	6	32	26

（续）

压配式圆形油标（摘自 JB/T 7941.1—1995）

A型

8(min)

油位线

B型

8(min)

油位线

d	D	d_1	d_2	d_3	H	H_1	O 形橡胶密封圈（附表 F-5）
12	22	12	17	20	14	16	15×2.65
16	27	18	22	25			20×2.65
20	34	22	28	32	16	18	25×3.55
25	40	28	34	38			31.5×3.55
32	48	35	41	45	18	20	38.7×3.55
40	58	45	51	55	18	20	48.7×3.55
50	70	55	61	65	22	24	—
63	85	70	76	80			

附表 I-7　吊耳和吊钩结构尺寸　　　　　　（单位：mm）

吊耳（铸在箱座上）

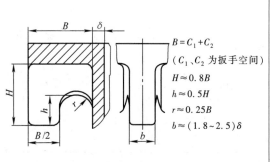

$B = C_1 + C_2$
（C_1、C_2 为扳手空间）
$H \approx 0.8B$
$h \approx 0.5H$
$r \approx 0.25B$
$b \approx (1.8 \sim 2.5)\delta$

吊耳（铸在箱座上）

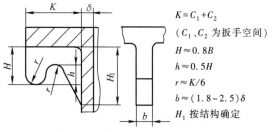

$K = C_1 + C_2$
（C_1、C_2 为扳手空间）
$H \approx 0.8B$
$h \approx 0.5H$
$r \approx K/6$
$b \approx (1.8 \sim 2.5)\delta$
H_1 按结构确定

吊钩（铸在箱座上）

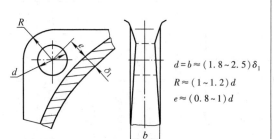

$d = b \approx (1.8 \sim 2.5)\delta_1$
$R \approx (1 \sim 1.2)d$
$e \approx (0.8 \sim 1)d$

吊钩（铸在箱座上）

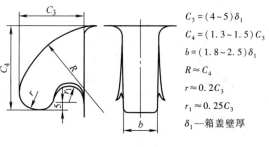

$C_3 = (4 \sim 5)\delta_1$
$C_4 = (1.3 \sim 1.5)C_3$
$b = (1.8 \sim 2.5)\delta_1$
$R \approx C_4$
$r \approx 0.2C_3$
$r_1 \approx 0.25C_3$
δ_1 —箱盖壁厚

附表 I-8　挡油环　　　　　　　　　　（单位：mm）

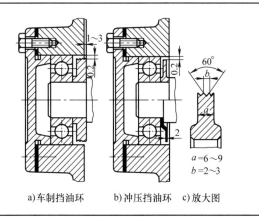

a) 车制挡油环　　b) 冲压挡油环　　c) 放大图

$a = 6 \sim 9$

$b = 2 \sim 3$

挡油环用于防止轴承中润滑脂被润滑油稀释而流失

参 考 文 献

[1] 吴宗泽，罗圣国，高志，等. 机械设计课程设计手册 [M]. 5 版. 北京：高等教育出版社，2018.

[2] 刘会英，杨志强. 机械基础综合课程设计 [M]. 北京：机械工业出版社，2007.

[3] 王宪伦，徐俊. 机械设计课程设计 [M]. 北京：化学工业出版社，2010.

[4] 王大康，卢颂峰. 机械设计课程设计 [M]. 2 版. 北京：北京工业大学出版社，2009.

[5] 王洪，刘扬. 机械设计课程设计 [M]. 北京：北京交通大学出版社，2010.

[6] 寇尊权，王多. 机械设计课程设计 [M]. 北京：机械工业出版社，2007.

[7] 骆素君. 机械设计课程设计实例与禁忌 [M]. 北京：化学工业出版社，2009.

[8] 丛晓霞. 机械设计课程设计 [M]. 北京：高等教育出版社，2010.

[9] 孙桓，陈作模，葛文杰. 机械原理 [M]. 7 版. 北京：高等教育出版社，2006.

[10] 王三民. 机械原理与设计课程设计 [M]. 北京：机械工业出版社，2005.

[11] 王淑仁. 机械原理课程设计 [M]. 北京：科学出版社，2006.

[12] 罗洪田. 机械原理课程设计指导书 [M]. 北京：高等教育出版社，1986.

[13] 叶伟昌. 机械工程及自动化简明设计手册：上册 [M]. 北京：机械工业出版社，2001.

[14] 杨黎明，杨志勤. 机械设计简明手册 [M]. 北京：国防工业出版社，2008.

[15] 孙德志，张伟华，邓子龙. 机械设计基础课程设计 [M]. 2 版. 北京：科学出版社，2010.

[16] 李育锡. 机械设计课程设计 [M]. 北京：高等教育出版社，2008.

[17] 翁海珊. 机械原理与机械设计课程实践教学选题汇编 [M]. 北京：高等教育出版社，2008.

[18] 陈关龙，吴昌林. 中国机械工程专业课程设计改革案例集 [M]. 北京：清华大学出版社，2010.